本书获深圳大学教材出版基金资助

Unity 3D 游戏设计与开发

曹晓明　编著

清华大学出版社

北　京

内 容 简 介

本书由基础篇和项目篇两个部分组成,分为 13 章。其中,基础篇包括第 1~9 章,内容为环境准备、Unity 的开发环境、熟悉游戏物体和组件、创建 3D 游戏场景、物理系统、2D 动画、人形动画、UGUI 系统、粒子系统,针对 Unity 5.6 的新特性,介绍了地形系统、物理系统、粒子系统、UGUI 系统等模块;项目篇包括第 10~13 章,内容为兔子快跑、开心农场、寻找消失的大洲、保卫碉楼,通过由浅入深的工程案例介绍游戏项目开发的全过程。读者可通过兔子快跑游戏项目,掌握开发 2D 游戏的基本方法和技能;通过开心农场游戏项目,了解结合地形系统开发种植游戏的过程;通过寻找消失的大洲游戏项目,熟悉开发 AR 游戏的基本概念;通过保卫碉楼游戏项目,了解使用最新的动画系统制作 3D 游戏的方法。

本书尽量使用简单的代码实现功能,语言通俗易懂,配图丰富而具体,可作为高等院校或职业院校游戏设计相关专业(如教育技术、数字媒体技术、数字媒体艺术、计算机软件等)的教材,也适合 Unity 初学者、游戏开发爱好者和游戏美术人员使用。

图书在版编目 (CIP) 数据

Unity3D 游戏设计与开发 / 曹晓明 编著. —北京:清华大学出版社,2019(2022.1重印)
ISBN 978-7-302-52261-4

Ⅰ. ① U… Ⅱ. ①曹… Ⅲ. ①游戏程序—程序设计—教材 Ⅳ. ① TP311.5

中国版本图书馆 CIP 数据核字 (2019) 第 085647 号

责任编辑:王   定
封面设计:周晓亮
版式设计:思创景点
责任校对:牛艳敏
责任印制:丛怀宇

出版发行:清华大学出版社
　　　　网　　　址:http://www.tup.com.cn,http://www.wqbook.com
　　　　地　　　址:北京清华大学学研大厦A座　　　　　邮　　编:100084
　　　　社 总 机:010-62770175　　　　　　　　　　　邮　　购:010-62786544
　　　　投稿与读者服务:010-62776969,c-service@tup.tsinghua.edu.cn
　　　　质 量 反 馈:010-62772015,zhiliang@tup.tsinghua.edu.cn
印 装 者:三河市铭诚印务有限公司
经　　销:全国新华书店
开　　本:185mm×260mm　　印　　张:20.75　　字　　数:505千字
版　　次:2019年6月第1版　　印　　次:2022年1月第3次印刷
定　　价:128.00元

产品编号:078625–01

前　言

当前，游戏设计与开发课程主要存在三大问题：一是缺少同课程教学目标与内容相匹配的教材，二是缺少同 MOOC 课程等混合教学组织形式相匹配的教材，三是面向高等教育领域非游戏专业的教材比较少。本书面向计算机科学与技术、计算机软件、数字媒体技术、教育技术等专业的学生，以及其他游戏开发爱好者，是一套项目化、任务式的立体化教材。本书一方面服务于相关院校开设游戏设计相关的课程，支持教师开展面授或混合式的学习，另一方面也为游戏开发者提供丰富案例，支持自定步调的自主学习。

作为 3D 游戏开发引擎，Unity 由于跨平台能力强、开发流程简便快捷受到开发者们的喜爱。从 2005 年诞生至今，Unity 不断更新版本，从 Unity 1.0 到 Unity 5.6，又从 Unity 2017.x 到 Unity 2018.x，功能越来越强大，已成为开发者的首选工具。在游戏行业火爆的今天，学习 Unity 日益流行，也是初学者迅速进入游戏开发大门的首荐方式。以 Unity 作为游戏的开发引擎，具有上手快、开发场景丰富、发布跨终端等其他引擎不可比拟的优势，因此本书选定 Unity 作为游戏开发的引擎，介绍游戏设计与开发的过程。

编写目的

本书主要面向对动漫、游戏设计有兴趣的读者或交互媒体方向、计算机软件开发相关专业的读者，具有较广的读者群体。编写本书的主要目的是普及游戏设计与开发的知识与流程，通过案例教学引导读者参与游戏设计的全过程，培养读者的计算思维与创新能力，帮助读者具备独立设计与开发游戏的基本素养。

编写思想

CDIO 是本书编写的主要指导思想。CDIO 是由美国麻省理工学院发起的，代表的是构思 (Conceive)、设计 (Design)、实现 (Implement)、运作 (Operate)，是最近几年工程教育改革的最新成果；以 CDIO 为框架将使得本书在实践型的教学与创作中更有指向性。

主要内容

本书的主要内容包括 Unity 软件的基本操作和实践案例两部分，涵盖手机游戏开发、2D 多场景游戏开发、3D 多场景游戏开发等单元。全书由基础篇和项目篇两个部分组成，分为 13 章。其中，基础篇包括第 1~9 章，内容为环境准备、Unity 的开发环境、熟悉游戏物体和组件、创建 3D 游戏场景、物理系统、2D 动画、人形动画、UGUI 系统、粒子系统等 9 个相对独立的 Unity 技术章节；项目篇包括第 10~13 章，内容为兔子快跑、开心农场、寻找消失的大洲、保卫碉楼等 4 个综合型的游戏开发案例。

目标读者

本书可作为高等院校或职业院校游戏设计相关专业 (如教育技术、数字媒体技术、数字媒体艺术、计算机软件等专业) 的教材。适合的教学方法主要有案例教学、任务驱动教学等，引导读者了解游戏开发逻辑，逐步掌握操作要领，激发自我动手能力；并通过生活中游戏主题的选择，激发读者的创新意识与能力，引导学有余力的读者将课程设计选题同未来创新创业结合起来开展实践。

本书的知识点均使用浅显的描述，结合丰富且具体的配图，实现真正的"无门槛"学习。随着在线学习的兴起，本书采用任务式、项目化编制方法，也适合读者依托 MOOC 课程进行混合学习，编者将在后续的工作中推出本书配套的 MOOC 课程，以更好地为广大读者服务。

资源说明

本书为 Unity 的技术使用教材，着重介绍 Unity 引擎的使用、代码的编写及工程的设计，其提供的图片、模型等资源仅作为演示案例的需要，不作为可销售部分。本书提供部分素材资源的目的是便于读者学习，其所有内容 (包括但不限于素材、资源和工程代码) 不可作为任何目的与形式的商业或正式出版用途。

本书案例编写的主要素材和资源为原创。但由于案例较为丰富，引用了部分第三方的素材和资源，仅用于学习和演示、测试项目编码，在此特别致谢。若读者以其他目的使用这些素材和资源，请联系原素材和资源的版权方。部分素材资源来源如下：

(1) 第 4 章中房子模型资源来源：

　　CG 模型王 http://www.cgmxw.com/thread-7021-1-1.html

(2) 部分模型资源从 Asset Store 中获取，列表如下：

　　"Unity-Chan！" Model

　　Fantasy Skybox FREE

　　Gorilla Character

　　Golden Tiger

　　Butterfly with Animations

　　Imperial Penguin

　　Rhino Cartoon

　　Elephant Cartoon

　　Fantasy Horde-Barbarians

(3) 第 11 章部分图片资源来源：

　　我图网 https://weili.ooopic.com/weili_15901694.html

在使用本书的过程中，若发现素材资源等出处有疑问之处，请联系作者或出版社，我们将妥善处理。

资源下载

本书课件和素材资源分享地址如下：

课件

素材资源

致谢

在本书的编写过程中，郑琳怡辅助编者完成了大量文稿的整理和文字的编写工作，对本书的完成起到了非常重要的作用；林卓泉、简海鹏、蔡诗毓为本书提供了教学案例，林丽明、姚辉铎帮助编者进行了校稿，感谢以上几位为本书做出的贡献。

信息反馈

由于编者精力、水平及编写时间所限，书中难免会有疏漏的地方，也恳请广大读者批评指正。若有勘误等相关书籍问题，请联系出版社，邮箱为 wkservice@163.com。

编 者
2019 年 5 月

目　　录

基础篇

项目篇

·基础篇·

第 1 章

环境准备

作为一款流行的游戏开发引擎，Unity 以便捷高效、效果精美的特点受到众多开发者喜爱。同时，其安装开发环境也非常简单。在本章中，我们将在了解 Unity 的基本背景后，着手安装 Unity 开发环境。

1.1 认识 Unity

Unity 是由 Unity Technologies 公司开发的专业跨平台游戏开发及虚拟现实引擎，工作流程精简直观，功能强大，能够轻松完成各种游戏创意和三维互动开发。通过 3D 模型、图像、视频和声音等相关资源的导入，借助 Unity 内置相关的场景构建模块，用户可以轻松地创建复杂的虚拟世界。

Unity 编辑器可以在 Windows、MacOS X 平台运行，支持发布的平台有 21 种，其中包括 iOS、Android、Windows、Wii 等，用户只需一次开发，即可部署到相应的平台，极大地缩短了开发周期并节省人力。

在虚拟现实行业和游戏行业中，Unity 日益受到开发者的青睐，Unity 引擎开发的移动游戏、网页游戏和端游层出不穷。大家耳熟能详的有《奥日和黑暗森林》(如图 1-1 所示)、《纪念碑谷》(如图 1-2 所示)、《炉石传说》(如图 1-3 所示) 等。

快速开发，快速实现游戏构想，Unity 是不二之选。

图 1-1 《奥日和黑暗森林》

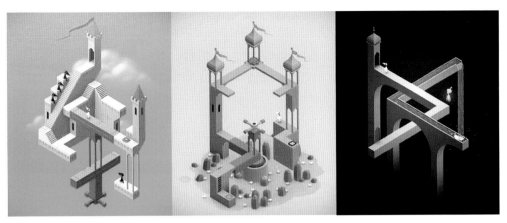

图 1-2 《纪念碑谷》

图 1-3 《炉石传说》

1.2 Windows 平台下的环境准备

登录 Unity 官方下载地址 https://store.unity.com/cn，进入 Unity 下载页面，如图 1-4 所示。初学者下载使用个人版即可。

拖动到网页末尾，如图 1-5 所示，单击 "Unity 旧版本" 链接，可以查看所有 Unity 版本。

选择所需要的版本，下载 Unity 安装程序。本书使用 Unity 5.6.3 版本，如图 1-6 所示。Unity 引擎是向下兼容的，即高版本编辑器可以打开低版本工程，但是要注意的是，低版本编辑器不可以打开高版本开发的工程。

安装程序下载完成后，双击即可打开 Unity Download Assistant 安装对话框，如图 1-7 所示。单击 Next 按钮进入 License Agreement(许可协议) 对话框，如图 1-8 所示。选中 I accept the terms of the License Agreement 复选框，接受许可协议。

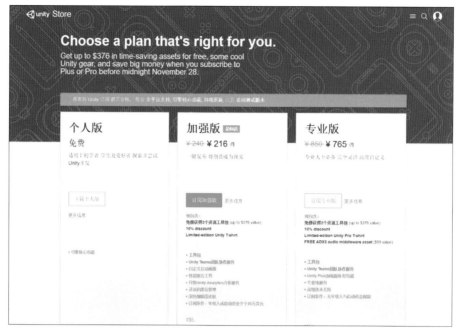

图 1-4　Unity 下载页面

图 1-5　Unity 下载页面的页脚

图 1-6　选择 Unity 下载版本

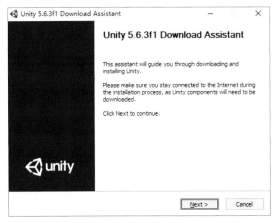

图 1-7　Unity Download Assistant 安装对话框

图 1-8　接受许可协议

单击 Next 按钮进入版本位数选择对话框，如图 1-9 所示，根据计算机的位数选择相应的版本，这里选择 64 bit 单选按钮。

单击 Next 按钮进入组件选择对话框，如图 1-10 所示。在此对话框中可以有选择地安装 Unity 开发组件。其中，Unity 主程序是必选的，用户可根据开发需求选择安装其他组件。

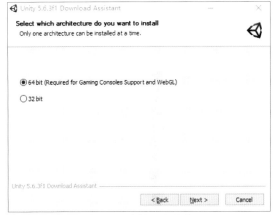

图 1-9　选择版本位数

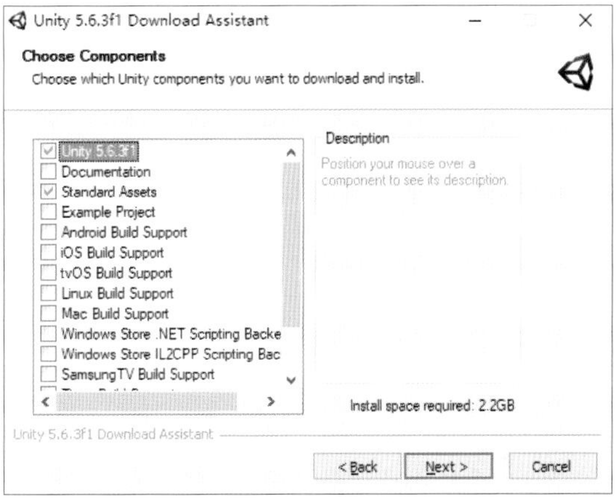

图 1-10　选择组件

常用的有 Standard Assets(Unity 自带的资源)、Example Project(示例项目)，如果需要发布安卓应用，需要选中 Android Build Support 复选框。如果不知道是否需要安装哪些组件，以后也可以根据需要再打开该安装程序来选择安装。

单击 Next 按钮，进入选择安装路径对话框，如图 1-11 所示，可以使用默认的安装路径，也可以单击 Browse 按钮选择其他安装路径。

单击 Next 按钮，开始下载 Unity 相关安装包。等待一段时间，安装完成后出现安装完成窗口，单击 Finish 按钮即可完成安装。

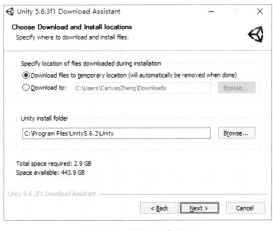

图 1-11　选择安装路径

1.3　MacOS 平台下的环境准备

和 Windows 环境一样，在 Mac OS 平台下安装 Unity，首先进入版本选择页面。Unity 会自动识别计算机操作系统，直接选择想要的版本即可下载 .dmg 文件。

双击下载的 dmg 安装包，打开"Unity 下载助手"界面，如图 1-12 所示。双击 Unity Download Assistant 按钮，打开 Download And Install Unity 对话框，可看到 Unity 安装介绍，如图 1-13 所示。

图 1-12　Unity 下载助手界面

图 1-13　Download And Install Unity 对话框

单击 Continue 按钮，弹出对话框提示用户确认许可协议，如图 1-14 所示。

单击 Agree 按钮，进入开发组件选择对话框，选择所需要的 Unity 开发组件，如图 1-15 所示。

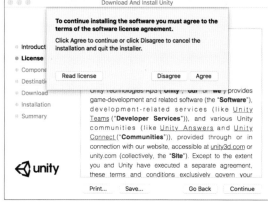

图 1-14　接受许可协议

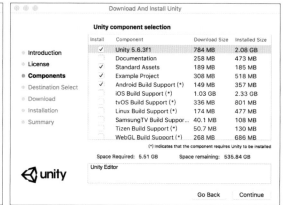

图 1-15　选择开发组件

单击 Continue 按钮，进入选择安装路径对话框，选择一个硬盘空间安装 Unity，如图 1-16 所示。

单击 Continue 按钮，在弹出的对话框中输入用户名和密码，如图 1-17 所示。然后等待下载完成，一直单击 Continue 按钮即可完成安装。

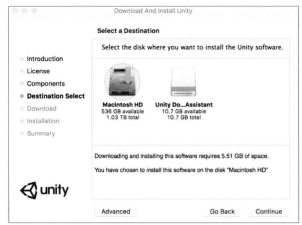

图 1-16 选择安装路径

图 1-17 输入用户名和密码

提示：

用户可根据项目，选择安装需要的组件即可。其中，Unity 运行程序是必需的；本书操作过程中需要使用标准资源，对初学者非常有用；示例工程也建议大家安装来学习。若开发安卓应用或苹果应用，则需要安装相应的开发组件。

不必一次性全部安装，在以后的学习过程中，可根据需要再次打开选择安装相关开发组件。具体组件说明如图 1-18 所示。

组件说明	Component	Download Size	Installed Size
Unity运行程序（必须）	Unity 5.6.3f1	784 MB	2.08 GB
使用文档	Documentation	258 MB	473 MB
标准资源（方便初学者快速开发）	Standard Assets	189 MB	185 MB
示例工程（观摩学习）	Example Project	308 MB	518 MB
开发安卓应用必备	Android Build Support (*)	149 MB	357 MB
开发苹果iOS应用必备	iOS Build Support (*)	1.03 GB	2.33 GB
开发AppleTV应用必备	tvOS Build Support (*)	336 MB	801 MB
开发Linux应用必备	Linux Build Support (*)	174 MB	477 MB
开发SamsungTV应用必备	SamsungTV Build Suppor...	40.1 MB	108 MB
开发Tizen应用必备	Tizen Build Support (*)	50.7 MB	130 MB
开发WebGL应用必备	WebGL Build Support (*)	268 MB	686 MB
开发Windows应用必备	Windows Build Support (*)	200 MB	741 MB
开发Facebook-Games应用必备	Facebook Gameroom Buil...	39.4 MB	89.4 MB

图 1-18 组件说明

1.4 资源链接

Unity 下载相关网站如下。
- Unity 官方网站：https://unity3d.com/cn
- Unity 下载网址：https://unity3d.com/cn/get-unity/download

第 2 章

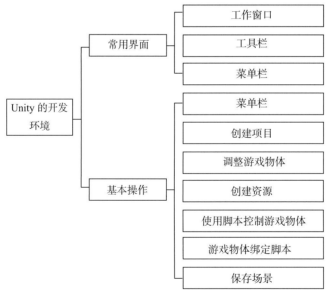

Unity 的开发环境

上一章搭建了Unity 的开发环境,本章使用Unity 的范例工程来熟悉一下 Unity 的开发环境。

【学习目标】

1. 熟悉 Unity 编辑器，了解 Unity 的工作窗口、工具栏和菜单栏。

2. 掌握 Unity 开发的基本操作，学会使用 Unity 开发一个演示案例。

【知识点说明】

本章的知识点结构如图 2-1 所示。

图 2-1　本章知识点结构

【任务说明】

本章任务及对应的知识点如表 2-1 所示。

表 2-1　任务及对应的知识点

任务	知识点
了解 Unity 的工作界面	常用的工作窗口、菜单栏、工具栏
掌握 Unity 的基本操作	创建项目、创建游戏物体、创建资源等

2.1　打开项目工程

双击打开 Unity，选择名为 Standard Assets Example Project 的工程文件，如图 2-2 所示。

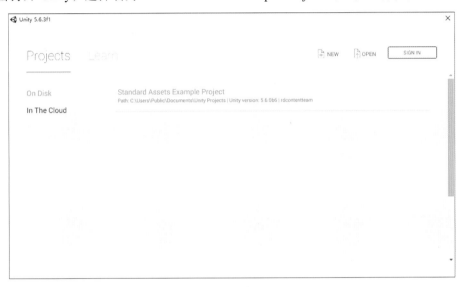

图 2-2　Unity 选择项目工程

打开该工程文件之前，会弹出一个警告对话框。因为这个工程是用 5.6.0 版本的编辑器开发的，而我们的编辑器是 5.6.3 版本。高版本编辑器打开低版本的工程文件，都会弹出警告对话框，如图 2-3 所示。单击 Continue 按钮即可继续打开。

打开后的工程界面如图 2-4 所示，这是默认的工作界面布局 (Default Layout)。

界面最上方是菜单栏，能够对编辑器和工程项目进行操作。第二行是工具栏，能辅助用户搭建场景。中间是编辑游戏场景的区域，可以自由创建3D 世界，叫作 Scene 窗口。

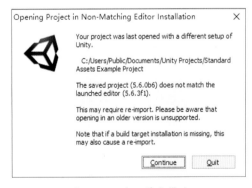

图 2-3　版本不兼容警告

和 Scene 窗口并排的选项卡还有 Game 和 Asset Store 窗口。单击 Game 选项卡，会显示 Scene 中的某个位置，是 Scene 中的 Main Camera(主摄像机) 拍到的呈现给玩家的画面。Asset Store 是 Unity 的资源商店，注册并登录自己的 Unity 账号，能够从中下载免费或付费的各类丰富资源。

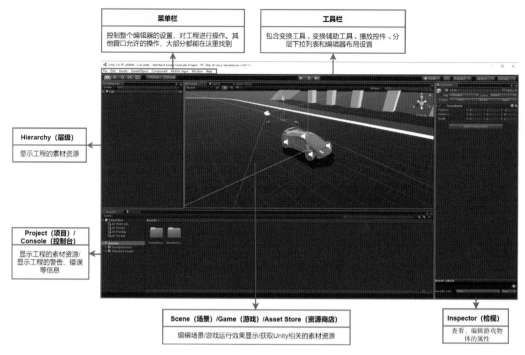

图 2-4　Unity 编辑器工作界面

左边是 Hierarchy(层级) 窗口，是 Scene 窗口中的游戏物体的列表表现形式。Scene 窗口中存在的游戏物体，都与 Hierarchy 窗口中的某个名称一一对应。在 Hierarchy 窗口中双击某个游戏物体的名称，能迅速在 Scene 窗口中找到该物体。

右边是 Inspector(检视) 窗口。在 Hierarchy 窗口或 Scene 窗口中选择某个游戏物体，其详细信息属性会罗列在 Inspector 窗口中。

下方是 Project(项目) 窗口，是游戏资源素材存放的地方。当我们从外界获取了资源，先存放到这里，在场景中需要时，再将其拖到场景中去。

与 Project 窗口选项卡并排的是 Console(控制台) 窗口，用于显示游戏开发过程中的错误或警告信息，方便开发者找到错误，辅助开发者了解游戏运行情况。

接下来详细介绍 Unity 的工作界面。

2.2　常用界面

2.2.1　常用工作窗口

1. Project 窗口

Project(项目) 窗口是存放工程资源的地方，这些资源可以是来自 Unity 之外创建的文件，如 3D 模型、图片、音频等，还可以是 Unity 创建的一些文件，如脚本、Animator、Prefab 等。

Project 窗口由 Create 菜单、Search by Type(按类型搜索) 菜单、Search by Label(按标签搜索) 菜单、搜索栏和资源显示区域等部分组成，如图 2-5 所示。

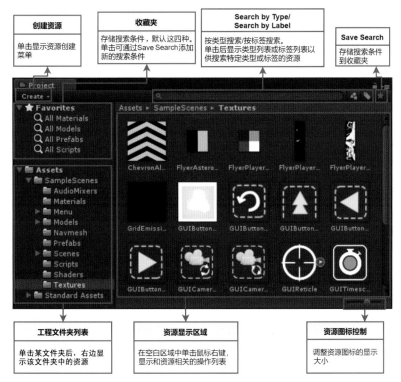

图 2-5　Project 窗口

(1) 导入资源。每个 Unity 工程都会包含一个 Assets 文件夹，所有创建的资源或导入的资源都会存放在里面。单击左边的项目文件夹，右边会显示该文件夹下的资源。可以直接将资源拖入 Project 窗口中；或在该窗口中右击鼠标，在弹出的快捷菜单中选择 Import New Asset(导入新资源) 命令依次导入。

(2) 查找资源。当资源过多无法通过逐个浏览文件夹寻找资源时，可以在搜索栏输入资源名称快速找到资源。如果想要寻找某个类型或某个标签的资源，可以通过过滤查找。如图 2-6 所示，输入 t:Animation，资源显示框中即可显示所有 Animation 类型的资源。"t:"表示类型过滤，"l:"表示标签过滤。

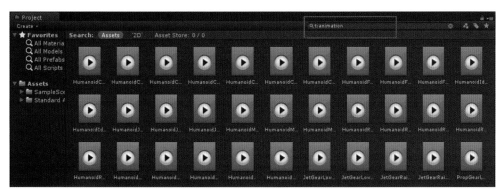

图 2-6　在搜索栏输入资源类型后的搜索结果

也可以直接通过单击搜索栏右边的 Search by Type(按类型搜索) 按钮搜索，如图 2-7 所示。

图 2-7　单击 Search by Type(按类型搜索) 按钮的搜索资源示意图

2. Hierarchy 窗口

Hierarchy(层级) 窗口只显示当前场景中的所有游戏物体，如图 2-8 所示。开发者通过对游戏物体命名区分不同的物体，双击游戏物体的名称即可在 Scene 窗口中聚焦到该游戏物体。

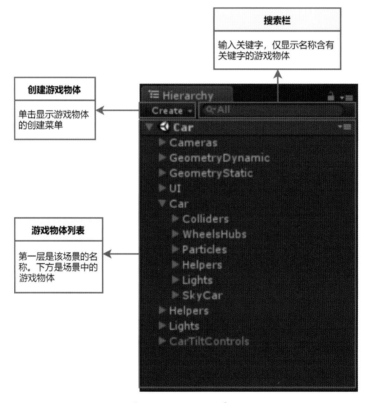

图 2-8　Hierarchy 窗口

在 Hierarchy 窗口中，通过拖动一个物体到另一个物体上，可以定义游戏物体的父子关系。一个游戏物体可以有多个子物体，但只能有一个父物体。对父物体的操作会影响其所有子物体。

3. Inspector 窗口

Inspector(检视) 窗口用于显示游戏场景中当前所选择对象的详细信息，包括对象的名称、标签，以及对象的各种组件等信息，如图 2-9 所示。

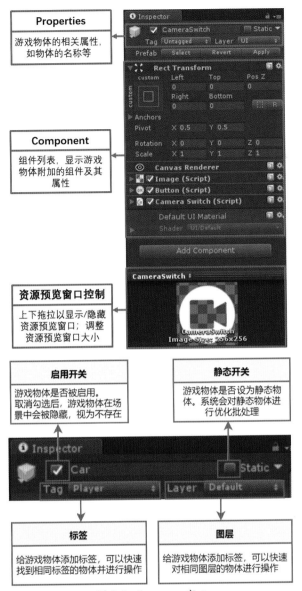

图 2-9　Inspector 窗口

　　每个游戏物体都会附加许多组件，添加、修改组件能使游戏物体表现不同的特性。所有组件右上方都有两个按钮：一个是帮助按钮，一个是设置按钮。图 2-10 所示是 Transform 组件的两个按钮。

　　单击设置按钮，弹出下拉菜单，可以看到对组件信息操作的选项，如图 2-11 所示。

　　设置按钮的下拉菜单主要功能如下。

- Reset：重置组件的属性值，将所有属性还原成默认值。
- Move to Front：将该游戏对象移到最上层，改变的是游戏对象的层级。
- Copy Component：复制组件的值。复制的值只能粘贴到同类组件上。
- Paste Component As New：将复制了的组件值粘贴到另一个没有该组件或可以有很多个同类组件的游戏物体中，作为一个新的组件。
- Paste Component Values：将复制了的组件值粘贴到另一个游戏物体的同类组件中。

图 2-10　Transform 组件的帮助按钮和设置按钮

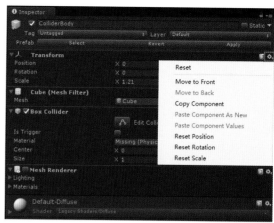

图 2-11　设置按钮的下拉菜单

4. Game 窗口

Game(游戏) 窗口是游戏的预览窗口，不能对场景进行编辑，用于呈现完整的游戏效果。当单击播放按钮后，该窗口可以进行游戏的实时预览，方便调试开发，其主要功能如图 2-12 所示。

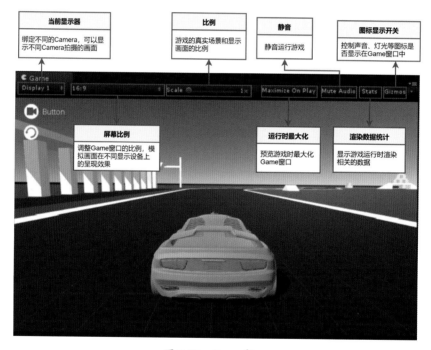

图 2-12　Game 窗口

5. Scene 窗口

Scene(场景) 窗口是最常用的窗口，场景中所用到的模型、光照、摄像机等游戏物体都会显示在此窗口，在此窗口可以对游戏对象进行编辑，如图 2-13 所示。可以使用以下快捷键进行快速操作。

- ⊙旋转：按住 Alt 键，并拖动鼠标，以当前轴心点来旋转场景。该操作在 2D 模式下不可用。

- 移动：按住鼠标中键或按快捷键 Q，拖动游戏对象可进行移动。
- 缩放：滚动鼠标滚轮，或按住 Alt 键，并拖动鼠标右键，可以放大或缩小视角。
- 居中显示所选物体：按 F 键会在场景视图中居中显示该物体。要将移动的游戏物体锁定在视图中央，则按 Shift+F 键。
- 飞行模式：以第一人称视角漫游场景，可以按住鼠标右键并拖动可移动视图，同时按 W/A/S/D 键可向左 / 右 / 前 / 后移动，按 Q/E 键可向上 / 下移动，按 Shift 键加速移动。

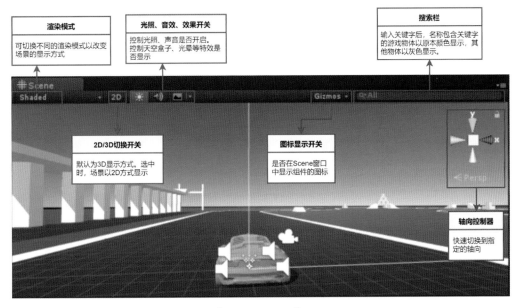

图 2-13　Scene 窗口

下面对场景进行一些操作来熟悉场景窗口。

(1) 2D/3D 模式切换。单击 2D，将 Scene 窗口从 3D 模式切换到 2D 模式，如图 2-14 所示。在 2D 模式下，右上角的轴向控制器消失，因为 2D 模式下场景使用正交相机，物体与相机的距离不影响物体的显示，不需要轴向控制器。而 3D 模式下使用透视相机，物体根据近大远小的规则渲染。

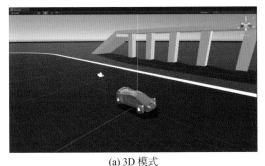
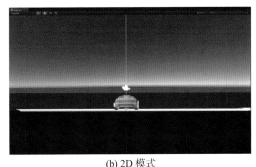

(a) 3D 模式　　　　　　　　　　　　　　　(b) 2D 模式

图 2-14　Scene 窗口从 3D 模式切换到 2D 模式

(2) 只显示包含某个名称的游戏对象。在搜索栏输入对象名称，这里输入 car，找到的对象显示本身的颜色，其他对象显示灰色，如图 2-15 所示。同时 Hierarchy 窗口也只显示带有 car 的对象，在实际开发中方便选择所有某个名称的游戏对象。

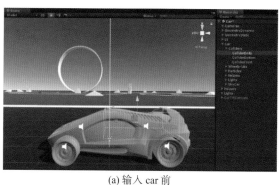
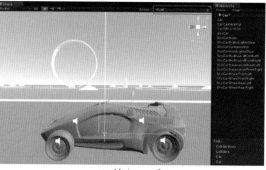

(a) 输入 car 前　　　　　　　　　　　　　　　　(b) 输入 car 后

图 2-15　显示名称包含 car 的游戏对象

(3) 缩放视角。当按住 Alt 键，并单击鼠标右键时，鼠标箭头变成放大镜🔍，此时可以滑动鼠标滚轮键，或者按住 Alt 键和鼠标右键并移动鼠标来缩放视角，如图 2-16 所示。

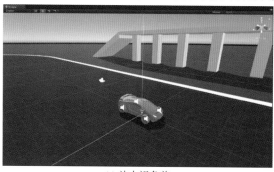
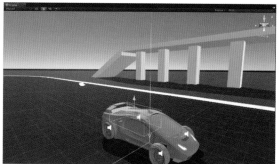

(a) 放大视角前　　　　　　　　　　　　　　　　(b) 放大视角后

图 2-16　放大视角前后的 Scene 窗口

(4) 旋转视角。按下 Alt 键时，鼠标箭头变成眼睛👁️，此时按住 Alt 键，并拖动鼠标左键，即可旋转视角，从另一个角度观察游戏场景，如图 2-17 所示。

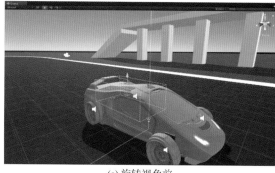

(a) 旋转视角前　　　　　　　　　　　　　　　　(b) 旋转视角后

图 2-17　旋转视角前后的 Scene 窗口

(5) 移动视角。按住鼠标中键，或按下 Q 键（英文输入法下），鼠标箭头会变成手掌🖐️，此时移动鼠标即可移动视角，如图 2-18 所示。

(a) 移动视角前

(b) 移动视角后

图 2-18　移动视角前后的 Scene 窗口

(6) 居中显示所选物体。选择远处的黄色方块，按下 F 键，可将所选择的游戏物体居中显示，如图 2-19 所示。

(a) 居中显示黄色方块前

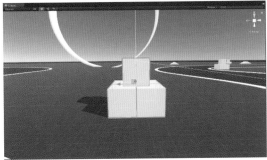
(b) 按下 F 键后黄色方块居中显示

图 2-19　居中显示黄色方块前后的 Scene 窗口

(7) 飞行浏览模式 (Flythrough)。按住鼠标右键，鼠标箭头会变成眼睛和矩形 。此时按下 W/A/S/D/Q/E 键可在飞行模式下切换飞行方向，让用户以第一人称视角漫游场景。同时按 Shift 键可加速移动，如图 2-20 所示。

(8) 迅速切换顶 / 底 / 前 / 后视图。单击轴向控制器上的箭头可切换场景的视角：Top(顶视图)、Bottom(底视图)、Front(前视图)、Back(后视图)，如图 2-21 所示。

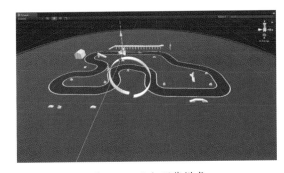
图 2-20　飞行浏览模式

(a) 单击 Top 箭头 (绿色箭头) 前

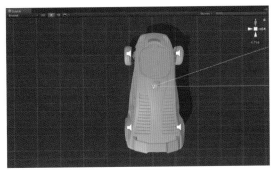
(b) 单击 Top 箭头 (绿色箭头) 后

图 2-21　单击 Top 箭头切换到顶视图

单击轴向控制器中间的方块或者下方的文字，可以切换投影模式：Isometric Mode(等角投影模式)、Perspective Mode(透视模式)，如图 2-22 所示。

 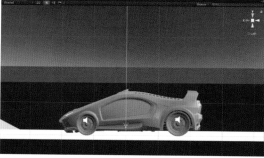

(a) Perspective Mode(透视模式)　　　　　　(b) Isometric Mode(等角投影模式)

图 2-22　切换投影模式

6. Console 窗口

Console(控制台) 窗口是 Unity 中重要的调试工具，当用户测试项目或导出项目时，在 Console 窗口状态栏都会有相关的信息提示。通过双击错误信息，可以调出代码编辑器并定位到有问题的脚本代码位置，如图 2-23 所示。

要打开 Console 窗口，可以选择菜单栏中的 Window → Console，或者使用快捷键 Ctrl+Shift+C。

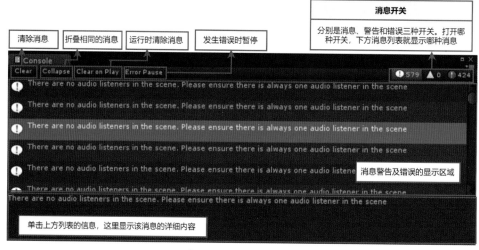

图 2-23　Console 窗口

2.2.2　工具栏

Unity 工具栏位于菜单栏的下方，主要由 5 个控制区域组成，它提供了常用功能的快捷访问方式。

工具栏主要包括以下部分：Transform Tools（变换工具）、Transform Gizmo Tools(变换辅助工具)、Play(播放控件)、Layers(分层下拉菜单) 和 Layout(布局下拉菜单)，如图 2-24 所示。

图 2-24　工具栏

1. Transform Tools

Transform Tools(变换工具) 有四种，如图 2-25 所示。

- Translate(移动) 工具：快捷键为 W，改变游戏物体的位置。
- Rotate(旋转) 工具：快捷键为 E，改变游戏物体的旋转角度。
- Scale(缩放) 工具：改变游戏物体的大小。
- Rect Transform(矩形变换) 工具：是移动、缩放和旋转工具的组合。

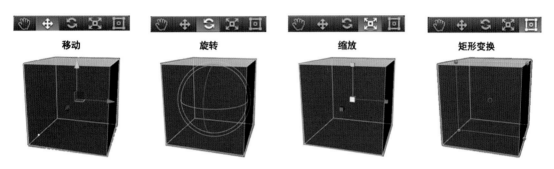

图 2-25　变换工具

这里通过以下操作熟悉变换工具的使用。

(1) 改变物体的位置 ⊕。选择某物体，在 Scene 窗口中看到所选的物体上出现三维坐标轴，拖动某个箭头即可改变该方向的位置，对应改变的是 Inspect 窗口中的 Transform 组件的 Position 的值，如图 2-26 所示。

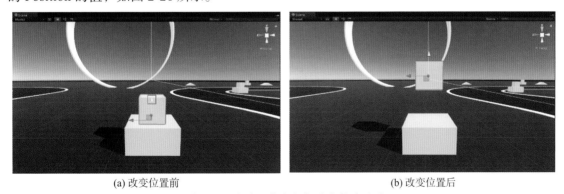

(a) 改变位置前　　　　　　　　　　　　　　(b) 改变位置后

图 2-26　拖动三维坐标轴改变物体位置

(2) 改变物体的旋转角度 ⟳。选择某物体，在 Scene 窗口中看到所选物体上出现不同颜色的圆圈。选择其中一个圈，按住鼠标左键拖动即可改变某个方向的旋转角，对应改变的是 Inspect 窗口中的 Transform 组件的 Rotation 的值，如图 2-27 所示。

(3) 改变物体的大小 ⊡。选择某物体，在 Scene 窗口中看到所选物体上出现三条线连接四色方块，如图 2-28 所示。

其中，蓝色方块表示沿 Z 轴缩放，红色方块表示沿 X 轴缩放，黄色方块表示沿 Y 轴缩放。选择其中一个方块，按住鼠标左键拖动即可将物体沿某个轴缩放。中间的灰色方块可使物体在三个轴上等比缩放。对应改变的是 Inspector 窗口中的 Transform 组件的 Scale 的值。

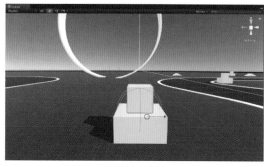

(a) 旋转角度前　　　　　　　　　　　　　　　　(b) 旋转角度后

图 2-27　拖动旋转角度工具改变物体的放置角度

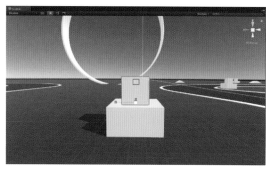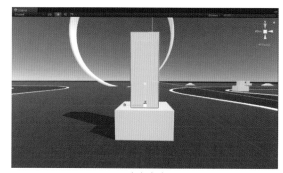

(a) 改变大小前　　　　　　　　　　　　　　　　(b) 改变大小后

图 2-28　拖动缩放大小工具改变物体的大小

(4) 改变物体的位置、旋转角和大小 ▣。选择某物体，该物体在当前视角下的横截面出现矩形 Gizmos。在矩形 Gizmos 中单击并拖动可以移动游戏物体，单击并拖动矩形 Gizmos 的任何角或边可以缩放游戏物体。将光标放在矩形的某个角落之外，光标变成旋转图标，单击并拖动可以旋转游戏物体，拖动边缘可以沿一个轴缩放该物体，如图 2-29 所示。另外，可以通过按住 Shift 键等比缩放物体。

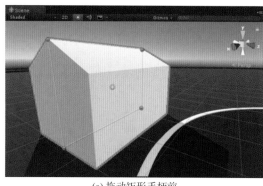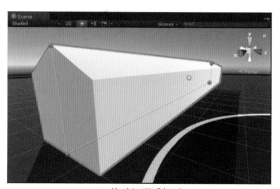

(a) 拖动矩形手柄前　　　　　　　　　　　　　　(b) 拖动矩形手柄后

图 2-29　拖动矩形手柄改变物体的大小

矩形变换工具还通常用于定位 2D 游戏物体，如 UGUI 和 Sprite。2D 模式下无法改变 Z 轴，如图 2-30 所示。

(a) 使用矩形手柄前　　　　　　　　　　　　(b) 使用矩形手柄 +Shift 键后

图 2-30　拖动矩形手柄改变 UGUI 的大小

2. Transform Gizmo Tools

Transform Gizmo Tools(变换辅助工具) 包括位置辅助工具和旋转辅助工具。

(1) 位置辅助工具，显示游戏物体的轴心参考点，常用于多物体的整体移动。

* Center(中心)：以所有选中物体所组成的轴心作为游戏物体的轴心参考点。
* Pivot(轴心)：以最后一个选中的游戏物体的轴心作为参考点。

我们通过以下例子来说明两者的区别。

场景中有两个物体，其中 Cube 是 Sphere 的父物体。若位置辅助工具是 Center 时，分别选中 Cube 和 Sphere 的坐标轴显示，如图 2-31 所示。选中 Cube，就选中了两个物体，坐标轴显示在两个物体中心，且只能两者一起移动。无法单独选中 Cube，但能单独选中 Sphere，且能单独移动 Sphere。

(a) 选中 Cube　　　　　　　　　　　　　　(b) 选中 Sphere

图 2-31　Center：分别选中 Cube 和 Sphere 的坐标轴显示效果

若位置辅助工具是 Pivot 时，分别选中 Cube 和 Sphere 的坐标轴显示，如图 2-32 所示。选中 Cube，坐标轴显示在 Cube 中心，虽然如此，移动时还是只能两者一起移动。同时依然可以选中 Sphere，且能单独移动 Sphere。

(a) 选中 Cube　　　　　　　　　　　　　　(b) 选中 Sphere

图 2-32　Pivot：分别选中 Cube 和 Sphere 的坐标轴显示效果

提示：

Center 和 Pivot 的不同主要表现在多个物体的选择上。

要注意的是，变换辅助工具不会改变游戏物体的参数，它仅仅是物体轴心点的参考，辅助我们去进行移动或旋转等变换操作。

(2) 旋转辅助工具，显示游戏物体的本地坐标系或世界坐标系，常用于辅助物体旋转。

- Global(世界坐标)：所选中的游戏物体使用世界坐标。
- Local(本地坐标)：所选中的游戏物体使用自身坐标。

我们继续使用上面的 Cube 和 Sphere 说明两者的区别。

选中 Sphere，设置参数 Rotation(0,0,0)，确保 Cube 各个方向的旋转角为 0。此时无论选择 Global 还是 Local，坐标系没有任何改变，且轴向控制器与 Sphere 的轴向保持一致。此时 Sphere 的世界坐标与本地坐标是一致的，如图 2-33 所示。

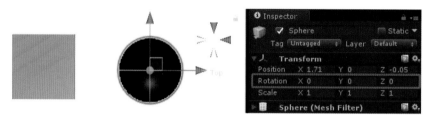

图 2-33　Rotation(0,0,0)：Global 和 Local 模式下的轴向均与轴向控制器保持一致

当旋转角不为 0，如图 2-34 所示，将 Sphere 沿 Y 轴旋转了 30°，可以看到 Local 模式下，显示的是已经旋转了的本地坐标系，与表示世界坐标的轴向控制器的轴向不一样。而在 Global 模式下，显示的还是世界坐标系，如图 2-34 所示。

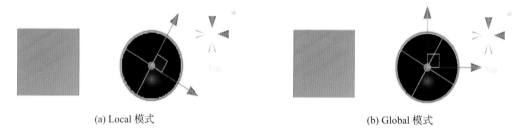

(a) Local 模式　　　　　　　　　　　　　　　(b) Global 模式

图 2-34　Rotation(0,30, 0)：Local 和 Global 模式下坐标轴显示效果

3. Play

Play(播放控件) 用于控制游戏的播放，应用于 Game 窗口。其中，单击播放按钮，Game 视图被激活，可立即运行游戏，实时显示游戏运行的画面效果。暂停按钮用于分析复杂的行为，游戏过程中 (或暂停时) 可以修改参数、资源，甚至脚本。

要注意的是，播放或暂停中在 Inspector 窗口修改的数值在停止后会还原到播放前的状态 (脚本除外)。

4. Layers

Layers(分层下拉菜单) 用于控制游戏物体在 Scene 窗口中的显示。显示状态为  的物体会显示在 Scene 窗口中，如图 2-35 所示。

5. Layout

Layout(布局下拉菜单) 用于切换编辑器的布局，也可以自定义并保存布局。

调整工作界面的布局为图 2-36 所示的样式。

方法：单击右上角的 Layout 下拉框，选择 2 by 3 选项，如图 2-37 所示。然后将 Project 窗口拖到 Hierarchy 窗口的下方，如图 2-38 所示。

图 2-35　控制游戏物体在 Scene 窗口中的显示

图 2-36　Unity 工作界面调整后的布局

图 2-37　更改布局方式

将整个窗口或大小调整至自己最舒服的状态，在右侧下拉菜单中可选择 Save Layout 保存布局，命名为 MyLayout，此后打开布局下拉菜单可直接使用该布局，如图 2-39 所示。

图 2-38　拖曳 Project 窗口到 Hierarchy 窗口下方

图 2-39　保存当前的界面布局并命名为 MyLayout

2.2.3　菜单栏

菜单栏集成了 Unity 的所有功能。Unity 默认情况下共有 7 个菜单项，分别是 File、Edit、Assets、GameObject、Component、Window 和 Help。

1. File(文件) 菜单

File 菜单主要包含工程与场景的创建、保存和输出等功能，如图 2-40 所示。

下面介绍如何发布 EXE 文件。

(1) 选择菜单栏中的 File→Build Settings 命令，弹出 Build Settings 窗口，如图 2-41 所示。

图 2-40　File 菜单

图 2-41　Build Settings 窗口

(2) 在左下角选择要发布的平台，默认选项是 PC,Mac&Linux Standalone，即输出到 PC、Mac 及 Linux 平台。右侧 Target Platform 选择 Windows，即输出到 Windows 平台。单击 Add Open Scene 按钮，将打开的场景加入发布列表中，默认已选了所有场景。

单击 Build 按钮，弹出保存文件的对话框，选择保存路径后输入文件名 Car，单击"保存"按钮即可输出 EXE 文件，如图 2-42 所示。

图 2-42　保存文件对话框

(3) 等待进度条结束，即可生成 Car.exe 文件，如图 2-43 所示。双击打开 Car.exe 文件，弹出 Example Project Configuration 对话框，如图 2-44 所示。将图像质量调为 Fantastic(最佳)，选中 Windowed 复选框 (窗口化运行，否则全屏)，然后单击 Play 按钮运行即可打开游戏。

图 2-43　生成 EXE 文件

2. Edit(编辑) 菜单

Edit 菜单主要用来实现场景内部相应的编辑设置，如图 2-45 所示。

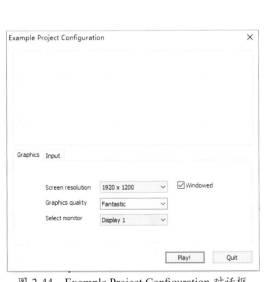

图 2-44　Example Project Configuration 对话框

图 2-45　Edit 菜单

3. Assets(资源) 菜单

Assets 菜单提供了针对游戏资源管理的相关工具，通过 Assets 菜单的相关命令，用户可以在场景内创建相应的游戏物体，导入导出所需资源包，如图 2-46 所示。

4. GameObject(游戏物体) 菜单

GameObject 菜单主要创建游戏物体，如灯光、粒子、模型和 UI 等，如图 2-47 所示。

图 2-46　Assets 菜单　　　　　图 2-47　GameObject 菜单

5. Component(组件) 菜单

Component 菜单将组件添加到游戏物体上，实现游戏物体的特定属性。本质上，每个组件是一个类的实例。该菜单提供了多种常用的组件资源，如图 2-48 所示。

6. Window(窗口) 菜单

Window 菜单控制编辑器的界面布局，可用于打开各种窗口和访问 Unity 的 Assets Store 在线资源商店，如图 2-49 所示。

图 2-48　Component 菜单　　　　　图 2-49　Window 菜单

7. Help(帮助) 菜单

Help 菜单汇集了 Unity 相关资源链接，如 Unity 手册、脚本参考等，如图 2-50 所示。

图 2-50　Help 菜单

2.3　基本操作

按照"国际惯例"，学习一门语言的第一个程序就是输出一行字："Hello World ！"。在这里我们也沿袭这个惯例，用 Unity 完成一个"Hello World"程序，并将它编译成一个标准的 Windows 可执行的程序，步骤如下。

1. 新建项目工程

打开 Unity，单击 New 按钮新建 Unity 项目工程。输入 Project Name(项目名称) 和 Location(保存路径)，单击 Create Project 按钮即可创建新工程，如图 2-51 所示。

图 2-51　新建项目工程

场景中包含名为 Main Camera 的摄像机以及 Directional Light(方向光)。在 Hierarchy 窗口选择该相机，在 Scene 窗口右下角显示摄像机预览的缩略图 Camera Preview，如图 2-52 所示。

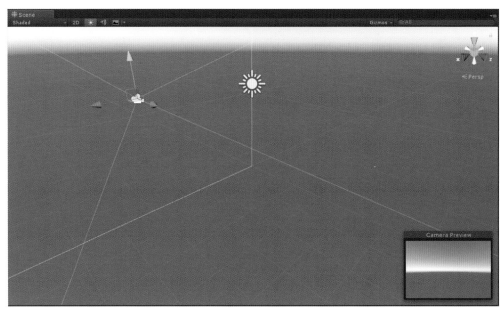

图 2-52　摄像机及其预览缩略图

2. 创建游戏物体

创建 Text 控件，用于显示 Hello World 文字，有以下三种创建方法：

(1) 在 Hierarchy 窗口单击 Create 下拉菜单，选择 UI → Text，如图 2-53 所示，即可在 Hierarchy 窗口出现 Canvas、Text 和 EventSystem 三个游戏物体，如图 2-54 所示。其中 Text 是 Canvas 的子物体。

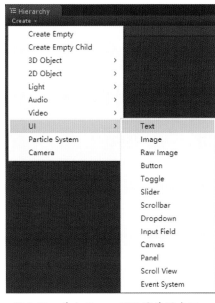

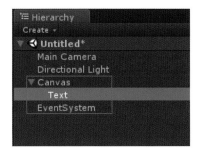

图 2-53　单击 Create 下拉菜单创建 Text　　　图 2-54　创建 Text 后同时创建了 Canvas 和 EventSystem

(2) 直接在 Hierarchy 窗口空白处单击鼠标右键，弹出快捷菜单，选择 UI → Text，也可以创建上面的物体，如图 2-55 所示。

(3) 在菜单栏上选择 GameObject → UI → Text 来创建 Text 控件，如图 2-56 所示。

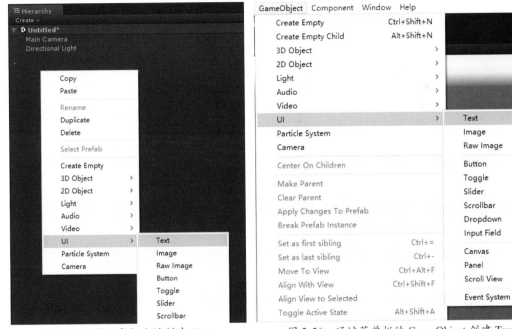

图 2-55　使用鼠标右键创建 Text　　　　　图 2-56　通过菜单栏的 GameObject 创建 Text

其他游戏物体的创建同理，都可通过上面三种方式创建，根据个人习惯选择即可。一般使用方法 (2)，当需要在某个游戏物体下创建子物体时，直接在该游戏物体下单击鼠标右键，选择相应类型的游戏物体即可。

3. 调整游戏物体

创建 Text 控件后在 Game 窗口可看到有 New Text 显示在某个位置，要想文字居中，先重置 Text 控件的位置。在 Inspect 窗口，单击 Rect Transform 组件右上角的设置按钮，单击 Reset 即可重置该组件的值，如图 2-57 所示。此时看到 New Text 显示在 Scene 窗口中央，如图 2-58 所示。

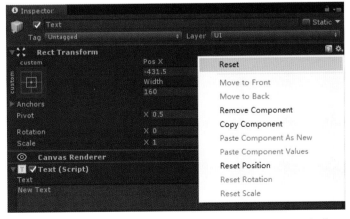

图 2-57　单击设置按钮并选择 Reset 重置 Rect Transform 组件

图 2-58　重置后 Text 的位置为 0 并位于屏幕中央

New Text 是 Text 控件默认的文字，其位置由 Text 控件的 Rect Transform 组件决定，显示的文字由 Text 组件里的 Text 下的值决定。目前 Text 的值为 New Text。更改 Text 里面的文字，可以显示相应的字。接下来看看如何通过简单的代码将 Text 的文字改为 Hello World。

4. 创建资源

用户需要养成资源分类的习惯，将同类资源存放在相应的文件夹中。所以，需先新建 Scripts 文件夹存放脚本。新建文件夹有以下三种方法：

(1) 在 Project 窗口中，在 Assets 文件夹上单击鼠标右键选择 Create → Folder，或者在右边的 Assets 文件夹空白处单击鼠标右键，如图 2-59 所示。

(2) 在 Project 窗口中，单击 Create 下拉菜单，选择 Folder，如图 2-60 所示。

图 2-59　在 Assets 文件夹上单击鼠标右键创建文件夹

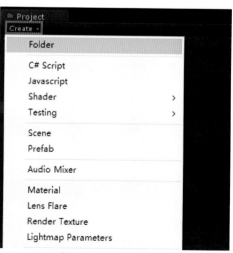

图 2-60　单击 Create 下拉菜单创建文件夹

(3) 在菜单栏上选择 Assets → Create → Folder，如图 2-61 所示。

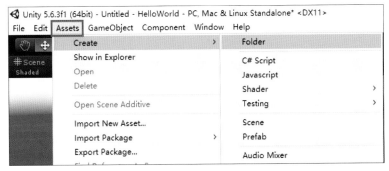

图 2-61　通过菜单栏上的 Assets 创建文件夹

提示：

Hierarchy 窗口显示的是游戏物体，Project 窗口显示的是资源。所以，在 Hierarchy 窗口创建游戏物体，在 Project 窗口进行创建、导入资源相关操作。

菜单栏包含所有其他窗口的操作，任何操作都可以在菜单栏查找。游戏物体相关操作在菜单栏的 GameObject 选项卡中，资源相关操作在 Assets 选项卡中。

新建 Scripts 文件夹后，在该文件夹上单击鼠标右键选择 Create → C# Script，新建 C# 脚本，命名为 HelloWorld，双击打开后如图 2-62 所示。

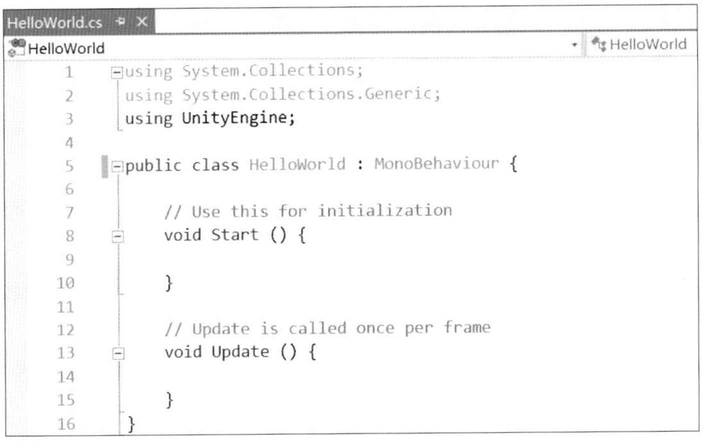

```csharp
using System.Collections;
using System.Collections.Generic;
using UnityEngine;

public class HelloWorld : MonoBehaviour {

    // Use this for initialization
    void Start () {

    }

    // Update is called once per frame
    void Update () {

    }
}
```

图 2-62　C# 脚本的默认模板

在 Unity 中创建的 C# 脚本都会自动先引入两个常用的系统命名空间和一个 Unity 引擎程序的命名空间。我们创建的 HelloWorld 类继承于 MonoBehavior 类，同时自动生成常用的 Start() 方法和 Update() 方法。

提示：

- System.Collections 包含定义各种对象集合 (如列表、队列、位数组、哈希表和字典) 的接口和类。
- System.Collections.Generic 包含定义泛型集合的接口和类。
  这两个命名空间较常用，但不是必需的，可根据脚本需要删除或引用。
- UnityEngine 命名空间是必需的，因为 MonoBehavior 类来自 UnityEngine。

- Start() 函数在 Update() 函数第一次调用前被调用，只调用一次，常用于程序 UI 的初始化操作，如获取游戏物体或组件等。
- Update() 函数在程序运行期间每帧调用一次。

5. 编辑脚本控制游戏物体

结合图 2-62 所示 C# 脚本，在第 4 行添加 using UnityEngine.UI;，由于用到 Unity 的 UGUI 系统来显示文字，所以要引入 Unity 的 UI 包。

在第 6 行添加 public Text myText;，变量为公有变量 public，会让该变量显示在 Inspector 窗口中。这是 Text 类型的变量，名称为 myText。这一行告诉脚本即将控制哪个游戏物体。

在第 14 行添加 myText.GetComponent<Text>().text = "Hello World";，先指定对名为 myText 的变量进行操作，通过 GetComponent <Text>() 获取该变量下 Text 类型的组件，通过 ".text" 获取该组件的 text 属性。text 属性是字符串类型，直接将 Hello World 字符串赋值给它即可。

按 Ctrl+S 键保存脚本，如图 2-63 所示。

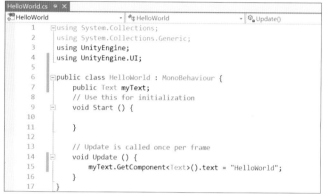

图 2-63　编辑脚本

6. 游戏物体绑定脚本

写好了脚本程序，还需要将它挂到存在于场景中的游戏物体上才能运行。将该脚本拖到 Hierarchy 窗口其中一个游戏物体上，如可以拖到 Canvas 里，作为它的一个组件，如图 2-64 所示。

此时 myText 变量是 public 类型，且尚未赋值。要对它进行赋值，需要将一个有 Text 组件的游戏物体拖入该变量中，如图 2-65 所示。

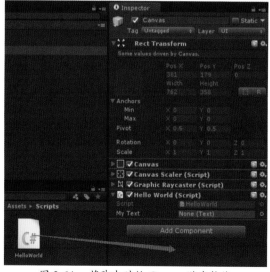

图 2-64　将脚本赋给 Canvas 游戏物体

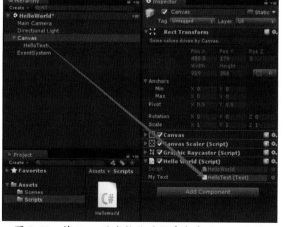

图 2-65　将 Text 游戏物体赋给脚本中的 Text 变量

运行游戏，即可看到 Game 窗口的文字变成了 HelloWorld，如图 2-66 所示。

7. 保存场景

在 Project 窗口新建一个 Scenes 文件夹，准备保存场景。按住 Ctrl+S 键，弹出 Save Scene 窗口，选择 Scenes 文件夹作为保存路径，输入文件名 HelloWorld，单击"保存"按钮即可保存场景，如图 2-67 所示。

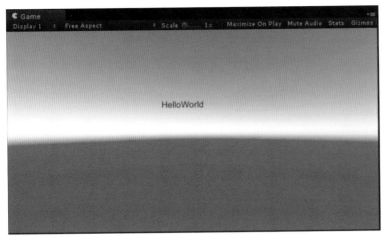

图 2-66　游戏运行时的 Game 窗口

图 2-67　保存后的场景

2.4　思考练习

1. 根据本章的学习内容，新建一个工程文件，输出文字为"今日幸运数字是："，然后生成一个随机数作为幸运数字。输出一个 EXE 文件，命名为 LuckyNumber。

2. 通过移动旋转摄像机 Main Camera，使摄像机拍到小车的正面。在场景中创建一个 Text，将文本改为你本人的名字，并将此时的 Scene 和 Game 窗口截图，示例如图 2-68 所示。

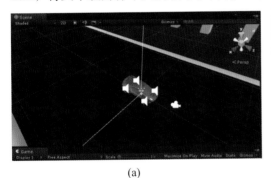

(a)

(b)

图 2-68　Scene 和 Game 窗口截图

第 3 章

熟悉游戏物体和组件

Unity 世界由各种游戏物体组成，如摄像机、灯光、声音、3D 物体等。每个游戏物体都需要添加组件才能获得相应的功能属性，其中每个游戏物体都有 Transform 组件 (UI 的是 Rect Transform 组件)。游戏物体和组件的关系如图 3-1 所示。

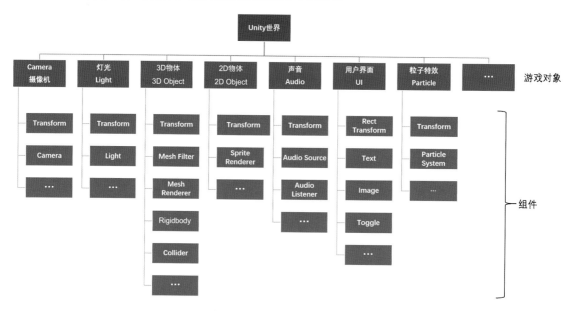

图 3-1　游戏物体和组件的关系

和现实世界相比，游戏物体相当于地球上的人、动物、植物、物品、光源、声音等。在现实世界中，人会受到重力的影响，能感受到周围环境的碰撞，有不同的外貌等。相似地，在 Unity 世界中，游戏角色也可以受重力影响，只需要添加 Rigidbody(刚体) 组件；可以感受到其他物体的碰撞，只需添加 Collider(碰撞体) 组件；可以有不同的"皮肤"(材质)，只需要更改 Mesh Renderer(网格渲染) 组件的材质贴图；地球上的所有东西都有一个位置，所以不难理解 Unity 世界中的游戏物体都有一个不可删除的 Transform(变换) 组件。

人的属性和游戏角色的组件对比如图 3-2 所示。

现实世界	Unity世界
人	**游戏角色**
地理位置	Transform（变换组件）
受到重力	Rigidbody（刚体组件）
感知碰撞	Collider（碰撞体组件）
外貌不同	Mesh Renderer（网格渲染组件）
听到声音	Audio Listener（音频侦听器组件）
说话	Audio Source（音频源组件）
动作	Animator（动画状态机组件）
获得其他技能	赋予特定的脚本
……	……

图 3-2　人的属性和游戏角色组件的对比

【学习目标】

1. 了解游戏物体 (GameObject) 基本特性及其基本操作。

2. 了解组件 (Component) 基本特性及其基本操作。

【知识点说明】

本章的知识点结构如图 3-3 所示。

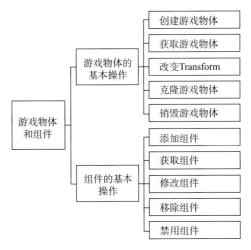

图 3-3　本章知识点结构

【任务说明】

本章任务及对应的知识点如表 3-1 所示。

表 3-1　任务及对应的知识点

任务	知识点
了解游戏物体基本特性及相关操作	1. 创建游戏物体：GameObject.CreatePrimitive() 2. 获取游戏物体：GameObject.Find() 3. 变换游戏物体：transform.Translate() 4. 克隆游戏物体：Instantiate() 5. 销毁游戏物体：Destroy()
了解组件基本特性及相关操作	1. 添加组件：gameObject.AddComponent< 组件名 >() 2. 获取组件：gameObject. GetComponent< 组件名 >() 3. 禁用组件：gameObject. GetComponent< 组件名 >() 　　.enabled =false
制作游戏案例 AlphabetGame，熟练掌握操作游戏物体和组件的操作	1. 2D 物体 Sprite 的使用 2. 检测键盘输入：Input.GetKeyDown() 3. 屏幕坐标系构成 4. 生成随机数：Random.Range()

3.1　游戏物体

　　Unity 中所有的实体都属于游戏物体，包括摄像机、灯光、UI、声音、3D 物体、粒子特效及导入的 3D 模型等能够存在于 Unity 场景中的所有物体。在菜单栏的 GameObject 下可以看到所有游戏物体，如图 3-4 所示。

　　在 Unity 示例工程的 Hierarchy 面板里的均属于游戏物体，如图 3-5 所示。

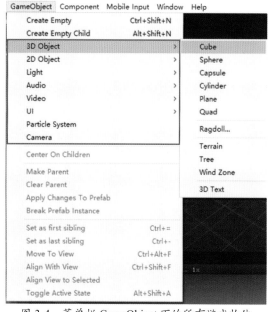

图 3-4　菜单栏 GameObject 下的所有游戏物体

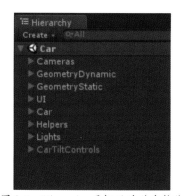

图 3-5　Hierarchy 面板里的游戏物体

　　同类或相关的游戏物体为了方便管理与操作，通常放到一个空物体下。如展开 Car 游戏物体，里面是 Car 的 Colliders(碰撞体)、WheelsHubs(车轮毂)、Particles(粒子特效，如车尾气)
等，如图 3-6 所示。碰撞体里又包括车身、车底和车头三个部分的碰撞体。

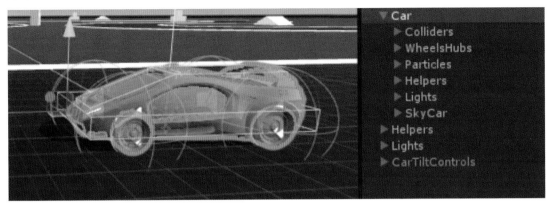

图 3-6　Car 游戏物体及其子物体

接下来新建一个项目工程 Chapter03 和场景 Scene01，一起玩转游戏物体和组件。在该项
目里将学习的内容如图 3-7 所示。

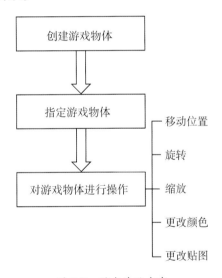

图 3-7　游戏涉及内容

3.1.1　创建游戏物体

创建游戏物体有以下两种方式。

1. 手动创建

与【第 2 章 -2.3 基本操作 -2 创建游戏物体】一样，将 Project 窗口的资源拖到 Hierarchy
窗口或 Scene 窗口中即可创建游戏物体，该创建方式完全可视化，非常方便。

Unity 有 6 种简单原始的 3D 模型，如图 3-8 所示。这些模型可以直接在 Hierarchy 窗口中
创建。在 Hierarchy 窗口，右击鼠标，在弹出的快捷菜单中选择 3D Object → Cube，即可创建
Cube(立方体)。此外，还有球体 (Sphere)、胶囊体 (Capsule)、圆柱体 (Cylinder)、方形 (Quad)
和平面 (Plane)。

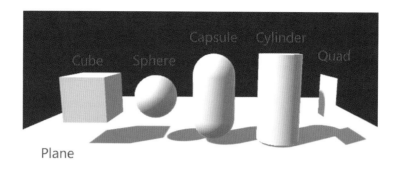

图 3-8　Unity 自带的原始模型

2. 代码自动创建

在代码里动态创建游戏物体，灵活性高，可以在游戏需要时动态创建，如图 3-9 所示。

```
CreateObj.cs  ⊹ ×
GameObject&Component                                    ⚓ CreateObj
    1     using System.Collections;
    2     using System.Collections.Generic;
    3     using UnityEngine;
    4
    5     public class CreateObj : MonoBehaviour {
    6
    7         void Start () {
    8             //创建Cube游戏物体
    9             GameObject.CreatePrimitive(PrimitiveType.Cube);
   10         }
   11     }
```

图 3-9　使用代码创建游戏物体

提示：

GameObject.CreatePrimitive(PrimitiveType.Cube)：创建一个 Unity 自带的模型作为游戏物体，Cube 指定这个模型是一个立方体。PrimitiveType 还包括球体、圆柱体等，如图 3-10 所示。

图 3-10　PrimitiveType 的所有类型

　　运行即可看到场景里多了一个 Cube。代码创建的 Cube 和手动创建的 Cube 可能位置重合，在场景里移开就可以看到了，如图 3-11 所示。

　　当停止运行时，代码创建的 Cube 会消失。

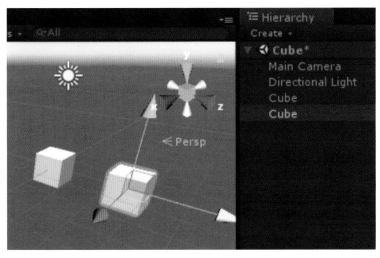

图 3-11 使用代码创建一个新的 Cube

思考:

通过 `GameObject.CreatePrimitive()` 方法创建了原始模型,那怎么使用代码定义该模型的位置、角度和大小呢?

3.1.2 获取游戏物体

当想通过代码控制某个游戏物体时,首先就要获取到该物体。获取游戏物体有以下两种方式。

1. 在 Inspector 中指定

在代码里声明一个公有类型的游戏物体时,然后在 Inspector 窗口里指定游戏物体,如图 3-12 所示。

```
GetObj.cs  + ×
  GameObject&Component
    1    using System.Collections;
    2    using System.Collections.Generic;
    3    using UnityEngine;
    4
    5    public class GetObj : MonoBehaviour {
    6
    7        //声明名为box的游戏物体
    8        public GameObject box;
    9
   10    }
```

图 3-12 在 Inspector 窗口里指定游戏物体

将 GetObj.cs 脚本赋给场景中的任意一个游戏物体,然后将想要指定的 Cube 游戏物体拖到 Inspector 面板的 box 属性栏即可完成指定,如图 3-13 所示。

图 3-13　指定游戏物体

2. 通过游戏物体的名称获取

使用 GameObject.Find(" 游戏物体名称 ") 方法找到该游戏物体，如图 3-14 所示。

```
GetObj2.cs
GameObject&Component                          GetObj2
    1    using System.Collections;
    2    using System.Collections.Generic;
    3    using UnityEngine;
    4
    5    public class GetObj2 : MonoBehaviour {
    6        private GameObject box;
    7
    8        void Start()
    9        {
    10           //寻找名为Cube的游戏物体，并赋给box变量
    11           box = GameObject.Find("Cube");
    12       }
    13   }
```

图 3-14　通过游戏物体的名称获取

提示：

变量为 public 类型时，该变量才会在 Inspector 窗口显示，进而可以指定游戏物体。

变量为 private 类型时，该变量不会在 Inspector 窗口显示。

在 GetObj2.cs 的代码中可以找到想要的游戏物体赋给这个 box 变量，不需要在 Inspector 窗口中指定，所以不需要 public 类型。

3.1.3　改变游戏物体的 Transform

在第 2 章中已经讲过如何通过 Unity 编辑器的 Transform Tools(变换工具) 改变游戏物体的位置、旋转角和大小，接下来学习如何通过代码来实现。

1. 更改游戏物体的位置

更改游戏物体的位置，即给它的 position 赋一个新的值，如图 3-15 所示。

```
ChangePosition.cs  ⇥ ✕
GameObject&Component                                              ▾  ♣ Ch
 1   ⊟using System.Collections;
 2    using System.Collections.Generic;
 3    using UnityEngine;
 4
 5   ⊟public class ChangePosition : MonoBehaviour {
 6
 7    ⊟    void Start () {
 8             //更改游戏物体的位置
 9             transform.position = new Vector3(0, -1, 0);
10         }
11    }
```

图 3-15　更改游戏物体的位置

将 ChangePosition.cs 挂到 Cube 游戏物体，运行即可看到 Cube 的 Transform 组件的 position 的值变成 (0, -1, 0)。

如果将 ChangePosition.cs 挂到 Main Camera 上，改变的将是 Main Camera 的位置。为什么呢？

提示：

将鼠标悬停于 transform 字段上，查看分析及说明，如图 3-16 所示。

- Transform 说明这是 Transform 类型。
- Component.transform 说明该 transform 代表的是 transform 这个组件。所以通过 transform.position 就可以获得它的 position 变量。
- get 说明这个数值只可读，不可更改。
- The Transform attached to this GameObject 指这个 Transform 组件附属于当前游戏物体，即获得的是当前该脚本所挂的游戏物体的 Transform 组件。

```
transform.position = new Vector3(0, -1, 0);

  🔧 Transform Component.transform { get; }
  The Transform attached to this GameObject.
```

图 3-16　查看 transform 字段

可以通过前面介绍的获取游戏物体的方法，使脚本无论挂到哪个游戏物体上，都可以对指定的物体进行操作，如图 3-17 所示。

```
ChangePosition2.cs  ⇥ ✕
GameObject&Component                                              ▾  ♣ ChangeP
 1   ⊟using System.Collections;
 2    using System.Collections.Generic;
 3    using UnityEngine;
 4
 5   ⊟public class ChangePosition2 : MonoBehaviour {
 6         //声明名为box、类型为GameObject的变量
 7         private GameObject box;
 8
 9    ⊟    void Start () {
10             //获得名为Cube的游戏物体
11             box = GameObject.Find("Cube");
12             //改变box的位置
13             box.transform.position= new Vector3(0, -1, 0);
14         }
15    }
```

图 3-17　对指定的物体进行操作

以上方法只是更改一次游戏物体的位置，若要使游戏物体沿着某个方向移动，则使用 transform.Translate() 函数，如图 3-18 所示。

```csharp
ChangePosition3.cs
GameObject&Component                                    ChangePos
1    using System.Collections;
2    using System.Collections.Generic;
3    using UnityEngine;
4
5    public class ChangePosition3 : MonoBehaviour {
6        //声明名为box、类型为GameObject的变量
7        private GameObject box;
8
9        void Start () {
10            //获得名为Cube的游戏物体
11            box = GameObject.Find("Cube");
12        }
13        void Update()
14        {
15            //使box向下移动
16            box.transform.Translate(new Vector3(0, -1, 0));
17        }
18    }
```

图 3-18　使用 transform.Translate 函数

游戏运行时，Cube 会向下一直移动。

提示：

• transform.position = Vector3 vector3;

transform.position：获取游戏对象的位置。

Vector3：三维向量类型，能表示 3D 世界的位置和方向。

• transform.Translate(Vector3 vector3);

使游戏物体在原有的位置上移动，方向是 vector3 所指的方向，目的位置是 vector3 的位置。

相当于 transform.position=transform.position + vector3

思考：

若将 transform.Translate() 写到 Start() 函数里会怎样？为什么？

2. 更改游戏物体的大小

更改游戏物体的大小，即改变 transform.localScale，如图 3-19 所示。

```csharp
ChangeScale.cs
GameObject&Component                                    Change
1    using System.Collections;
2    using System.Collections.Generic;
3    using UnityEngine;
4
5    public class ChangeScale : MonoBehaviour {
6
7        void Start () {
8            //获取游戏对象的大小，并赋予新的尺寸大小
9            transform.localScale = new Vector3(2, 1, 2);
10        }
11    }
```

图 3-19　更改游戏物体的大小

将代码赋给 Cube 游戏物体，运行可看到 Cube 在 X 和 Z 轴方向上增大了两倍，在 Y 轴方向不变。Scale 的值变成 (2,1,2)。

提示：

```
transform.localScale = new Vector3(x, y, z):
```

其中 x、y、z 分别是 X 轴、Y 轴和 Z 轴方向上的缩放。

也可以通过 `transform.localScale *= 1.5f` 实现整体按比例缩放。

3. 旋转游戏物体

旋转游戏物体，则使用 transform.Rotate()，如图 3-20 所示。

```
ChangeRotation.cs
GameObject&Component
 1    using System.Collections;
 2    using System.Collections.Generic;
 3    using UnityEngine;
 4
 5    public class ChangeRotation : MonoBehaviour
 6    {
 7        void Start()
 8        {
 9            transform.Rotate(new Vector3(45, 0, 0));
10        }
11    }
```

图 3-20　旋转游戏物体

运行时，Cube 的 Rotation 值为 (45,0,0)。

和 transform.Translate() 类似，如果将这行代码写在 Update() 函数里，则 Cube 每一帧都旋转 $45°$，看起来有卡顿感。只需与时间增量 Time.deltaTime 相乘，即可实现平滑旋转，如图 3-21 所示。

```
ChangeRotation.cs
GameObject&Component                              ChangeRotation
 1    using System.Collections;
 2    using System.Collections.Generic;
 3    using UnityEngine;
 4
 5    public class ChangeRotation : MonoBehaviour
 6    {
 7        void Update()
 8        {
 9            transform.Rotate(new Vector3(45, 0, 0) * Time.deltaTime);
10        }
11    }
```

图 3-21　实现平滑旋转

提示：

Update() 调用的速率与帧速率有关。而帧速率是不断变化的，与设备性能和系统繁忙程度等有关。因此，在 Update() 中没有添加 Time.deltaTime 的变换都会有卡顿感。

Time.deltaTime 表示距上一次调用 Update() 所用的时间，即时间增量，单位是毫秒 (ms)。使用 Time.deltaTime，能使 Update 中的行为看起来与帧速率无关。如上面的 Cube，没加 Time.deltaTime 时，表示每帧旋转 $45°$。加上后，表示每秒旋转 $45°$。

提示:

帧速率查看方式: 图 3-22 显示 1 秒执行了 100.9 帧, 即帧速率是 100.9 帧/秒, 每帧耗时 9.9ms。

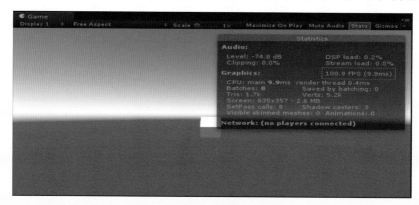

图 3-22　查看帧速率

3.1.4　克隆游戏物体

克隆游戏物体, 或者说实例化物体, 即复制并粘贴原有的游戏物体。

1. 通过代码克隆

通过 Instantiate() 函数来实现克隆, 如图 3-23 所示。

```
CloneObj.cs
GameObject&Component
1    using System.Collections;
2    using System.Collections.Generic;
3    using UnityEngine;
4
5    public class CloneObj : MonoBehaviour {
6        public GameObject cube;
7        void Start () {
8            //克隆cube
9            Instantiate(cube);
10       }
11   }
```

图 3-23　实现克隆

将 CloneObj.cs 脚本赋给 Main Camera, 然后将 Cube 游戏物体赋给 Inspector 窗口中的 cube 属性。

克隆出来的游戏物体与原有的游戏物体属性和功能都一致, 位置信息也一样, 所以克隆体与原物体重叠。

思考:

若将 CloneObj.cs 脚本赋给 Cube 游戏物体, 运行后会有什么效果?

克隆的时候, 能够定义其位置和旋转角。

运行图 3-24 所示代码，可以看到克隆出来的 Cube，其 Position 为 (2, 0, 0)。

```
CloneObj1.cs
GameObject&Component                      CloneObj1                    Start
    1    using System.Collections;
    2    using System.Collections.Generic;
    3    using UnityEngine;
    4
    5    public class CloneObj1 : MonoBehaviour {
    6        public GameObject cube;
    7
    8        void Start () {
    9            //在Position为 (2,0,0) 的位置克隆一个cube, 旋转角不变
   10            Instantiate(cube,new Vector3(2,0,0),Quaternion.identity);
   11        }
   12    }
```

图 3-24　克隆的 Cube

2. Prefab(预制体)

当需要生成多个相同的游戏物体时，一般先将它保存成一种 Unity 特有的文件，即做成 Prefab(预制体)。

将 Cube 做成预制体的方法：将 Hierarchy 面板中的 Cube 游戏物体拖到 Project 窗口的任意文件夹中，就会生成一个 Cube.prefab 文件 (用资源管理器打开可查看后缀)，这个就是预制体。

删除场景中的 Cube 物体，将预制体拖到 Main Camera 下的 cube 属性栏里，如图 3-25 所示。运行即可看到场景里克隆了一个 Cube 游戏物体。

图 3-25　指定 Cube

将需要在场景中出现多次的游戏物体做成 Prefab，方便管理与调用。通过本章后面的案例我们将体会到 Prefab 的好处。

3.1.5　销毁游戏物体

销毁游戏物体，就是将它从场景中删除。通过 Destroy() 函数来销毁，如图 3-26 所示。

```
DestroyObj.cs  ╬ ×
GameObject&Component
    1    using System.Collections;
    2    using System.Collections.Generic;
    3    using UnityEngine;
    4
    5    public class DestroyObj : MonoBehaviour {
    6        private GameObject cube;
    7        void Start () {
    8            //查找名为 Cube 的游戏物体
    9            cube= GameObject.Find("Cube");
    10           //销毁游戏物体
    11           Destroy(cube);
    12       }
    13   }
```

图 3-26　销毁游戏物体

将 DestroyObj.cs 脚本赋给 Main Camera，运行游戏，场景中的 Cube 游戏物体被销毁，Scene 和 Hierarchy 窗口都不会存在名为 Cube 的物体。

3.2　组件

游戏物体添加相应的组件，才能获得相应的属性和功能。Unity 自带的组件有图 3-27 所示类型，可以从菜单栏的 Component 中查看，也可以单击 Hierarchy 窗口下方的 Add Component 按钮查看。另外，脚本 Script 也属于组件。

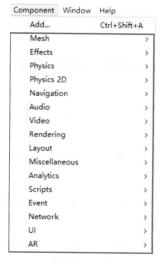

(a) 菜单栏中的组件

(b) Hierarchy 窗口下方的组件

图 3-27　组件

3.2.1　添加组件

组件可以在菜单栏 Component 下选择，也可以在 Inspector 面板中单击 Add Component 按钮选择。其中在 Inspector 面板中，可以通过输入组件名称的几个字母，方便快速地找到所需要的组件。如图 3-28 所示为 Cube 添加一个 Rigidbody(刚体组件)，输入 ri 就能检索到了。

接下来学习如何通过代码动态添加组件。添加组件使用 AddComponent< 组件名 >() 的方法。给 Cube 添加一个刚体组件，刚体组件能够使游戏物体感受到重力而落下，如图 3-29 所示。将脚本赋给场景中的 Cube 游戏物体，运行时发现 Cube 往下掉。选中 Cube，查看 Inspector 窗口，会看到该物体已经添加了 Rigidbody 组件。

图 3-28　输入 ri 查找 Rigidbody 组件

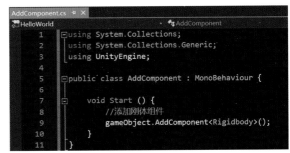

图 3-29　添加刚体组件

3.2.2　获取组件

获取组件使用 GetComponent< 组件名 >() 的方法。添加组件之前，一般先判断该游戏物体是否已有该组件，确定没有后再添加，如图 3-30 所示。

```
using System.Collections;
using System.Collections.Generic;
using UnityEngine;

public class GetComponent : MonoBehaviour {
    //声明名为rb的刚体组件
    private Rigidbody rb;

    void Start () {
        //获取该游戏物体的刚体组件并赋给变量rb
        rb = gameObject.GetComponent<Rigidbody>();
        //检测rb是否为空
        if (rb != null)
        {
            //若rb不为空, 则说明刚体组件已存在
            Debug.Log("刚体组件已存在");
        }
        else
        {
            //若rb为空, 就为该游戏对象添加刚体组件
            gameObject.AddComponent<Rigidbody>();
        }
    }
}
```

图 3-30　判断游戏物体是否有刚体组件

运行时，若 Cube 已经存在 Rigidbody 组件，则在控制台会打印出"刚体组件已存在"，同时 Cube 受到重力往下掉。若 Cube 本身没有 Rigidbody 组件，则代码自动添加 Rigidbody 组件，而且 Cube 往下掉。

提示：

Debug.Log(" 要打印的文字 ")，常用于显示调试信息。

" 单击下方显示的信息，可以调出 Console 面板，并查看详细内容，如图 3-31 所示。

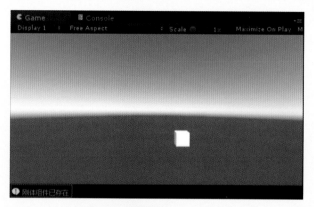

图 3-31　调出 Console 面板

3.2.3　修改组件

修改组件，也就是修改组件里的属性值。修改前要先获得该组件所需修改的属性，如图 3-32 所示。

```
EditComponent.cs  ×
GameObject&Component            EditComponent                    Start()
    1    using System.Collections;
    2    using System.Collections.Generic;
    3    using UnityEngine;
    4
    5    public class EditComponent : MonoBehaviour {
    6
    7        void Start () {
    8            //将Renderer组件的材质的颜色改成红色
    9            gameObject.GetComponent<Renderer>().material.color = Color.red;
   10        }
   11    }
```

图 3-32　获取组件属性

将脚本赋给 Cube，运行游戏，可看到场景中的 Cube 变成红色。

不同类型的属性要赋予相应类型的值，如材质颜色的类型为 Color，则要赋予 Color 类型的值，如图 3-33 所示。

若想为 Cube 添加 Rigidbody 组件，又希望它不受到重力影响，也就是将它默认激活的 Use Gravity 属性 (如图 3-34 所示) 禁用，该怎么做呢？

图 3-33　red 是 Color 类型

图 3-34　Rigidbody 组件的 Use Gravity 属性

可以看到 Rigidbody 组件的 Use Gravity 属性的类型是 bool，其值可选 true 或 false，如图 3-35 所示。

```
gameObject.GetComponent<Rigidbody>().useGravity = false;
```

🔧 bool Rigidbody.useGravity { get; set; }
Controls whether gravity affects this rigidbody.

图 3-35　Rigidbody.useGravity 的描述

3.2.4　移除组件

注意没有 RemoveComponent() 这个方法，但可以用 Destroy(组件名) 方法来移除。移除前先获取该组件，再传给 Destroy() 方法，如图 3-36 所示。

```
RemoveComponent.cs
GameObject&Component                                    RemoveCompo
    1    using System.Collections;
    2    using System.Collections.Generic;
    3    using UnityEngine;
    4
    5    public class RemoveComponent : MonoBehaviour {
    6
    7        void Start () {
    8            //获取组件
    9            Rigidbody rb = gameObject.GetComponent<Rigidbody>();
   10            //销毁组件
   11            Destroy(rb);
   12        }
   13    }
```

图 3-36　移除组件

3.2.5　禁用组件

禁用组件，就是将其 enabled 属性置为 false，如图 3-37 所示。

```
DisableComponent.cs
GameObject&Component                                    DisableComponent
    1    using System.Collections;
    2    using System.Collections.Generic;
    3    using UnityEngine;
    4
    5    public class DisableComponent : MonoBehaviour {
    6
    7        void Start () {
    8            //禁用MeshRenderer组件
    9            gameObject.GetComponent<MeshRenderer>().enabled = false;
   10        }
   11    }
```

图 3-37　禁用组件

将该脚本赋给场景中的 Cube，运行后看到场景中的 Cube 消失了，但 Hierarchy 窗口中的还在，查看其组件，发现 Mesh Renderer 组件前的选框没有被勾选上，代表该组件已经被代码成功禁用。

3.3　案例实战——AlphabetGame

可能很多人都玩过"金山打字"，本节我们做一个这种练打字的小游戏。

3.3.1　游戏介绍与分析

字母卡片从空中落下，掉入海中消失不见。玩家需要在卡片沉入海之前，在键盘上打出相应的字母。打出空中存在的字母，相应的卡片就会消失。游戏效果如图 3-38 所示。

图 3-38　游戏效果

【重点与难点】

1. 随机生成字母卡片，各个卡片生成的位置随机 (限定在屏幕范围内)，下落速度随机。

2. 监测键盘输入，与卡片的字母做对比。

3.3.2　前期准备

新建项目，命名为 AlphabetGame。将本章游戏资源 Textures 文件夹导入项目中。Textures 文件夹中的资源较多，可以直接将文件夹拖到 Project 窗口的 Assets 文件夹下，如图 3-39 所示。

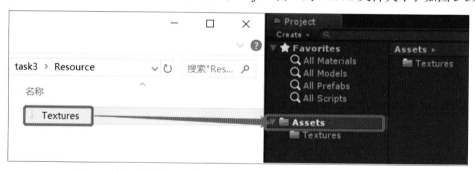

图 3-39　将资源管理器中的 Textures 文件夹拖到 Assets 文件夹下

另外，在 Assets 文件夹下，新建 Prefabs、Scenes 和 Scripts 三个文件夹备用。保存当前场景，命名为 Game，存放于 Scenes 文件夹中。

3.3.3　制作字母卡片 A

字母卡片是 2D 物体，2D 物体通常使用 Sprite(精灵) 来展示。在 Hierarchy 窗口，右击选择 2D Object → Sprite，创建一个 Sprite 游戏物体。Sprite 实际上是一个带有 Sprite Renderer 的游戏物体，如图 3-40 所示。通过将 Sprite 类型的图片拖入 Sprite Renderer 的 Sprite 属性中，便能将这个图片显示出来。

此时将 Textures 文件夹中的任意图片拖到 Sprite 属性中，都无法成功。这是因为这些图片不是 Sprite 格式，需要将它们转为 Sprite。

全选 Textures 文件夹中的图片，在 Inspector 窗口，将 Texture Type 改为 Sprite(2D and UI)，如图 3-41 所示。

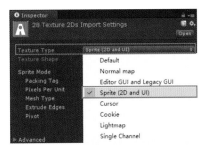

图 3-40 Sprite 的构成 　　　　　　　　 图 3-41 更改 Texture Type

图片变成 Sprite 格式后，则都能够展开，如图 3-42 所示。

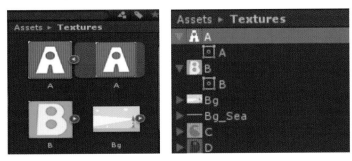

图 3-42 变成 Sprite 的图片在不同大小的图标下的样式

将图片 A 拖到新建的 Sprite 游戏物体中，将其改名为 A，如图 3-43 所示。

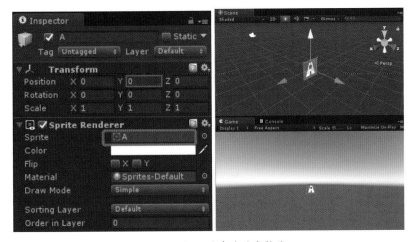

图 3-43 添加了图片的游戏物体 A

3.3.4 制作预制体 A

在 Scripts 文件夹下新建名为 Card 的脚本，赋给游戏物体 A。在脚本中，需要做到以下三点：

(1) 卡片往下掉。

(2) 下落速度随机。

(3) 当检测到键盘输入为字母 A，则物体 A 销毁。

脚本如图 3-44 所示。

```
Card.cs  ⁺₄ ✕
AlphabetGame                                          ⁺⁴ Card
    1    ☐using System.Collections;
    2     using System.Collections.Generic;
    3     using UnityEngine;
    4
    5    ☐public class Card : MonoBehaviour
    6     {
    7         private float speed;
    8
    9    ☐    void Start () {
   10             //2. 下落速度随机
   11             speed = Random.Range(0.8f, 1.5f);
   12         }
   13
   14    ☐    void Update () {
   15             //1. 卡片往下掉
   16             transform.Translate(Vector3.down * Time.deltaTime*speed);
   17             //3. 检测键盘输入并比较
   18             if (Input.GetKeyDown(KeyCode.A))
   19             {
   20                 Destroy(this.gameObject); //销毁该游戏物体
   21             }
   22         }
   23     }
```

图 3-44　脚本文件 Card.cs

保存脚本，运行游戏，物体 A 缓缓落下。在英文输入法下按键盘 A，物体 A 消失。将物体 A 拖到 Prefabs 文件夹下，生成预制体 A。

3.3.5　生成预制体 A

接下来需要控制字母卡片在屏幕上半部分的任意位置生成。"屏幕上半部分"的范围如何得到呢？首先要了解 Unity 屏幕的坐标系。

将 Scene 窗口切换到 2D 模式，然后将游戏物体 A 的 position 置为 0，可以看到物体在 Game 窗口中央。将 A 往右拖动，其 position 的 X 轴增大；往上拖动，其 Y 轴增大。此时屏幕是 Free Aspect，没有固定尺寸，不利于屏幕自适应。需要选定一个屏幕比例，如本案例选择 16：10，如图 3-45 所示。

复制几个物体 A，将它们移到各个角落，可以看清楚屏幕坐标系的构成，如图 3-46 所示。

图 3-45　设置屏幕比例

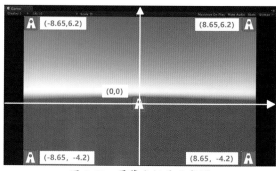

图 3-46　屏幕坐标系示意图

因此，只需将字母卡片生成范围的 X 轴限定在 -8.65~8.65，Y 轴限定在 0~6.2。

创建一个名为 GameManager 的脚本文件来控制整体的游戏逻辑，如图 3-47 所示。在该脚本中，需要实现两个功能：

(1) 隔一段时间生成一个新的字母卡片——计时器。

(2) 生成卡片的位置在限定的范围内随机。

```
GameManager.cs
AlphabetGame                                        GameManager
1    using System.Collections;
2    using System.Collections.Generic;
3    using UnityEngine;
4
5    public class GameManager : MonoBehaviour {
6        public GameObject card;        //卡片
7        private float timer=0;         //计时器
8
9        void Update () {
10           //1. 计时器: 1 5s后生成卡片
11           timer += Time.deltaTime;
12           if (timer >1.5f)
13           {
14               //2. 生成卡片: 执行生成卡片函数
15               CreateCard();
16               //3. 重置计时器
17               timer = 0;
18           }
19       }
20       //生成卡片函数
21       private void CreateCard()
22       {
23           //2.1. 生成随机的横坐标x和纵坐标y
24           float x = Random.Range(-8.65f, 8.65f);
25           float y = Random.Range(0, 8);
26           //2.2. 在随机位置生成游戏物体card
27           Instantiate(card, new Vector3(x, y, 0), Quaternion.identity);
28       }
29   }
```

图 3-47　脚本文件 GameManager.cs

保存脚本。一般控制游戏逻辑的脚本，会创建一个空物体来放置。在 Hierarchy 窗口中，右击选择 Create Empty，生成一个空物体，改名为 GameManager，然后将该脚本拖到 GameManager 物体下。

删除场景中的物体 A，将刚刚生成的预制体 A 赋给 GameManager 的 card 变量。运行游戏，在随机位置每隔 1.5 秒会生成一个 A 物体。

但是我们有 26 个字母，GameManager 目前只能生成一种卡片，怎么才能生成各种字母卡片呢？目前 Card.cs 脚本只能检测并对比字母 A 的输入，怎样才能让 Card.cs 脚本检测所有字母的输入呢？

3.3.6　制作所有字母的预制体

要让 GameManager 生成各种字母卡片，首先要提供各个字母卡片的预制体。最简便的方法是做到一个 Card.cs 脚本对所有字母卡片都适用。因此，Card.cs 脚本需要知道它当前赋给哪个字母，然后检测并比较当前字母的输入。在图 3-44 中的 Card.cs 脚本基础上进行修改，制作所有字母的预制体。

(1) 在第 8 行添加公有字符串类型的变量 alphabet：

```
public string alphabet;
```

(2) 将第 18 行的 Input.GetKeyDown(KeyCode.A) 中的 KeyCode.A 更改为变量 alphabet，即

Input.GetKeyDown(alphabet)

保存代码。查看预制体 A 上的 Card.cs，已经出现了 alphabet 变量，如图 3-48 所示。输入 a，Card.cs 就会知道它当前的游戏物体是字母 A。注意必须是小写 a，因为这个变量会传给 Input. GetKeyDown() 方法使用，该方法只能识别小写字母。

图 3-48　预制体 A 的 Card.cs 多了一个 alphabet 变量

提示：

Input.GetKeyDown(alphabet)

> ⊕ bool Input.GetKeyDown(string name) (+ 1 overload)
> Returns true during the frame the user starts pressing down the key identified by name.

GetKeyDown() 的描述：当用户开始按下该键盘时返回真。

将光标放在 GetKeyDown 上，按下 F12 键，跳转到该函数的定义 Go to Definition。

GetKeyDown() 有两种定义，因此传入其中的值既可以是确切的 KeyCode.A，也可以是键盘名称，如图 3-49 所示。

```
...public static bool GetKey(string name);
...public static bool GetKey(KeyCode key);
...public static bool GetKeyDown(KeyCode key);
...public static bool GetKeyDown(string name);
...public static bool GetKeyUp(KeyCode key);
...public static bool GetKeyUp(string name);
```

图 3-49　GetKeyDown 函数

监测键盘、鼠标或其他外界输入的方法都在这个 Input 类中，需要就查看定义，解锁新技能。

选中 Prefabs 文件中的预制体 A，按 Ctrl+D 键复制一个与 A 完全一样的预制体 A1，将 A1 更改名为 B，同时将 Textures 文件夹中的 B 图片拖到预制体 B 的 Sprite 属性中，给 Card.cs 的 alphabet 变量赋值 b，如图 3-50 所示。

使用同样方法，制作其他字母卡片的预制体。

3.3.7　生成所有字母的预制体

已经声明了一个 card 变量，将预制体 A 赋值给 card 变量，所以 GameManager.cs 才能生成物体 A。然而希望它能生成 26 种物体，难道要

图 3-50　制作其他字母卡片预制体的步骤示意图

声明 26 个变量吗？不需要。使用数组就能解决问题。在图 3-47 所示脚本的基础上进行修改，生成所有字母的预制体。

(1) 将第 6 行的 public GameObject card 更改为 card 数组：

```
public GameObject[] card
```

(2) 另外每次生成的字母卡片应该是随机的，所以给生成卡片函数传入一个随机数。
在第 21 行将 CreateCard() 更改为：

```
CreateCard(int index)
```

在第 27 行将 Instantiate(card,……) 更改为：

```
Instantiate(card[index], ……);
```

(3) 调用生成卡片函数时，传入一个随机数，在第 15 行将 CreateCard() 更改为：

```
CreateCard(Random.Range(0,card.Length))
```

> **提示：**
> 通过 **card.Length** 获取 card 数组的长度。

保存代码。回到 Hierarchy 窗口，选中 GameManager，它的 card 变量多了一个 Size 变量。Size 表示 card 数组的长度。因为有 26 个字母，所以写 26。

一般情况下，直接将预制体拖到变量中即可完成赋值，如图 3-51 所示。但是本次数量略大，这样做费时费力。这里介绍快速对数组赋值的方法。

(1) 重新将 Size 置为 0。

(2) 单击 Inspector 窗口右上方的锁，如图 3-52 所示，能够锁定 GameManager 的 Inspector 窗口 (再单击一次就解锁)。这时无论单击哪个游戏物体或资源，Inspector 窗口都不会改变。

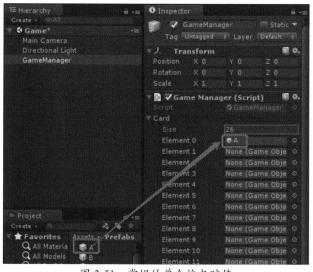

图 3-51　常规的单个拖曳赋值

图 3-52　锁定 Inspector 窗口

(3) 全选 Prefabs 文件夹下的预制体，拖到 Card
变量名上，如图 3-53 所示 (注意，必须是拖到变量
名上，拖到 Size 上不行)。松开鼠标，大功告成，如
图 3-54 所示。

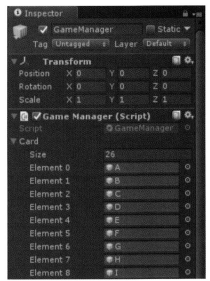

图 3-53 将数组的内容拖到 card 数组名称上完成赋值　　　　图 3-54 数组赋值后的效果

运行游戏，能够生成各种字母，并且按键盘相应的字母，卡片就会消失，如图 3-55 所示。

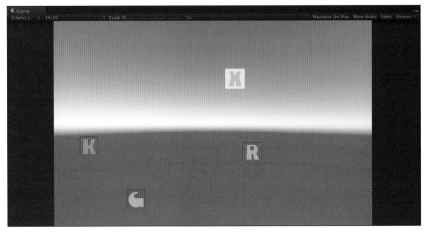

图 3-55 生成各种卡片的效果

3.3.8 添加背景

创建一个 Sprite 作为背景，命名为 Bg。将 Textures 文件夹中的图片 Bg 拖入 Sprite 属性中，
调整大小和位置，使其布满屏幕。运行游戏，效果如图 3-56 所示。

案例中的字母卡片有沉入海的效果，但目前的卡片并没有沉入海的感觉，而是位于海的
上方。

Sprite 之间可以设置图层的渲染顺序。字母卡片能够"沉入海"，说明天空背景在底层，
字母卡片比背景靠前，所以不会被背景遮住。海在最上一层，能够遮住卡片，所以要将"海"
也做出来。

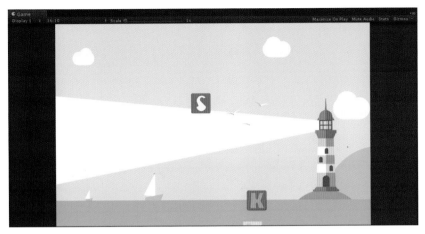

图 3-56 游戏效果

在游戏物体 Bg 下面创建其 Sprite 子物体，命名为 Sea。将 Textures 文件夹中的图片 Bg_Sea 拖入 Sprite 属性中。调整物体 Sea 的大小和位置，使其与物体 Bg 上的海重合，如图 3-57 所示。

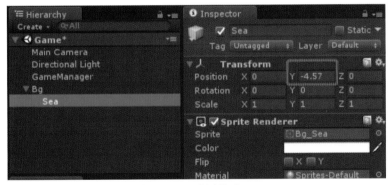

图 3-57 经过调整的 Sea

设置图层顺序，只需要调整 SpriteRender 组件中的 Order in Layer，默认是 0。该值越大，越迟被渲染，就会显示在上方。

卡片字母的预制体的 Order in Layer 都是 0，所以将物体 Bg 的值设为 -1(只要比 0 小都行)，Sea 的值设为 1，如图 3-58 所示。

图 3-58 更改 Order in Layer

运行游戏，可以看到卡片沉入海的效果。

3.3.9 完善游戏细节

目前游戏还有两点不足之处。

1. 卡片沉入海底不自动销毁

如果来不及消灭卡片，沉入海后再按相应的键盘，仍能消灭那个卡片，这是不合理的。应该让卡片沉入海后，就自动销毁掉，使玩家无法再通过按相应的键盘去销毁。因此，需要在 Card.cs 中添加一个判断，当卡片下落到低于海面的时候就销毁。

卡片怎样才算"沉入海"呢？同样使用第 3.3.5 节的方法，拖一个预制体 A 到场景中，然后将它移到海面下方，记录它此时的 Y 轴的值。本案例中卡片的 position.y=-4 时，刚好能够沉入海。

在脚本文件 GameManager.cs 的第一个 if 从句后面，添加以下代码：

```
if (transform.position.y < -4)
{
  Destroy(this.gameObject);
}
```

保存代码，运行游戏，沉入海的卡片，都能自动销毁了。

2. 更改卡片生成速度不便

前面的 GameManager.cs 代码里，将计时器设置为 1.5s，也就是卡片生成的时间间隔是 1.5s。如果觉得这不是一个合理的速度，想要调整生成卡片的时间间隔，则每次都需要去修改代码，非常麻烦。

我们将时间间隔用变量存起来，并将它设为公有变量，就可以直接在 Hierarchy 窗口中调试修改，不用再修改代码就可以改变生成卡片的速度。

在第 8 行添加一个类型为 float、名称为 interval 的公有变量：

```
public float interval = 1.5f;
```

将第 12 行的 `if (timer >1.5f)` 更改为：

```
if (timer >interval)
```

这样在 Hierarchy 窗口就能看到多了一个 interval 变量，默认值为 1.5，如图 3-59 所示。直接修改其值，就能够改变生成卡片的时间间隔。

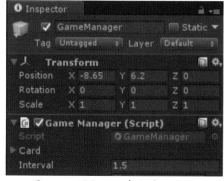

图 3-59　添加了公有变量 interval

提示：

```
public float interval = 1.5f;
```

在声明变量时赋值，说明它的默认值为 **1.5f**。这样即使不在 Hierarchy 窗口中给 interval 变量赋值也不会报错，因为已经有默认值了。

但如果声明时没有赋值，则必须在 Hierarchy 窗口中赋值，否则会报错。

3.4　思考练习

在本章案例的基础上，结合上一章的知识，添加分数统计：卡片沉入海之前将它销毁得 1 分，如图 3-60 所示。

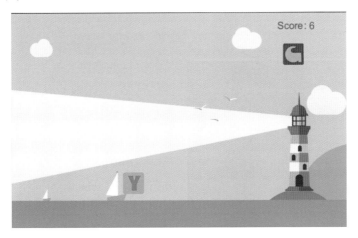

图 3-60　统计分数

提示：

静态变量能够在所有代码之间方便调用，如在脚本 A.cs 中定义了静态变量 a，则在代码 B.cs 中，能够通过 A.a 来获得该变量。

第 4 章

创建 3D 游戏场景

本章将利用地形工具，结合标准资源包，绘制如图 4-1 所示的 3D 场景，然后导入 Unity 自带的角色，实现角色在场景中漫游的效果。

图 4-1　本章场景效果图

【学习目标】

1. 掌握地形编辑器，学会使用地形编辑工具制作各种地形。

2. 掌握水、天空和雾三种环境效果的制作。

3. 熟悉 3D 模型的获得方式与使用方法。

【知识点说明】

本章的知识点结构如图 4-2 所示。

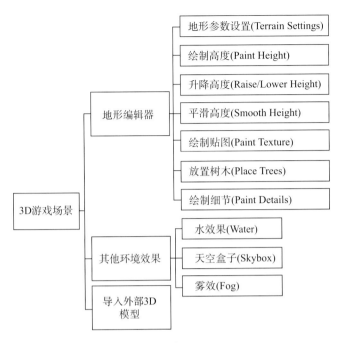

图 4-2　本章知识点结构

【任务说明】

本章任务及对应的知识点如表 4-1 所示。

表 4-1　任务及对应的知识点

任务	知识点
熟悉地形编辑器	各个地形工具的使用
了解其他环境效果	水效果、天空盒子、雾效
学会导入外部的 3D 模型	导入 fbx 格式的模型
制作简单的第一人称漫游	使用标准资源中的角色资源——第一人称漫游包

4.1　打开项目工程

3D 游戏场景一般包括地形、植物、建筑、天空等。Unity 有地形编辑器可供开发者创建地形，也有内置的自然环境资源包 (Standard Assets)，导入即可使用。

导入环境资源包的方式：在菜单栏中选择 Assets → Import Packag → Environment，弹出 Import Unity Package 对话框。单击 Import 按钮，等待导入完成，如图 4-3 所示。

导入完成后，在 Assets 文件夹下会新增一个 Standard Assets 文件夹，如图 4-4 所示。里面的 Environment 文件夹的资源就是和环境相关的资源。所有导入的 Unity 标准资源都会存放在 Standard Assets 文件夹里。

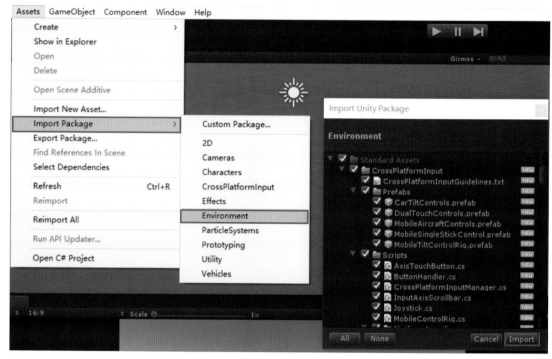

图 4-3　导入环境资源包

　　如果在 Import Package 下没有看到 Environment 资源包，说明还没下载标准资源包 (Standard Assets)，需在官网下载 Unity 的标准资源，如图 4-5 所示。安装时能够自动识别并安装到 Unity 的安装目录下。安装完成后就可以在 Import Package 下看到 Standard Assets 的资源。

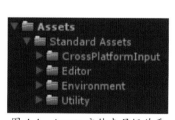

图 4-4　Assets 文件夹层级关系

图 4-5　在官网下载 Unity 标准资源

4.2　地形编辑器

　　可以通过地形编辑器 (Terrain) 在 Unity 里创建想要的地形，还可添加植物、水等。

　　首先创建地形：在 Hierarchy 面板选择 3D Object → Terrain，如图 4-6 所示。新创建的地形自带 Terrain 组件和 Terrain Collider(地形碰撞体)，如图 4-7 所示。

　　对地形的操作都会在 Terrain 组件中完成，Terrain 组件的工具功能如下。

图 4-6　创建地形 Terrain

图 4-7　Terrain 组件

4.2.1　地形参数设置

通过地形参数设置 (Terrain Settings) 工具，可以设置地形分辨率，可以在 Resolution (分辨率) 下更改地形的长、宽、高，单位是米。将 Terrain Width(地形宽度) 设置为 100，Terrain Length(地形长度) 设置为 100，Terrain Height(地形高度) 设置为 50，如图 4-8 所示。

图 4-8　地形参数设置 (Terrain Settings)

4.2.2　绘制高度

通过绘制高度 (Paint Height) 工具可整体抬高地形高度，按笔刷形状和大小上升地形，如图 4-9 所示。

使用方法：选择该工具，在 Brushes 列表中选择笔刷样式，在 Settings 下设置 Brush Size(笔刷大小) 为 30，Height(高度) 为 45，再单击 Flatten，整个地形会抬高 45 个单位 (米)，也就是该地形的最大深度为 45 米。

将 Height 设置为 50，鼠标移到地形上，会出现一个蓝色的和笔刷形状一样的区域，单击鼠标左键即可上升地形。此时会发现，在同一个地方单击多次，地形达到一定高度之后便不能继续升高，如图 4-10 所示。

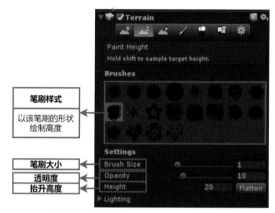

图 4-9　绘制高度 (Paint Height) 工具

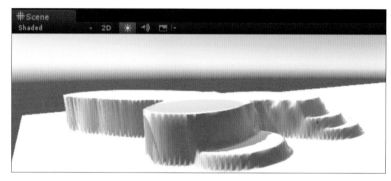

图 4-10　绘制高度效果

　　这是因为在上一步骤地形参数设置 (Terrain Settings) 中，我们将地形的高度设置为 50，而刚刚使用绘制高度工具将地形抬高了 45，所以，现在地形最高只能有 5 米。地形高度关系如图 4-11 所示。

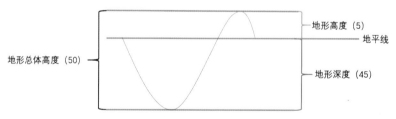

图 4-11　地形高度关系示意图

　　此时，Paint Height 的高度 (height) 大于 45 时，在地形上刷出来的地形是上升的，并且地形的最高值为 height-45。若 height 小于 45，刷出来的地形是下降的，最大深度是 45-height。

　　按住 Shift 键，获取笔刷所在位置地形的高度，可以刷出和笔刷所在位置一样高／深的地形。

4.2.3　升降高度

　　升降高度 (Raise/Lower Height) 工具也能上升地形，按住 Shift 键还能下降地形。和绘制高度工具不同的是，它不能限定一个高度值，而绘制高度工具能画出一定高度的地形。升降高度工具如图 4-12 所示。

Opacity 可以模拟笔刷的力度，表示地形升降的幅度。不同 Opacity 的绘制效果如图 4-13 所示。

图 4-12　升降高度 (Raise/Lower Height)
　　　　工具

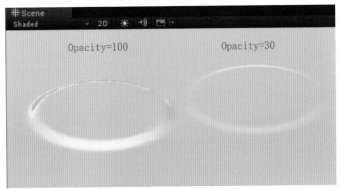

图 4-13　不同 Opacity 的绘制效果

4.2.4　平滑高度

平滑高度 (Smooth Height) 工具刷过的部分，可以平滑笔刷区域内的地形。平滑高度工具如图 4-14 所示。

笔刷划过陡峭的地形会变平滑，效果如图 4-15 所示。

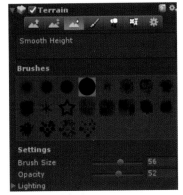

图 4-14　平滑高度 (Smooth Height) 工具

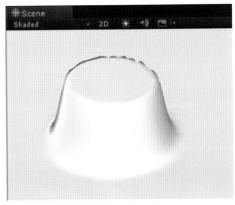

(a) 使用平滑高度工具前

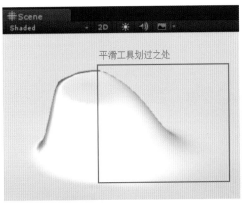

(b) 使用平滑高度工具后

图 4-15　平滑高度工具使用效果图

4.2.5 绘制贴图

白色的地表完全不像真实的地形，而绘制贴图 (Paint Texture) 工具能给地形绘制真实的贴图。绘制贴图工具如图 4-16 所示。

使用该工具，首先需要添加要使用的贴图到 Textures 中。单击 Edit Textures 按钮，在下拉菜单选择 Add Texture 选项，弹出 Add Terrain Texture 窗口。先单击 Select 按钮，弹出 Select Texture2D 窗口，搜索选择一张草地贴图 GrassHillAlbedo。添加贴图过程如图 4-17 所示。

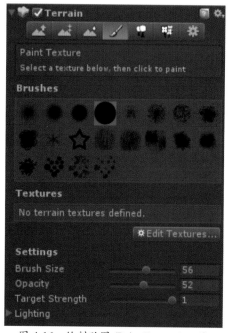

图 4-16 绘制贴图 (Paint Texture) 工具

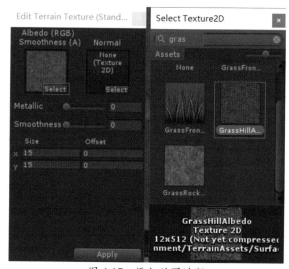

图 4-17 添加贴图过程

贴图后效果如图 4-18 所示。

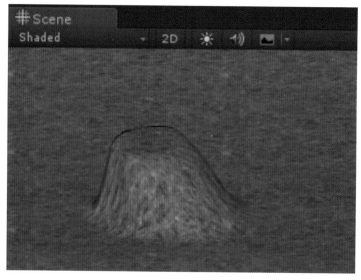

图 4-18 草地贴图 GrassHillAlbedo 的效果

4.2.6　放置树木

放置树木 (Place Trees) 工具能给地形添加树木。放置树木工具如图 4-19 所示。

使用该工具，首先要添加相应的树木资源到 Trees 属性中：

(1) 单击 Edit Trees 按钮，弹出下拉菜单，选择 Add Tree，弹出 Add Tree 窗口。

(2) 单击 Tree Prefab 属性后的按钮，弹出 Select GameObject 窗口。选择一种树木 Broadleaf_Desktop，然后单击 Add 按钮。添加树木过程如图 4-20 所示。

图 4-19　放置树木 (Place Trees) 工具

(3) 单击地形，笔刷区域内会生成这种树，如图 4-21 所示。

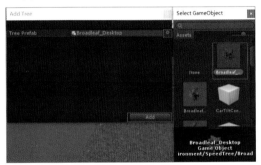

图 4-20　添加树木过程示意

图 4-21　绘制树木

Trees 属性中可以添加很多树木，选择哪种树木，笔刷就绘制出该种树木，如图 4-22 所示。

图 4-22　选择不同的树木绘制

绘制树木属性介绍如图 4-23 所示。

图 4-23　绘制树木功能属性

结合快捷键和鼠标，可以删除树木：

- 按住 Shift 键，笔刷划过之处的各种树木都会被删除。
- 按住 Ctrl 键，笔刷划过不会删除其他种类的树木，只会删除 Trees 属性中当前选中的树木。

4.2.7　绘制细节

绘制细节 (Paint Details) 工具用来添加花花草草，如图 4-24 所示。

要添加花草细节，首先要将这些细节的资源放到 Details 属性中：

(1) 单击 Edit Details 按钮，选择 Add Grass Texture，弹出 Add Grass Texture 窗口。

(2) 单击 Detail Texture 右边的按钮，弹出 Select Texture2D 窗口，选择一种草 GrassFrond01 AlbedoAlpha，如图 4-25 所示。

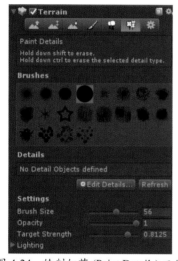 

图 4-24　绘制细节 (Paint Details) 工具　　　　图 4-25　添加细节图片

调整参数，在需要的地方刷一下即可，如图 4-26 所示。

图 4-26　绘制细节效果

4.3　水效果

导入环境资源包时，也导入了水资源可以实现水效果 (Water)。在 Project 视图中，打开

Assets → Standard Assets → Environment → Water → Prefabs 文件夹，可以看到两个水效果的预制体。

　　将 WaterDaytime 预制体拖到 Scene 视图地形的坑中，调整其 Position 和 Scale 值，让水在坑中铺满，效果对比如图 4-27 所示。

(a) 实现水效果前

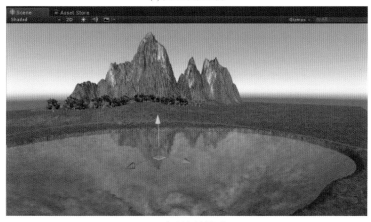

(b) 实现水效果后

图 4-27　实现水效果前后对比图

4.4　天空盒子

　　此时环境中的天空是一个默认的天空盒子 (Skybox)。天空盒子是一种材质球，可以通过改变天空盒子的材质球来更换不一样的天空效果。天空盒子可以从 Assets Store 获取，也可以自行导入。下面介绍从 Assets Store 获取的方式。

　　Assets Store 中有很多免费的天空盒子的资源。在搜索框输入 sky，选择 FREE ONLY，即可显示免费的与天空相关的资源，如图 4-28 所示。

　　注意，资源名称下面是资源的属性。例如，第二行第二个 Sky Jump 是 Complete Projects，是一个工程案例。我们要找的天空盒子是贴图和材质。第一行第二个 Sky Package 标明它是 Textures 和 Materials，符合要求。

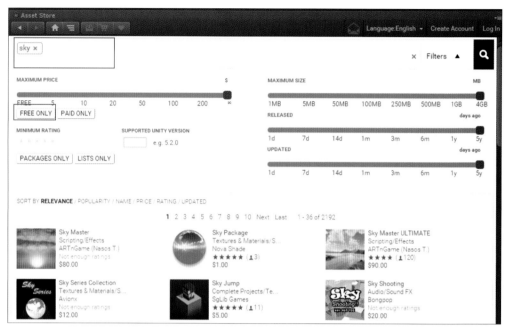

图 4-28　在 Assets Store 中搜索资源

本任务下载名为 Fantasy Skybox 的资源，如图 4-29 所示。单击下载按钮进行下载。

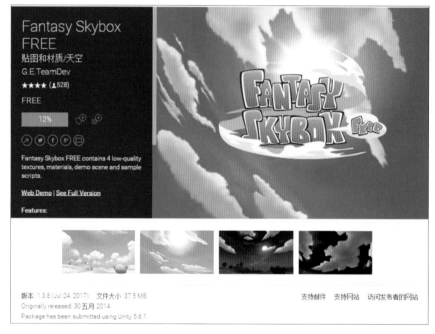

图 4-29　Fantasy Skybox 天空盒子资源

下载完后，下载按钮变成导入按钮，同时自动跳出 Import Unity Package 窗口，如图 4-30 所示。单击导入按钮即可导入。导入成功后，可以在 Project 视图中看到多了几个文件夹，如图 4-31 所示。

一般下载的包都有 demo 场景，可以打开看效果。对于天空盒子来说，只有 Textures 和 Materials 就已足够，其他可以删掉。

图 4-30 导入资源

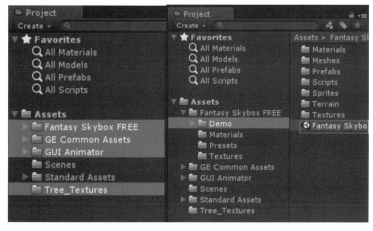

图 4-31 导入资源后的 Assets 文件夹

留下 Materials 和 Textures 文件夹, 存放在一个文件夹中, 命名为 Skybox, 如图 4-32 所示。

删掉本工程中不用的多余资源, 一方面方便管理资源, 另一方面让 Assets 文件夹尽可能小, 能够让发布出来的游戏更小。

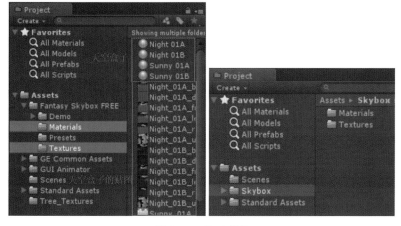

图 4-32 整理资源

提示：

在 Unity 中，通过 Assets Store 下载的资源，存放路径是 C:\Users\< 用户计算机的名字 >\AppData\Roaming\Unity\Asset Store-5.x。

天空盒子的使用方法：

(1) 选择菜单栏中的 Window → Lighting → Settings，打开 Lighting 窗口。

(2) 在 Scene 选项卡的 Environment 列表下，单击 Skybox Material 属性后面的按钮，弹出 Select Material 窗口，如图 4-33 所示。

图 4-33　设置天空盒子

(3) 选择其中一个天空材质，即可看到场景视图和游戏视图都添加了新的天空，效果如图 4-34 所示。

图 4-34　添加了天空盒子的场景效果

4.5　雾效

实现雾效 (Frog) 的操作方法：选择菜单栏中的 Window → Lighting → Settings，在 Scene

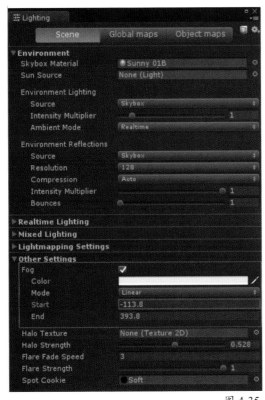

选项卡 Other Settings 中，勾选 Fog 复选框，便开启了雾效，如图 4-35 所示。

- Color：雾效的颜色。
- Mode：雾效的模式，有三种，即 Linear(线性)、Exponential(指数)、Exponential Squared(指数的平方)。

在线性模式下，Start 和 End 分别是雾效开始和结束的距离。

图 4-35　雾效设置

4.6　使用外部的 3D 模型

使用 3ds Max 或 Maya 等建模软件制作了模型之后，需要导出模型给 Unity 使用。Unity 支持多种模型格式，如 .FBX、.obj 等。

1. 建模工具导出模型

下面介绍从 3ds Max 中导出 .FBX 格式的建筑模型的方法：

(1) 单击左上角的 icon，选择 "导出" → "从当前 3ds Max 导出文件" → "导出"，弹出选择要导出的文件窗口。

(2) 默认保存类型是 .FBX 格式。选择保存路径并填写文件名，单击 "保存" 按钮，如图 4-36 所示。

(3) 在弹出的 FBX 导出窗口中，一定要勾选 "嵌入的媒体" 复选框。这样才能将模型的材质贴图

图 4-36　保存 .FBX 模型

等附带的资源一起打包导出，同时将场景单位转化为"米"，其他信息保持默认即可，如图 4-37 所示。

导出的 .FBX 文件如图 4-38 所示。(不同计算机显示的图标可能不同)

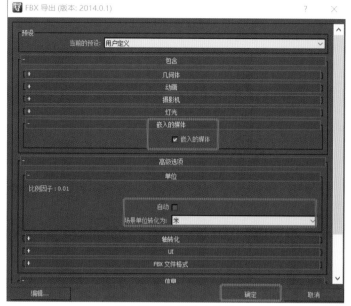

图 4-37　.FBX 导出设置　　　　　　　　图 4-38　.FBX 文件类型图标

(4) 模型导入 Unity 之前，先创建一个模型同名文件夹来存放模型，如图 4-39 所示。使用右键选择 Import New Assets 导入模型，或者直接从模型所在文件夹拖到 Unity 的 Building 文件夹下也可以导入模型。

模型导入后，会自动生成一个贴图文件夹 (Building.fbm) 和材质文件夹 (Materials)，以及一个模型文件 Building，如图 4-40 所示。

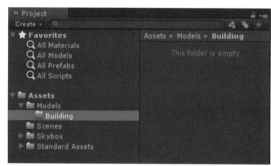

图 4-39　导入模型前新建与模型同名的文件夹　　图 4-40　导入模型后自动生成相关文件夹和模型文件

2. 处理导入 Unity 的模型

将模型文件拖到场景中后，有可能出现模型显示不全、部分错位、颜色或反光或透明效果不逼真等显示怪异的情况，如图 4-41 所示。在这里介绍一般处理模型的方法。

图 4-41　模型色彩反光怪异

(1) 如果模型颜色怪异，则修改材质球的 Shader(着色器)，如图 4-42 所示。

Shader 是一种给 GPU 执行的程序，能够编写很多复杂的效果且保持高性能。Unity 自带许多 Shader，一般默认使用 Standard。

根据需求选择不同的 Shader 能够更改模型的显示方式。在本模型中，将 Shader 改为 Legacy Shaders/Transparent/Cutout/Soft Edge Unlit，能够比较逼真显示。但是没办法接受光照，在阳光下无法产生阴影，如图 4-43 所示。

图 4-42　修改模型的 Shader

图 4-43　Shader 为 Soft Edge Unlit 的效果

但是选择普通 Shader，会导致模型有一面显示透明，如图 4-44 所示。当自带的 Shader

无法满足需求时，就需要另外编写 Shader。本书不对 Shader 做过多讲解，对 Shader 有兴趣的读者可查阅相关书籍。

图 4-44　普通 Shader 使模型一面无法正常显示贴图

(2) 模型颜色较暗，可调节 Shader 的颜色，如图 4-45 所示。

(3) 模型太小，可调节缩放因子，如图 4-46 所示。更改后需要单击下方的 Apply 按钮。

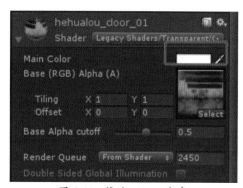

图 4-45　修改 Shader 颜色

图 4-46　修改模型的缩放因子

4.7　制作简单的第一人称漫游

Unity 的标准资源中角色有第一人称和第三人称两种。导入角色标准资源方法如下：在菜单栏中选择 Assets → Import Packag → Characters，弹出 Import Unity Package 对话框，如图 4-47 所示。

由于 Assets/Standard Assets 文件夹下已经存在 CrossPlatformInput、Editor 和 Utility 文件夹，所以不会重新导入，只会导入右边标志为绿色的 NEW 的文件。

导入后，Standard Assets 新增两个文件夹，分别为 Characters 和 PhysicsMaterials。其中在 Characters 文件夹里有 FirstPersonCharacter(第一人称角色) 和 ThirdPersonCharacter(第三人称角色)

文件夹，两者都有 Prefabs 文件夹，里面的预制体可以直接使用，如图 4-48 所示。

图 4-47　导入 Characters 标准资源

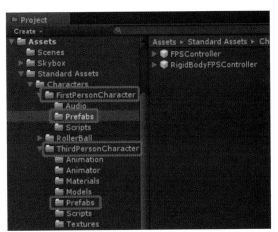

图 4-48　Characters 文件层级

以第一人称角色为例，将 Assets/Standard Assets/FirstPersonCharacter/Prefabs 中的 FPSController 拖到场景中，双击 FPSController，在场景中观察该物体，如图 4-49 所示。

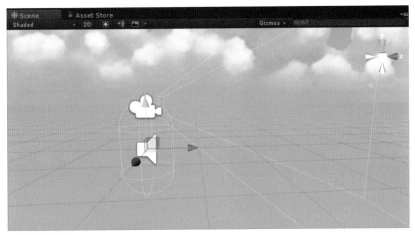

图 4-49　FPSController 游戏物体

第一人称角色预制体中最重要的组件是 CharacterController，它能模拟简单的人运动的情况。通过胶囊碰撞体模拟角色身高，通过 AudioSource(音源) 组件模拟角色走路的声音，其子物体是摄像机，模拟角色的视野。

调整 FPSController 的位置，将它移到场景中，调整其旋转角。由于 FPSController 中已带有一个摄像机，需要它来显示角色的视野，所以将 MainCamera 删掉。

运行游戏，此时鼠标图标被隐藏，移动鼠标能够控制角色的视线和运动方向，方向键控制角色移动。按下键盘 Esc 键能重新显示鼠标。若角色与场景比例不一致或不够逼真，则可以修改 CharacterController 和 FirstPersonController。(CharacterController 组件将在下一章详细讲解。)

提示：

　　FPS(First-Person Shooting Game，第一人称射击类游戏) 是从玩家的主观视角进行游戏，而不是操纵屏幕中的虚拟角色，可身临其境地体验增强游戏的主动性和真实性。

4.8　思考练习

　　1. 制作 Scene1：一个欢迎界面，中间有一个"进入 ** 场景"的按钮，单击该按钮，跳转到 Scene2。

　　2. 制作 Scene2：在网上查找素材资源，结合 Unity 自带的资源包，创建一个 3D 环境。

　　要求：(1) 有山、水、花、草、树木，另外导入外部建筑模型资源。

　　　　　(2) 能够使用第一人称漫游漫游。

　　　　　(3) 进入该场景后，先显示场景介绍界面。单击关闭按钮，关闭介绍页面。

　　3. 思考：本章介绍的隆起高山、凹出大海，都是在垂直方向上操作地形。若想在山上挖一个山洞，该如何在水平方向上操作地形呢？

4.9　资源链接

　　Unity 地形系统学习相关网址如下。

* Unity 官方手册——地形系统部分：

　https://docs.unity3d.com/2018.1/Documentation/Manual/script-Terrain.html

* Unity 官方 API——地形系统部分：

　https://docs.unity3d.com/ScriptReference/Terrain.html

第 5 章

物理系统

在游戏中模拟真实世界的物理效果，需要用到物理系统。例如，由于材质不同，皮球落地和钢珠落地会有不同的效果；风吹过树木，需要模拟风的方向、速度等，这些都是物理系统可以模拟的效果。它定义了物体的物理材质属性、受力后的运动和碰撞后的运动。

【学习目标】

1. 熟悉刚体的属性，使用刚体的常用函数。
2. 了解碰撞体和触发器的区别，掌握碰撞检测的方法。
3. 学会使用角色控制器模拟人的移动。
4. 学会使用射线检测物体。

【知识点说明】

本章的知识点结构如图 5-1 所示。

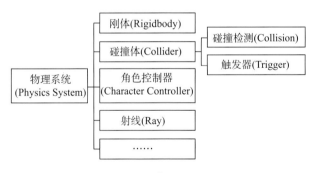

图 5-1　本章知识点结构

【任务说明】

本章任务及对应的知识点如表 5-1 所示。

表 5-1　任务及对应的知识点

任务	知识点
做一个简易版的 Flappy Bird	刚体和碰撞体： · 设置刚体的速度 · 给刚体添加一个力

（续表）

任务	知识点
模拟上楼梯和上坡的效果	角色控制器： • 区分碰撞体和触发器的区别 • 碰撞检测
制作拾取物体的效果	射线： • 使用 Tag 标记物体 • 发射射线

5.1 基础知识

Unity 的物理系统提供了多个物理模拟的组件，通过修改相应的参数，可以使游戏物体表现出与现实世界相似的物理行为。针对 2D 物体和 3D 物体，Unity 分别设有 2D 物理引擎和 3D 物理引擎。两者使用不同的组件，但用法基本相同。

本章主要学习 3D 物理引擎组件中的刚体、碰撞体、角色控制器及射线。

在菜单栏 Component 中的 Physics 和 Physics2D 下，可以看到所有物理系统相关组件，如图 5-2 和图 5-3 所示。

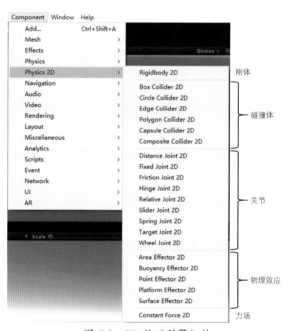

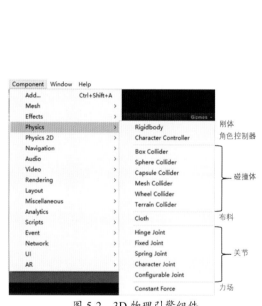

图 5-2 3D 物理引擎组件   图 5-3 2D 物理引擎组件

5.2 刚体 (Rigidbody) 组件

在场景里创建一个 Plane(平面) 游戏物体作为地面，再创建一个 Cube 游戏物体，移到 Plane 的正上方，如图 5-4 所示。运行游戏，可以观察到 Cube 不会掉下来。

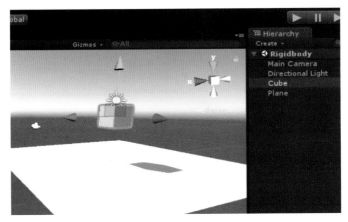

图 5-4　创建游戏物体

重新编辑游戏，为 Cube 添加一个 Rigidbody 组件，再次运行游戏，可以看见 Cube 会掉到 Plane 上，这是因为添加了刚体组件的游戏物体，会受到重力和碰撞的影响。

Rigidbody 组件还有什么作用呢？下面来详细了解一下 Rigidbody 组件。

1. Rigidbody 组件的属性

Rigidbody 组件的属性面板如图 5-5 所示。

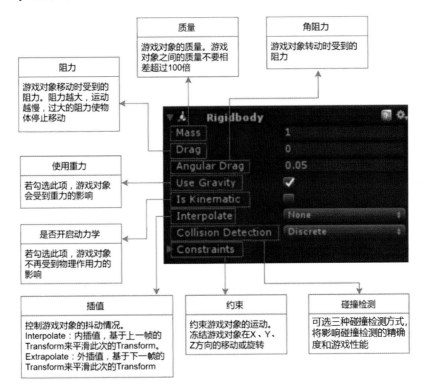

图 5-5　Rigidbody 组件的属性面板

Rigidbody 组件的属性主要的参数设置说明如下：

(1) Use Gravity(使用重力)。该参数主要用来设置是否启用重力属性。如果将 Rigidbody 组件的 Use Gravity 取消选中，该组件不会再受到重力的影响。

(2) Is Kinematic(是否是运动的)。勾选此项的游戏物体，将忽略物理性质及加在其在物体上的力，因此力不会再改变它的运动，只能通过改变 Transform 来控制。常用于需要碰撞检测但不想受力影响的游戏物体。

使用以下方法来测试该属性：

在 Cube 下放一个 Sphere(球体)，都添加 Rigidbody 组件，只有 Sphere 勾选 Is Kinematic 选项，如图 5-6 所示。运行游戏可见，Cube 落下，撞到 Sphere 但 Sphere 不动，效果和 Sphere 没加刚体一样。两者区别在于，加了 Rigidbody 的 Sphere 能够检测到碰撞事件。

(3) Interpolate(插值)。Unity 对物理运动的模拟计算与画面的更新可能不同步，导致游戏物体运动时产生抖动不够平滑。该属性能够设置物体运动时的平滑程度。

通过以下方法测试该属性的效果：

创建 3 个 Cube，如图 5-7 所示。Cube1、Cube2 和 Cube3 都添加 Rigidbody 组件，其中 Cube1 保持默认的 None，Cube2 将 Interpolate 设为 Interpolate，Cube3 将 Interpolate 设为 Extrapolate。

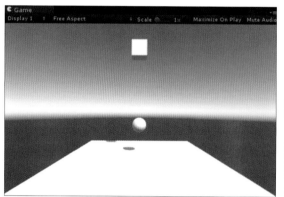

图 5-6　Cube 和 Sphere 位置示意图

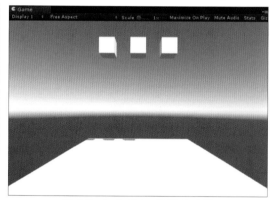

图 5-7　3 个 Cube 位置示意图

运行游戏观察运动情况，可见三个 Cube 都落到 Plane 上。落下过程中该属性值为 None 的 Cube1 会稍微抖动。该属性值为 Interpolate 和 Extrapolate 的物体抖动都较少，由于算法不同，后者更为平滑，但是运算时间相对较长，性能消耗更大，建议只用于场景中重要的游戏物体上。

该属性不同的值只是视觉体验有区别，运动结果相差不大。默认情况下差值为 None。

(4) Collision Detection(碰撞检测)。物体高速运动时，可能会因为前一帧还没接触，而当前帧已经穿透目标，导致引擎将其判断为未碰撞。

该属性有三个值，效果分别如下：

① Discrete 是默认值，属于离散碰撞检测，只判断当前帧的结果，会产生上述碰撞检测不够精确的情况。

② Continuous、Continuous Dynamic 都属于连续碰撞检测，碰撞检测是连续的，用于需要检测高速运动的物体的碰撞。这两个选项比较消耗性能，除非是有检测高速运动的物体的必要，否则尽量使用 Discrete。

(5) Constraints(约束)。该属性能对游戏物体的移动和旋转的方向进行锁定。

在以下示范案例中，创建 4 个 Cube，它们在同一平面上的不同位置，其 Rigidbody 的 Constraints 属性设置如图 5-8 所示，其他值保持默认。

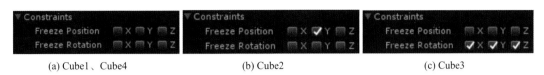

| (a) Cube1、Cube4 | (b) Cube2 | (c) Cube3 |

图 5-8　4 个 Cube 的 Constraints 属性设置

运行游戏，可见没有锁定 Y 轴位置的 Cube1、Cube3 和 Cube4 可以落下。

Cube1 和 Cube2 都没有锁定旋转方向，两者相碰时都会旋转；Cube1 没有锁定位置，碰撞后在 X、Z 轴方向产生位移；Cube2 由于锁定了 Y 轴，在 Y 轴方向上（竖直方向）即使受到重力也不会往下掉，但没锁定 X 轴，碰撞后在水平方向有位移。

Cube3 即使受到 Cube2 的碰撞，也不能旋转，因为锁定了各个方向的旋转轴，也因此落下来后可以平稳地立在 Cube4 上。

游戏运行前后的效果对比如图 5-9 所示。

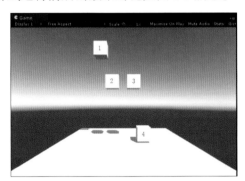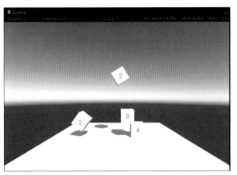

图 5-9　游戏运行前后对比效果图

2. Rigidbody 组件的函数

Rigidbody 组件的重要方法是 AddForce 函数，主要作用是给刚体添加一个力，使用格式如下：

```
AddForce(Vector3 force)
```

同时，通过 Rigidbody 的 velocity 属性，可获取或设置刚体的速度，使用格式如下：

```
Vector3 velocity { get; set; }
```

下面以一个简版的 Flappy Bird 的案例说明上述函数的使用方法，主要实现按下空格键小鸟上升的功能。

(1) 在场景里添加一个 Sphere(球体) 来代表小鸟，并为 Sphere 添加一个刚体组件。

(2) 撰写 AddForce.cs 脚本。

```
using System.Collections2
using System.Collections.Generic;
using UnityEngine;

public class AddForce : MonoBehaviour {
    public float speed=10;
    public float force = 50;
    void Start () {
    //Rigidbody.velocity:获得刚体的速度。给刚体设置大小为 speed 向右的速度
```

```
        GetComponent<Rigidbody>().velocity = Vector3.right * speed;
    }

    void Update () {
        //Input.GetKey(): 检测键盘输入
        if (Input.GetKey(KeyCode.Space)){
            //Rigidbody.AddForce(): 给刚体施加一个向上的力, 大小为 force
            GetComponent<Rigidbody>().AddForce(Vector3.up*force);
        }
    }
}
```

(3) 将 AddForce.cs 脚本添加到 mySphere 对象上，并在 Inspector 里调整 AddForce.cs 脚本的 speed 变量和 force 变量 (speed 设置为 0.5，force 设置为 5)。

(4) 测试运行游戏。按下空格键，可见 mySphere 会受到向上的力上升。松开空格键，mySphere 受到重力落下。

5.3 碰撞体 (Collider) 组件

碰撞体主要用以定义游戏物体碰撞的有效范围。Unity 提供了 6 种类型的碰撞体，如表 5-2 所示。其中，绿色线框部分表示的是各类碰撞体的形状和有效范围。

表 5-2　Unity 碰撞体的主要类型

碰撞体	样式	组件	常用对象
Box Collider (盒子碰撞体)			门、墙壁、平台、汽车外壳
Sphere Collider (球体碰撞体)			石头、乒乓球、气球、炮弹等球体
Capsule Collider (胶囊碰撞体)			子弹、柱子、人物角色
Mesh Collider (网格碰撞体)			主角、需要精确检测各个部位碰撞效果的物体

（续表）

碰撞体	样式	组件	常用对象
Wheel Collider (轮子碰撞体)	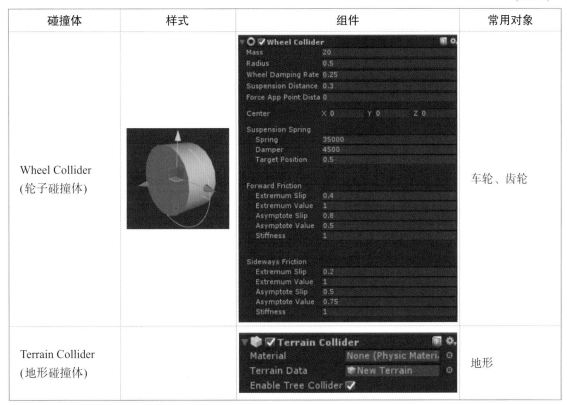		车轮、齿轮
Terrain Collider (地形碰撞体)			地形

一个游戏物体的碰撞体，不需要和它的网格模型形状完全对应。同一个游戏物体可以添加多个碰撞体，组合起来形状近似复杂的网格碰撞体，性能较高且不易被察觉。

例如，Unity 官方示例工程的 Car 模型，其碰撞体用三个 Box Collider 组合成与 Car 模型相似的形状，如图 5-10 所示。

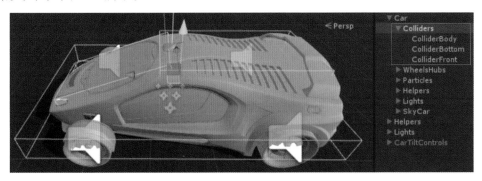

图 5-10　Car 的碰撞体

不同类型的碰撞体用法类似，本章以 Box Collider 和 Mesh Collider 为例。

1. Collider 组件的属性

Box Collider 组件的属性面板如图 5-11 所示。其中，材质选择如图 5-12 所示。

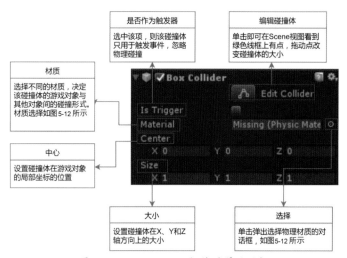

图 5-11　Box Collider 组件的属性面板

图 5-12　选择材质窗口

Mesh Collider 组件的属性面板如图 5-13 所示。

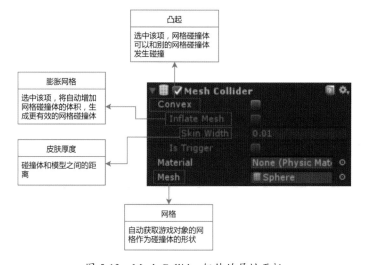

图 5-13　Mesh Collider 组件的属性面板

要注意的是，网格碰撞体和游戏物体 (模型) 形状完全一致，但是会占用较多性能。网格碰撞体和其他 Unity 的基本碰撞体可以产生碰撞，但网格碰撞体之间不会产生碰撞。

要想网格碰撞体之间产生碰撞，需勾选 Convex 属性。只有当网格碰撞体的三角形数量少于 255 时，Convex 参数才有效。

2. 碰撞检测 (Collision)

碰撞发生在两个碰撞体中，当两个游戏物体都有碰撞体且其中至少一方有刚体，则两者相撞就能检测到碰撞。碰撞检测通常用来做开关，如 Flappy Bird 中小鸟碰到柱子就触发死亡开关而结束游戏。

当碰撞发生时，会触发碰撞事件。通过重写碰撞事件函数，可以定义碰撞后的事件。碰撞事件函数有以下三种。

(1) OnCollisionEnter(Collision collision)：碰撞体进入另一碰撞体时触发。

(2) OnCollisionStay(Collision collision)：碰撞体在另一碰撞体中停留时每帧都会触发。

(3) OnCollisionExit(Collision collision)：碰撞体离开另一碰撞体时触发。

继续模拟Flappy Bird，在5.2节的基础上添加Cube并改变其位置和大小，效果如图5-14所示。添加 Text，组合成如图 5-15 所示场景。

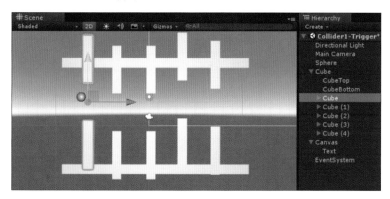

图 5-14　使用 Cube 制作的场景

图 5-15　添加了 Text 的场景示意图

提示：

在 Hierarchy 面板中，复制一个游戏物体的快捷键是 Ctrl+D。

编写脚本 collision.cs，当 Sphere 检测到碰到了 Cube，则显示 You Failed！，并禁用 AddForce.cs 脚本，使其不再向右运动。

```
using System.Collections;
using System.Collections.Generic;
using UnityEngine;
using UnityEngine.UI;

public class collision : MonoBehaviour {
  // 显示失败文本
  public Text textFailed;
```

```
void Start()
{
    // 初始时隐藏文本
    textFailed.gameObject.SetActive(false);
}
// 当有另一个碰撞体进入该碰撞体
private void OnCollisionEnter(Collision collision)
{
    // 文本显示
    textFailed.gameObject.SetActive(true);
    // 将文本改为 You Failed!
    textFailed.text = "You Failed!";
    // 禁用 AddForce.cs 脚本，使其不再向右运动
    gameObject.GetComponent<AddForce>().enabled = false;
}
}
```

将该脚本赋给 Sphere，运行测试游戏。通过按空格键，保持 Sphere 不碰到 Cube。一旦碰到 Cube，触发 OnCollisionEnter 函数，屏幕显示 You Failed！，同时 Sphere 落地，按空格键也不会有反应，这是因为禁用了 AddForce.cs 脚本，如图 5-16 所示。

图 5-16　禁用 AddForce.cs 脚本

提示：

隐藏 / 显示游戏对象：gameObject.SetActive(bool value)

禁用 / 启用组件：GetComponent< 组件名 >().enabled = false/true

3. 触发器 (Trigger)

在上个案例中，Sphere 与 Cube 产生的是物理碰撞，Sphere 会被撞飞。但有时只需要游戏物体接触时触发一些事件，不需要它们产生物理碰撞，这时候就需要用到触发器。

触发器不是组件，它只是碰撞体的一个属性。当勾选碰撞体的 Is Trigger 属性时，这个碰撞体就带有了触发器属性，可以作为一个触发器使用。这时碰撞体就能被其他物体穿透，不会再把其他物体撞飞或者被撞飞。

带有触发器属性的碰撞体的游戏物体和没有碰撞体组件的游戏物体都能被穿透，但区别在于，触发器能够触发 OnTriggerEnter()、OnTriggerStay()、OnTriggerExit() 等事件。要注意的是，勾选了 Is Trigger，碰撞事件 (OnCollisionEnter()、OnCollisionStay()、OnCollisionExit()) 就不会触发了。

在场景右边新建一个 Cube 并命名为 Trigger 作为触发器，调整尺寸，如图 5-17 所示。当 Sphere 顺利到达右边终点时，触发开关，显示 Finished！。

勾选 Box Collider 的 Is Trigger 属性，并取消勾选 Mesh Renderer 组件，不要在画面上显示 Cube，如图 5-18 所示。

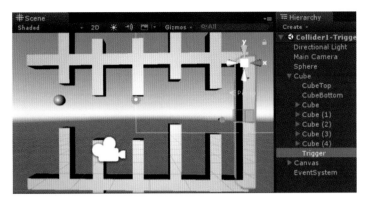

图 5-17 使用 Cube 制作触发器 Trigger

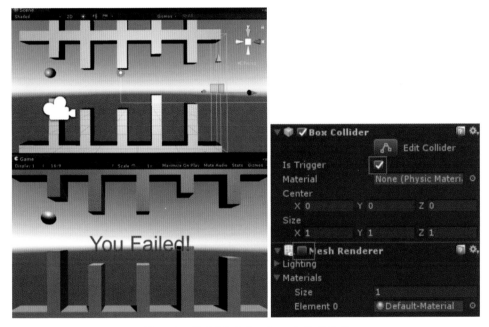

图 5-18 禁用 Mesh Renderer 组件的效果

编写脚本 trigger.cs，赋给 Trigger 游戏物体，并将 Text 游戏物体拖到 trigger 脚本的属性栏里。

```
using System.Collections;
using System.Collections.Generic;
using UnityEngine;
using UnityEngine.UI;
public class trigger : MonoBehaviour {
    // 显示结束文本
    public Text textFinished;
    // 进入触发器事件
    private void OnTriggerEnter(Collider other)
    {
    // 显示文本，将文本改为 Finished!，并禁用"小鸟" Sphere 上的两个脚本
        textFinished.gameObject.SetActive(true);
        textFinished.text = "Finished!";
        GameObject.Find("Sphere").GetComponent<AddForce>().enabled = false;
    GameObject.Find("Sphere").GetComponent<collision>().enabled = false;
    }
}
```

运行游戏，可以看到当 Sphere 碰到 Trigger 游戏物体，就会显示 Finished！，同时不会发生物理碰撞。

5.4 角色控制器 (Character Controller) 组件

Rigidbody 组件能很好地模拟游戏物体受到物理效果的反应，但不适合用来控制人物的运动。因为刚体会受其他外力的影响，使物体容易跌倒或被撞飞。

Character Controller 组件能很好地解决这个问题。它不受外力影响，不会被撞飞，同时能够通过调整相应的参数，模拟爬坡或爬楼梯的效果。

Character Controller 组件的属性面板如图 5-19 所示。

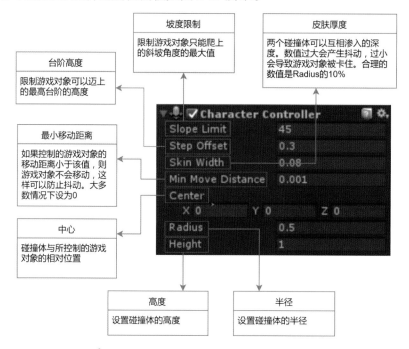

图 5-19　Character Controller 组件的属性面板

通过以下案例熟悉该组件的主要属性。

(1) Step Offset(台阶高度)：该属性可用以模拟 Character Controller 爬楼梯的效果。

在场景里添加一个 Plane 作为地面、一个 Capsule(胶囊体) 作为角色，以及四个 Cube 组成的楼梯。参数分别如下。

Plane：Position(0,-4,0)。

Capsule：Position(0,-3,0)。

删除自带的 Capsule Collider 组件，添加 Character Controller 组件，将其 Step Offset 的值改为 0.5。

4 个 Cube 的 Position 分别为 (5,-4,0)、(6,-3.5,0)、(7,-3,0)、(8,-2,0)，并将其 Scale 改为 (1,1,3.6)。前三级楼梯高度为 0.5，第四级楼梯高度为 1，效果如图 5-20 所示。

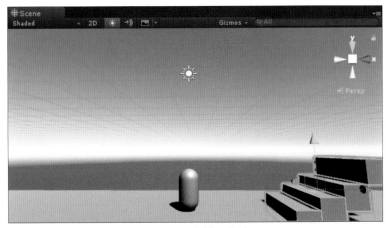

图 5-20　楼梯示意图

编写 characterControllerStep.cs 脚本，挂到 Capsule 游戏物体上，控制 Capsule 运动。

```
using System.Collections;
using System.Collections.Generic;
using UnityEngine;

public class characterControllerStep : MonoBehaviour {
    // 声明移动的速度，默认值为 3
    public float speed = 3;
    private CharacterController controller;

    void Start () {
        // 获得当前游戏物体上的 CharacterController 组件
        controller = GetComponent<CharacterController>();
    }

        void Update () {
        // 如果按下右方向键
        if (Input.GetKey(KeyCode.RightArrow))
        {
         //CharacterController.Move()：向右移动，速度是 speed
    controller.Move(Vector3.right * speed * Time.deltaTime);
        }
    }
}
```

运行游戏，按下右方向键，可见 Capsule 向右行走并爬楼梯。

由于设置了 Character Controller 组件的 Step Offset(台阶高度) 为 0.5，所以前三级高度为 0.5 的楼梯 Capsule 都能爬上去，高度为 1 的第四级则不能。

Character Controller 本身有 Move() 方法控制角色移动，使用 Translate 或直接改变 Position 就无法发挥它本身的功能。

(2) Slope Limit(坡度限制)。

我们在场景里添加两个 Cube 作为斜坡，模拟爬坡功能。

调节 Cube 的位置和旋转角，使其一个坡度为 60°，一个坡度为 45°。Transform 参数分别如下。

Cube：Position(-5,-3,0)，Rotation(0,0,60)，Scale(0.5,6,3.6)。

Cube(1)：Position(-9,0,0)，Rotation(0,0,45)，Scale(0.5,6,3.6)。

保持 Capsule 的 Character Controller 组件的 Slope Limit 为默认值 45。

最终场景如图 5-21 所示。

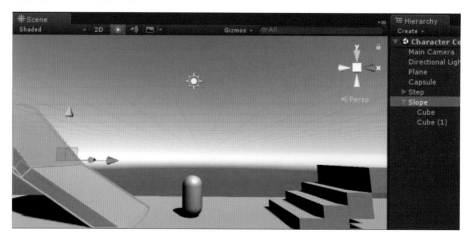

图 5-21　爬坡场景

修改 characterControllerStep.cs 脚本，让 Capsule 能左右运动并模拟重力。

```
using System.Collections;
using System.Collections.Generic;
using UnityEngine;

public class characterControllerStep: MonoBehaviour {

    public float speed = 3;
    private CharacterController controller;

      void Start () {
        controller = GetComponent<CharacterController>();
    }

    void Update () {
        //CharacterController.isGrounded: 检测该物体是否在地面
        if (controller.isGrounded)
        {
            // 按下右方向键向右走
            if (Input.GetKey(KeyCode.RightArrow))
            {
    controller.Move(Vector3.right * speed * Time.deltaTime);
            }
            // 按下左方向键向左走
            if (Input.GetKey(KeyCode.LeftArrow))
            {
    controller.Move(Vector3.left * speed * Time.deltaTime);
            }
        }
        // 模拟重力: 若不在地面上，则向下移动
        else
        {
    controller.Move(Vector3.down * speed * Time.deltaTime);
        }
    }
}
```

运行游戏，可见 Capsule 能爬上第一个 45° 的坡，爬不上第二个 60° 的坡。

Character Controller 和 Rigidbody 有些冲突，建议不与刚体一起使用。但 Character Controller 不会受到重力，因此需要对它模拟重力：通过 isGrounded 方法，监听 Character Controller 是

否接触地面。只有接触地面后才可以移动，而一旦腾空时则向下移动。

如果要让物体受物理效果影响，最好用刚体而不用 Character Controller。如果想让它对相碰撞的物体使用力，可以使用 OnControllerColliderHit() 函数。

> **提示：**
>
> Character Controller 相关方法函数如下：
>
> ```
> Move()
> SimpleMove()
> isGrounded
> OnControllerColliderHit()
> ```

5.5　射线 (Ray)

射线是 3D 世界中的一个点向一个方向发射的一条无终点的线，在发射轨迹中与其他物体碰撞时停止发射。它不是一个可视化组件，只能通过脚本调用相关方法函数来使用。

射线是广泛使用的技术，常用于路径搜寻、目标命中判断等。一条射线示意图如图 5-22 所示。它通常包括射线起点 (origin)、方向 (direction)，有时还包括射线长度 (distance)。最重要的是，可以通过射线获得射线碰到的物体的信息 (hitInfo)。

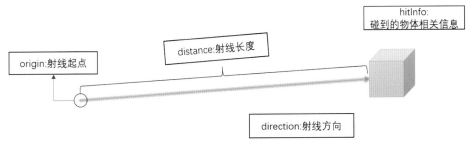

图 5-22　射线示意图

下面通过案例了解射线的使用方法。该案例实现的效果是：单击绿色方块，该方块被拾取并消失；单击灰色方块，该方块没有反应。

在 Plane 上摆放几个 Cube，并将其中一些 Cube 改为绿色，如图 5-23 所示。

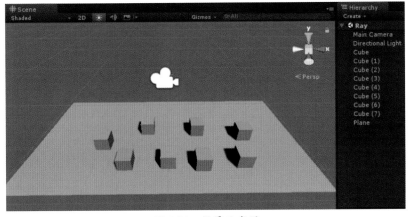

图 5-23　场景示意图

更改物体颜色，就是更改材质的颜色。我们需要新建一个材质：在 Project 视图单击鼠标右键，选择 Create → Material 新建材质，并命名为 GreenMaterial。选中 GreenMaterial，单击 MainMaps 属性的 Albedo 右边的颜色选择框，选择一种绿色，如图 5-24(a) 所示。

选中要改变颜色的 Cube 物体，将 GreenMaterial 拖到 Mesh Renderer 组件中 Materials 下的 Element0 属性栏里。或者单击 Element 0 属性栏右边的按钮，展开 Select Material 窗口，选择一种 Material，如图 5-24(b) 所示。

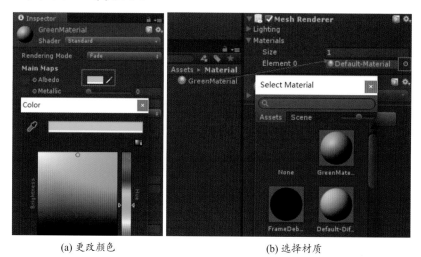

(a) 更改颜色   (b) 选择材质

图 5-24　修改 Material 示意图

当射线碰到绿色方块时，怎么知道这是想要拾取的方块呢？这需要标记一下，即为方块设置标签 Tag。

选中想要标记的方块，单击 Inspector 视图上方的 Tag 下拉列表，如图 5-25(a) 所示，选择 Add Tag，弹出 Tag&Layers 设置面板，单击 Tags 右下角的 "+" 按钮，出现一条输入框，输入 Tag 的名称，这里写 bonus。再选择一次方块，展开 Tag 下拉列表，选择 bonus，即可为方块添加 Tag，如图 5-25(b) 所示。

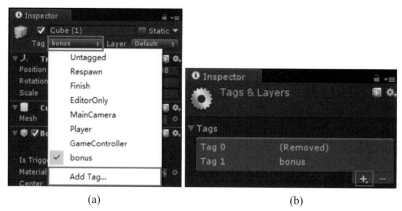

(a)   (b)

图 5-25　添加 Tag 示意图

编写 ray.cs 脚本，实现发射射线、识别并销毁特定物体的效果。

```
using System.Collections;
using System.Collections.Generic;
using UnityEngine;

public class ray : MonoBehaviour
{
    void Update()
    {
        // 监测鼠标左键按下。0 是左键，1 是右键
        if (Input.GetMouseButton(0))
        {
            // 定义一条从摄像机发出到单击坐标的射线 ray
            Ray ray = Camera.main.ScreenPointToRay(Input.mousePosition);
            // 声明 hitInfo 变量，存放射线返回的信息
            RaycastHit hitInfo;
            // Physics.Raycast()：发射射线 ray，得到 ray 返回的信息 hitInfo
            if (Physics.Raycast(ray, out hitInfo))
            {
                // 通过 hitInfo 获得射线碰到的物体
                GameObject gameObj = hitInfo.collider.gameObject;
                // 当射线碰撞目标为 bonus 类型的物品，则销毁
                if (gameObj.tag == "bonus")
                {
                    Destroy(gameObj);
                }
            }
        }
    }
}
```

　　将该脚本赋给摄像机，运行游戏，可见 Tag 为 bonus 的方块，被单击到都会消失，而单击灰色方块则不会消失。

提示：

发射射线的方法：

```
Raycast(Ray ray, out RaycastHit hitInfo, float maxDistance)
Raycast(Vector3 origin, Vector3 direction, out RaycastHit hitInfo)
```

Camera.main 自动获取 tag 为 MainCamera 的摄像机，作为摄像发射起点，如图 5-26 所示。

图 5-26　获取摄像机

　　射线是可以看到的，但需要用代码将它绘制出来。在第一层 if 语句里（第 18 行之后），添加一行代码：

```
Debug.DrawLine(ray.origin, hitInfo.point);
```

重新运行游戏，单击方块，即可在 Scene 视图看到，射线从摄像机发出，到达单击的地方，效果如图 5-27 所示。

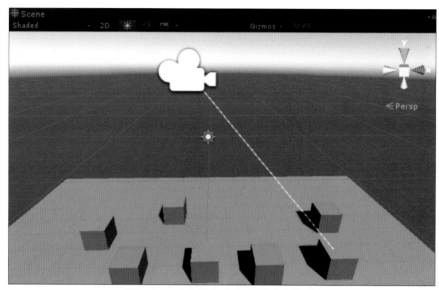

图 5-27　单击物体产生射线的效果图

提示：

绘制辅助线函数：

```
Debug.DrawLine(Vector3 start, Vector3 end,
[DefaultValue("Color.white")] Color color,
[DefaultValue("0.0f")] float duration)
```

- start：起始点。
- end：终点。
- color：颜色默认为白色
- duration: 出现的时长默认为 0。

5.6　思考练习

1. 为上一章制作的地形环境添加宝藏，结合本章所学知识，使玩家在环境中漫游时，能够拾取宝藏，并实时显示所得宝藏数量。在地形环境中添加一个指路牌，单击指路牌，可使玩家到达地形的另一个位置。

2. 模仿"超级玛丽"制作简单的平台游戏：角色能跳上砖块，吃钻石，实时显示分数。碰到右边的触发器，门打开，出门则胜利。图 5-28 为游戏场景的参考示意图。

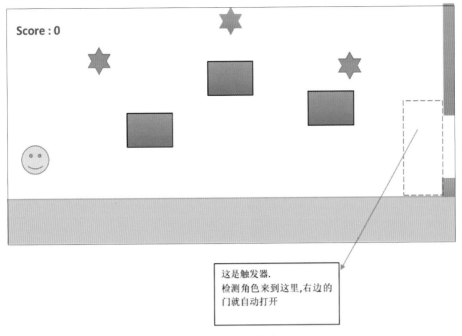

这是触发器.
检测角色来到这里,右边的
门就自动打开

图 5-28　游戏场景的参考示意图

5.7　资源链接

Unity 物理系统学习相关网址如下。

- Unity 官方网站——物理系统介绍：
  https://unity3d.com/cn/learn/tutorials/s/physics
- Unity 官方手册——物理系统部分：
  https://docs.unity3d.com/Manual/PhysicsSection.html
- Unity 官方 API——物理系统部分：
  https://docs.unity3d.com/ScriptReference/Physics.html

第6章

2D 动画

在游戏开发中，UI 界面经常会添加动画效果，如 UI 飞入飞出或淡入淡出界面；游戏角色会有多种动作，如奔跑、跳跃等，这些效果在 Unity 中都能够快速实现。

【学习目标】

1. 熟悉编辑动画的流程和动画编辑器的使用。

2. 学会使用代码控制动画。

【知识点说明】

本章的知识点结构如图 6-1 所示。

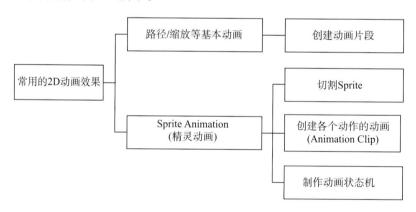

图 6-1 本章知识点结构

一般游戏物体的动画，如路径、缩放、淡入淡出等基本动画，都是对一个游戏物体的属性如 Position、Scale、Opacity 等制作帧动画。

2D 游戏中的角色和物体一般都是 Sprite，所以制作 2D 游戏的角色的动画一般称为 Sprite Animation。2D 角色通常有几种状态，如普通状态、奔跑状态、胜利状态等。Unity 不支持 GIF 图，一个动作不能直接通过播放 GIF 图来表现。但原理是一样的，一个完整的动作需要几张图片构成，通过快速切换图片完成一个动作的显示。

【任务说明】

本章任务及对应的知识点如表 6-1 所示。

表 6-1　任务及对应的知识点

任务	知识点
给 UI 添加简单的动画效果	Animation 编辑器： • 编辑动画片段 • 通过曲线 (Curve) 调整动画速度
制作兔子角色动画	Sprite 编辑器：切割 Sprite Animation 编辑器：设置动画之间的过渡

6.1　给游戏物体添加简单的动画效果

在第 3 章中做了一个打字游戏，这里给这个打字游戏添加一个开始场景 (StartScene)，该场景中有个"开始游戏"按钮，单击按钮则跳转到游戏场景。场景和层级关系如图 6-2 所示。

图 6-2　场景和层级示意图

本任务主要给这个"开始游戏"按钮添加动画效果，让 UI 动起来：按钮从画面之外的上方落下到达画面中央，然后按钮不断轻微地缩小放大。

因此该动画分成两片段：按钮落下，只执行一次；按钮不断缩小放大，循环播放。

1. 创建 Animation Clip 和 Animator

制作动画离不开动画编辑器。在菜单栏中选择 Window → Animation 或者按快捷键 Ctrl+6 打开动画编辑窗口。

选择 btnStart 游戏物体，动画编辑窗口中会提示 To begin animation btnStart, create an Animator and an Animation Clip 为 btnStart 添加动画，需要创建一个 Animator 和 Animation Clip，如图 6-3 所示。

图 6-3　Animation 窗口

单击 Create 按钮，打开 Create New Animation 窗口，创建一个 Animations 文件夹存放动画相关的文件。在文件名输入框输入第一段动画的名字为 ButtonDrop。单击"保存"按钮，即可看到 Animation 窗口发生改变。

同时，Animations 文件夹下生成了一个与 btnStart 物体同名的 AnimationController 文件，它的后缀为 .controller，还有一个名为 ButtonDrop 的 Animation Clip 文件，后缀为 .anim。btnStart 物体自动添加了 Animator 组件，其 Controller 为 btnStart.controller，如图 6-4 所示。

图 6-4　自动生成 btnStart.controller 和 Animator 组件

2. 编辑 ButtonDrop 动画片段

该按钮初始状态是位于画面之外，从上方进入画面，一秒后在画面中央。因此，我们先将按钮拖至画面之外，如图 6-5 所示。

然后单击开始录制按钮■，进入录制模式，Unity 编辑器的播放按钮变成红色，如图 6-6 所示。该模式下，对该按钮所做的任何修改都将录制下来成为动画。

将光标定位在第 60 帧，然后将按钮往下拉至画面中央 (或直接修改其 Y 轴为 0)，这样有动画的属性会变成红色，如图 6-7 所示。

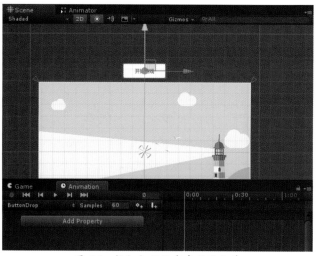

图 6-5　按钮初始状态在画面之外

图 6-6　录制状态的播放按钮变为红色

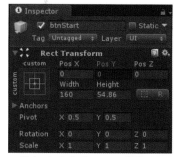

图 6-7　添加了动画的 Pos Y 属性显示为红色

此时动画编辑器中出现添加了动画的属性。展开 Position 属性，可以看到只有 Y 轴添加了动画，如图 6-8 所示。

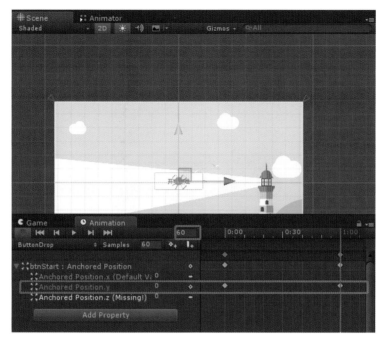

图 6-8　Animation 窗口中添加了动画的属性才有帧

　　关闭开始录制按钮，运行游戏，可见按钮从画面上方下落到中央，并重复执行这个动画。但我们只希望该动画播放一次，在 Project 窗口中选择 ButtonDrop 动画片段，在 Inspector 窗口将其 Loop Time 属性取消勾选，如图 6-9 所示。再次运行游戏，可见按钮从画面上方下落到中央后停住。

3. 在 Curve 模式下编辑 ButtonDrop 动画片段

　　此时按钮的下落速度可以在曲线模式下看到，它的变化是先快后慢，如图 6-10 所示。可以通过调整曲线，让下落速度逐渐变慢。

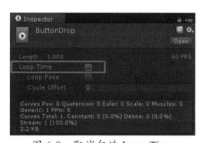

图 6-9　取消勾选 Loop Time

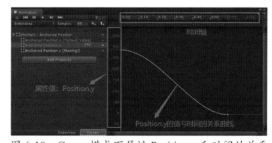

图 6-10　Curve 模式下属性 Position.y 和时间的关系

　　曲线的调节点与关键帧相对应。先单击曲线一端的调节点，便出现灰色的调节手柄。拖动手柄的端点，可以调节曲线的弯曲方向和弯曲程度，如图 6-11 所示。

　　将曲线调节成如图 6-11 所示，运行游戏，可见按钮往下落下，到中点后继续往下一点再反弹回中点。

4. 编辑 ButtonPingpong 动画片段

　　该动画将实现按钮不断变大变小的效果。单击动画编辑器右上角的 ButtonDrop，展开动

画片段列表，如图 6-12 所示。单击列表中的 Create New Clip，新建一个动画片段，命名为
ButtonPingpong。

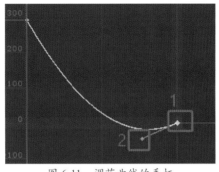

图 6-11　调节曲线的手柄

图 6-12　动画片段列表

该动画主要改变的是按钮大小 Scale，这时按钮已经位于屏幕中点，因此需要先将按钮的
Position.y 设置为 0。

定位到第 30 帧，修改 btnStart 按钮的 Scale 为 (1.1,1.1,1.1)，此时会在第 0 帧和第 30 帧都自
动生成关键帧，且第 0 帧的 Scale 为 (1,1,1)。然后在第 60 帧修改 Scale 为 (1,1,1)，如图 6-13 所示。
单击动画编辑器的播放按钮，预览动画，可见按钮循环播放放大缩小动画。

图 6-13　设置好 Scale 后的 Animation 窗口

但是运行游戏，按钮只会执行第一个 Drop 动画，不会执行第二个 Pingpong 动画。也就是说，
这两个动画没有连起来。这该怎么办呢？

5. 设置动画片段之间的关系

要将单个动画片段连起来，需要用到 Animator 窗口。在 Project 窗口双击 btnStart.
controller，会打开 Animator 窗口，如图 6-14 所示。

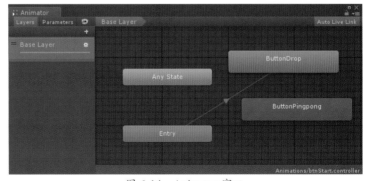

图 6-14　Animator 窗口

Entry 是动画的入口，有一个箭头连到 ButtonDrop，所以一运行游戏就会播放 Drop 动画。但 ButtonDrop 和 ButtonPingpong 之间没有建立联系，所以无法从 Drop 动画过渡到 Pingpong 动画。

要让两者建立联系只需要在 ButtonDrop 上右键选择 Make Transition，便会看到从 ButtonDrop 发出一条带箭头的直线，然后单击 ButtonPingpong，该直线的另一端就固定在 ButtonPingpong 上，这样播放完 ButtonDrop 就会播放 ButtonPingpong。

再次运行游戏，可见按钮下落后，在中点变大变小。在 Animator 窗口也能看到动画的执行情况。

6.2　制作 Sprite Animation

本任务通过制作兔子不同状态的动画来介绍如何制作 Sprite Animation，最终实现通过键盘控制兔子在平台上运动的效果。场景示意图如图 6-15 所示。

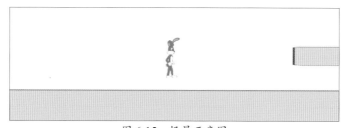

图 6-15　场景示意图

单击左右方向键控制兔子左右移动，空格键控制兔子跳跃。

兔子的 Ready 状态、Jump 状态和 Run 状态的素材如图 6-16 所示。

(a) 兔子 Ready 状态

(b) 兔子 Jump 状态

(c) 兔子 Run 状态

图 6-16　兔子的素材

新建项目 RabbitSpriteAnimation，将本章素材 Textures 文件夹复制到新项目的 Assets 文件夹中。Textures/Characters 文件夹里有兔子三个状态的图片，如图 6-17 所示。

图 6-17　Project 窗口中的兔子图片素材

1. 切割 Sprite

选择 rabbitJump 图片，可见其 Texture Type 为 Default 模式。将 Texture Default 改为 Sprite(2D andUI)，将 Sprite Mode 改为 Multiple，单击 Sprite Editor 按钮，在弹出的 Unapplied Import Settings 窗口中单击 Apply 按钮，便打开 Sprite Editor 窗口，如图 6-18 所示。

在 Sprite Editor 中单击右上方的 Slice 按钮，弹出 Slice 设置。

(a) 操作步骤　　　　　　　　　　　　　　　(b) Sprite Editor 窗口

图 6-18　设置 Sprite 并打开 Sprite Editor 的步骤示意图

将其中的 Type 属性保持 Automatic 不变，单击 Slice 按钮。Sprite Editor 窗口中的兔子周围出现白色的矩形，这就是兔子切割后每张图的大小。最后单击 Apply 按钮完成切割，如图 6-19 所示。

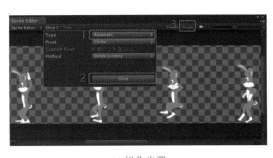

(a) 操作步骤　　　　　　　　　　　　　　　(b) 切割后效果图

图 6-19　在 Sprite Editor 中切割 Sprite 步骤示意图

切割后的 rabbitJump 会出现 10 个命名以 rabbitJump 为首的 Sprite，如图 6-20 所示。其他两张图片用同样方法切割即可。

2. 制作兔子的 Animation

(1) 场景设置。将 Game 窗口的比例改为 16:10。将摄像机的 Clear Flags 改为 Solid

Color，然后为 Background 选择一个颜色，Projection 设置为 Orthographic，如图 6-21 所示。

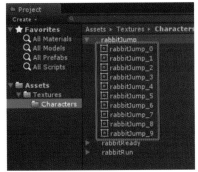

图 6-20　切割后 Project 窗口中的 Sprite

图 6-21　摄像机设置步骤示意图

创建一个 Sprite 作为地面，重命名为 Ground。选择 Unity 自带的 InputFieldBackground 作为 Sprite，选择喜欢的颜色，然后将其 Draw Mode 设置为 Sliced。调整 Size 至想要的大小，如图 6-22 所示。然后添加 Box Collider 组件。

(2) 添加兔子游戏物体。新建名为 Rabbit 的 Sprite 并重置位置。选择 Project 面板中的 Assets/Textures/Characters 里的 rabbitReady_0，拖入 Rabbit 游戏物体的 SpriteRenderer 组件的 Sprite 属性栏中。

兔子此时面朝左，将其 Transform.Scale.x 改为 -1，使其面朝右。

添加 Character Controller 组件，修改其 Skin Width 为 0(会自动设为最小值 0.0001)。调整 Radius 和 Height，使该组件刚好包裹住兔子的躯干，如图 6-23 所示。

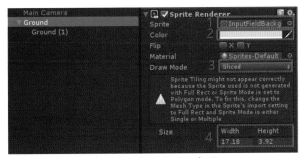

图 6-22　地面设置示意图

图 6-23　兔子 Character Controller 组件设置示意图

(3) 创建 Animation。单击菜单栏的 Window → Animation，调出 Animation 窗口。

选择 Rabbit 游戏物体，单击 Animation 窗口中的 Create 按钮，即可弹出 Create New Animation 窗口。

在 Assets 下创建 Animations 文件夹，填写文件名为 rabbitReady。单击"保存"按钮，即可为 Rabbit 创建名为 rabbitReady 的动画。

展开 Textures/Characters 里的 rabbitReady，选择所有并拖到 Animation 窗口的时间轴的起点，即可看到以下帧，如图 6-24 所示。

单击 Animation 窗口的预览动画按钮，可见兔子的动画播放太快。通过调节 Samples(取样) 可以设置其速度，设置 Samples 的值为 10，如图 6-25 所示。再次预览动画，即可看到 Game 窗口里的兔子的准备动画。

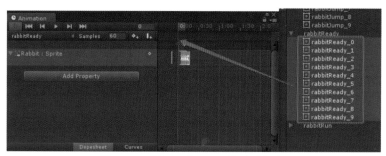

图 6-24　将切好的 Sprite 拖到时间轴

图 6-25　动画预览按钮和 Samples

(4) 添加兔子的跳跃动画剪辑片段。由于跳跃动画分为向上跳与落下两个动画，所以需要分别添加两个动画剪辑片段，分别为 rabbitJumpUp 和 rabbitJumpDown。查看 rabbitJump 里的图片，前面四张是向上跳的动作，后六张是落下的动作。

单击 Animation 窗口左上角的当前动画片段的名称 rabbitReady，可以查看该游戏物体现有的动画，如图 6-26 所示。选择 Create New Clip 为该游戏物体添加新的动画剪辑片段。

在弹出的 Create New Clip 窗口里选择动画存放的位置 Assets/Animations 目录，并输入新动画的名称 rabbitJumpUp。

将 Assets/Textures/Characters 下的 rabbitJump 前四张的精灵图片拖进去，设置好 Samples 的值为 10 即可。

用同样的方法，制作兔子落下 rabbitJumpDown 和奔跑动画 rabbitRun。

要注意的是，奔跑动画和准备动画在符合条件的情况下需要循环播放，但跳跃动画符合条件时只需要播放一次，因此需要取消勾选 rabbitJumpUp 和 rabbitJumpDown 的 Loop Time 属性，如图 6-27 所示。

图 6-26　查看该游戏物体现有的动画

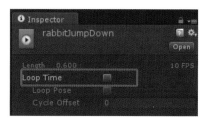

图 6-27　取消循环播放

3. 设置兔子的动画状态机 Animator

此时预览游戏，可以看到兔子正在循环播放 rabbitReady 的动画，而且 Rabbit 游戏物体上有一个 Animator 组件。这是在给它添加 Animation 时自动生成的，同时在创建了 Animation 的同时，也自动创建了名为 Rabbit 的 Animator Controller 文件，如图 6-28 所示。

双击 Project 面板里的 Rabbit 动画控制器，就可以打开 Animator 窗口。由于 Entry 连接的是 rabbitReady 状态，所以预览游戏时，首先播放准备动画，如图 6-29 所示。

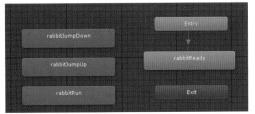

图 6-28 自动创建的 Rabbit.controller 文件和 Animator 组件　　图 6-29 初始的 Animator 窗口

(1) 设置状态过渡。我们希望兔子的准备、跳上、跳下、奔跑四个状态能互相切换，所以要将这三个动画建立联系。在 rabbitReady 状态单击鼠标右键，选择 Make Transition，再单击 rabbitRun 状态，就会在两者之间产生一条带箭头的线，表示可以从 rabbitReady 状态过渡到 rabbitRun 状态，如图 6-30 所示。

继续在状态间创建过渡，最后效果如图 6-31 所示。

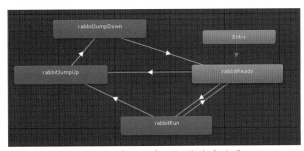

图 6-30 设置状态过渡　　　　　　　　图 6-31 最终状态之间的过渡设置

预览游戏，兔子一直在准备和奔跑两个状态间切换。选择 Rabbit 游戏物体，可以看到动画状态机的运行情况，如图 6-32 所示。

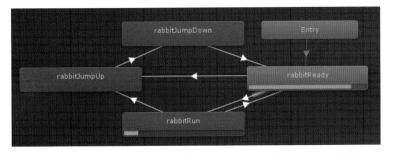

图 6-32 运行游戏时兔子循环播放 rabbitReady 和 rabbitRun 动画

(2) 为兔子动画状态设置过渡条件。为了让动画不自动切换，而是让代码来控制，需要给状态之间设置过渡的条件。当满足这个条件时，才会过渡到下一特定的动画。

单击 Animator 窗口左上角的 Parameters，可以看到现在 Rabbit 动画控制器还没有设定过渡条件的参数，参数列表显示 List is Empty。

① 设置参数。单击 Parameters 下方的 "+"，可选四种参数类型，如图 6-33 所示。

选择 Bool，在弹出的新参数里修改名称为 isGrounded。再次单击 "+" 按钮添加 Float 类型的参数 vSpeed 和 hSpeed，如图 6-34 所示。

图 6-33　四种参数类型

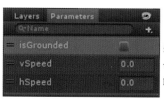

isGrounded：是否在地上。默认值为 false。

vSpeed：垂直方向的速度。默认值为 0。

hSpeed：水平方向的速度。默认值为 0。

图 6-34　参数设置

② 设置状态过渡条件。状态之间的过渡条件如表 6-2 所示。

表6-2　状态过渡条件

序号	状态	isGround	vSpeed	hSpeed
1	rabbitReady → rabbitRun	true	无	>0.1
2	rabbitRun → rabbitReady	true	无	<0.1
3	rabbitRun → rabbitJumpUp	false	>0	无
4	rabbitJumpUp → rabbitJumpDown	无	<0	无
5	rabbitJumpDown → rabbitReady	true	无	无
6	rabbitReady → rabbitJumpUp	false	>0	无

单击 rabbitReady 指向 rabbitRun 的箭头，Inspector 面板里显示两者过渡的信息。Inspector 窗口中的 Conditions 可以设置两者过渡的条件，单击里面的 "+" 按钮，如图 6-35 所示。

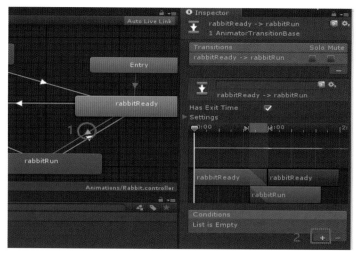

图 6-35　添加过渡条件示意图

自动选择第一个参数，值为 true，如图 6-36 所示。即当 isGrounded 的值为 true 时，可以从 rabbitReady 状态跳转到 rabbitRun 状态。

再次单击"+"按钮添加条件，选择 hSpeed 参数，符号自动选择了 Greater，如图 6-37 所示。将 0 改为 0.1，这样表明当 hSpeed>0.1 时，可以从 rabbitReady 状态跳转到 rabbitRun 状态。

图 6-36　第一个参数 isGrounded

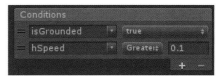

图 6-37　第二个参数 hSpeed

从 rabbitReady 状态到 rabbitRun 状态设置了两个条件，则当两个条件都成立时，才能跳转。根据表 6-2 来设置其他过渡条件。

③ 设置状态之间的过渡效果。状态之间默认会有"上一个状态淡出，下一个状态渐入"的过渡效果，如图 6-38(a) 所示。这样会导致必须播放完一个状态的动画之后才能进入另一动画。例如，当玩家在奔跑状态下按下跳跃键（本例中是空格键），兔子依然显示奔跑动画，过了一段时间奔跑动画播放完了才播放跳跃动画，体验很不好。

因此有时候需要将默认的过渡效果去掉：取消勾选 Has Exit Time 和 Fixed Duration，将 Transition Duration 的值设为 0，如图 6-39 所示。

其他过渡效果根据该方法设置。

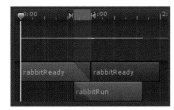

(a) 设置过渡效果前

(b) 设置过渡效果后

图 6-38　设置过渡效果前后对比

图 6-39　设置过渡效果步骤示意图

4. 编写代码控制兔子动画

新建名为 RabbitController 的 C# 脚本文件。代码块如图 6-40 所示。

```
// 声明变量
void Start()
{
    初始化变量
}
```

(a)

```
private void TurnAround()
{
    // 改变朝向函数
}
```

(b)

```
Update()
{
// 判断是否在地上
    是：设置动画参数 isGrounded=true
        设置按下左右方向键、空格键时兔子的速度 v
    否：设置动画参数 isGrounded=false
        设置兔子下落速度 v
// 判断条件执行改变朝向函数
// 设置动画参数 vSpeed 和 hSpeed
// 兔子根据速度 v 移动
}
```

(c)

图 6-40　代码块

(1) 变量说明。

```
public float runSpeed = 7;                       // 兔子奔跑的速度
public float jumpSpeed = 23;                      // 兔子跳跃的速度
public float gravity = 2;                         // 兔子的重力

private Vector3 v;                                // 存储兔子的速度
private bool facingRight = true;                  // 存储兔子的朝向

private Animator RabbitAnim;                       // 兔子的 Animator 组件
private CharacterController RabbitCh;              // 兔子的 CharacterController 组件
```

(2) Start 函数。

```
void Start()
{
    RabbitAnim = GameObject.Find( "Rabbit" ).GetComponent<Animator>();
    RabbitCh= GameObject.Find( "Rabbit" ).GetComponent<CharacterController>();
}
```

(3) TurnAround 函数。

```
private void TurnAround()
{
    facingRight = !facingRight;
    Vector3 scale = RabbitCh.transform.localScale;
    scale.x *= -1;
    RabbitCh.transform.localScale = scale;
}
```

(4) Update 函数。

```
void Update()
{
    if (RabbitCh.isGrounded)
    {
        RabbitAnim.SetBool( "isGrounded" , true);

        // 在地面: 左右、跳跃、静止
        if (Input.GetKey(KeyCode.RightArrow))
        {
            if (Input.GetKey(KeyCode.Space))
            {
                v = new Vector3(runSpeed, jumpSpeed, 0);
            }
            else
            {
                v = Vector3.right * runSpeed;
            }
        }
        else if (Input.GetKey(KeyCode.LeftArrow))
        {
            if (Input.GetKey(KeyCode.Space))
            {
                v = new Vector3(-runSpeed, jumpSpeed, 0);
            }
            else
            {
                v = Vector3.left * runSpeed;
            }
        }
        else if (Input.GetKey(KeyCode.Space))
        {
            v = Vector3.up * jumpSpeed;
        }
        else
        {
            v = Vector3.zero;
```

```
        }
    }
    else
    {
        // 不在地面：掉落
        v.y -= gravity;
        RabbitAnim.SetBool("isGrounded", false);
    }

    RabbitAnim.SetFloat("vSpeed", v.y);
    RabbitAnim.SetFloat("hSpeed", Mathf.Abs(v.x));
    RabbitCh.Move(v * Time.deltaTime);

    // 改变角色朝向
    if (!facingRight && v.x > 0)
    {
        TurnAround();
    }
    else if (facingRight && v.x < 0)
    {
        TurnAround();
    }
}
private void TurnAround()
{
    facingRight = !facingRight;
    Vector3 scale = RabbitCh.transform.localScale;
    scale.x *= -1;
    RabbitCh.transform.localScale = scale;
}
}
```

6.3　思考练习

根据本章内容，完善上一章的平台游戏。

1. 将角色更换为有动画的 2D 角色。

2. 将静态的平台（砖块）做成左右或上下移动的平台。

3. 为该游戏添加进入游戏初始界面，并添加动画效果。

6.4　资源链接

Unity 动画系统学习相关网址如下。

· Unity 官方网站 Animation 教程：

https://unity3d.com/cn/learn/tutorials/s/animation?_ga=2.75812626.666335977.1525571722-1246732483.1501296976

· Unity 官方网站 2D 游戏教程：

https://unity3d.com/cn/learn/tutorials/s/2d-game-creation

· Unity 官方手册网址：

https://docs.unity3d.com/Manual/index.html

第 7 章

人形动画

3D 游戏中除了精美的游戏场景，逼真的人物角色和流畅自然的动作也非常关键。只有人形模型是不够的，动画师提供了模型的基本动作之后，还需要对这些动作进一步操作，使其完成复杂的动作，这就需要用到动画系统。Unity 的 Mecanim 动画系统为人形动画的制作提供了非常优秀的工作流，能够大大简化人形动画的制作流程。

本章先熟悉人形模型的构成及模型设置，学习创建并配置 Avatar，然后学习如何制作人形动画的状态机，并通过代码控制人物动画。最后尝试将一个人形模型的动画重定向到另一个没有动画的人形模型中。

【学习目标】

1. 了解人形动画模型的构成。

2. 掌握 Mecanim 动画系统，学会使用 Avatar 和 IK，以及动画重定向。

【知识点说明】

本章的知识点结构如图 7-1 所示。

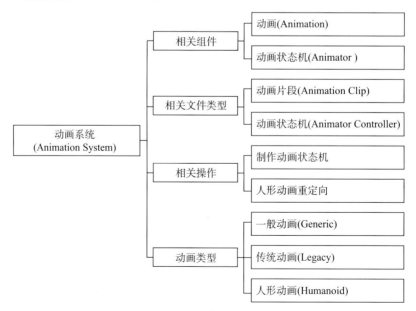

图 7-1　本章知识点结构

Unity 动画有三种动画类型。其中，Legacy 是传统动画，现已不推荐使用；Generic 是一般动画，常用于非人形动画；Humanoid 是人形动画，专门用于制作人形模型的动画。本章主要学习人形动画。

在 Unity 4 以前，使用的都是 Legacy 传统动画系统，该系统能制作普通的动画，但不够灵活。后来使用 Mecanim 动画系统，大大简化制作人形动画的流程，同时能方便制作复杂的人形动画。

【任务说明】

本章任务及对应的知识点如表 7-1 所示

表 7-1　任务及对应的知识点

任务	知识点
制作人形动画	动画编辑器：制作 BlendTree(混合树)
第三人称漫游	使用脚本控制模型动画。 摄像机跟随：使用脚本控制摄像机跟随角色移动
动画重定向	将一个模型的人形动画重定向到另一个模型中

【资源准备】

1. UnityChan.unitypackage。Unity-Chan 是 Unity 公司为了日本市场而推出的虚拟形象代言人。Unity-Chan 不仅有专属的声优配音，还提供了 3D 素材给开发者使用，可从 Assets Store 或其官网 http://unity-chan.com/ 下载。

本章素材为了方便理解，只选取了 Unity-Chan 资源包的一部分打包成新的 unitypackage。

2. Gorilla Character.unitypackage。猩猩模型，来源于 Assets Store。

3. 新建工程 MecanimSystem。导入 UnityChan.unitypackage，将 Model 文件夹里的 unitychan 模型拖到场景中，重置位置。

7.1　了解人形动画模型的构成

人形动画模型带有动画，导入到 Unity 之后，除了能看到模型、材质、贴图之外，还有动画文件。在 Unity 中，人形动画模型大致由网格模型、贴图、材质、骨骼和动画构成，其关系如图 7-2 所示。

1. 网格 (Mesh) 模型

模型由一个个多边形或三角形网格构成，这种模型叫作网格 (Mesh) 模型。创建模型的过程称为建模 (Modeling)。建模时减少网格面片的数量，能有效提高运行效率。

模型的网格查看方式如下：单击 Scene 面板右上角默认显示为 Shaded(着色) 的下拉菜单，将 Shading Mode(着色模式) 改为 Wireframe(线框) 模式，如图 7-3 所示。

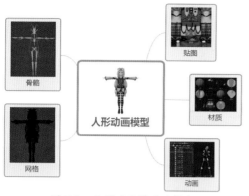

图 7-2　人形动画模型的构成

图 7-3　着色模式切换到线框模式

此时，模型显示方式从图 7-4(a) 变为图 7-4(b)。

模型文件下的网格图标代表的是网格模型。该模型非常精细，每一部分都有单独的网格，如图 7-5 所示。

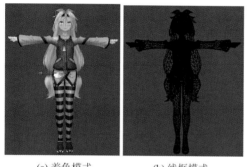

(a) 着色模式　　　　(b) 线框模式

图 7-4　着色模式和线框模式下的模型

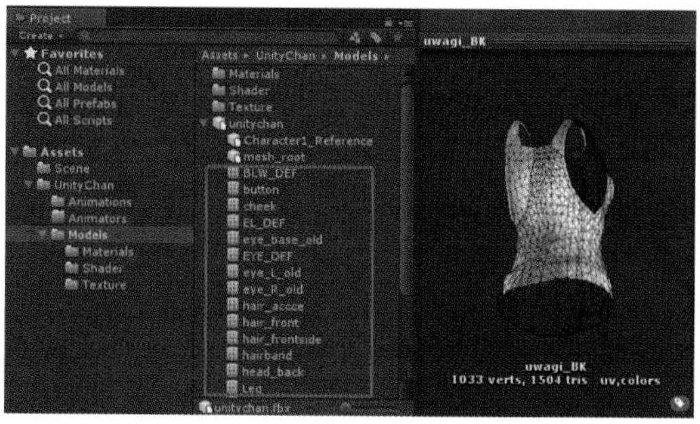

图 7-5　网格模型的各个部分

使用模型时，会看到有两种模型，如图 7-6 所示。一种是原始模型，不带动画文件，但能够预览完整模型。一种是动画模型，带有动画文件，但通常只能预览部分模型。

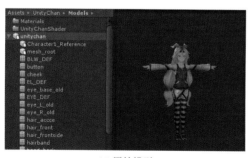

(a) 原始模型

(b) 动画模型

图 7-6　原始模型和动画模型

动画模型可以有多个，每个都依赖于原始模型。因此选定动画模型的动画文件后，将原始模型拖到动画文件的预览窗口，就能预览动画模型播放动画，如图 7-7 和图 7-8 所示。

2. 贴图 (Texture)

网格模型只定义了形状，颜色和图案需要添加贴图来展示。将模型的表面形态绘制到一张图上，这就是贴图，如图 7-9 所示。贴图和网格模型之间有一定的对应关系，一张贴图可以供一个或多个网格模型使用，这里不展开介绍，有兴趣的读者再另行学习。

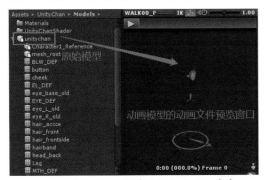
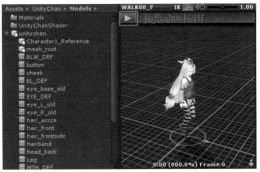

图 7-7　将原始模型拖到动画文件的预览窗口　　　　图 7-8　动画预览窗口的预览动画按钮

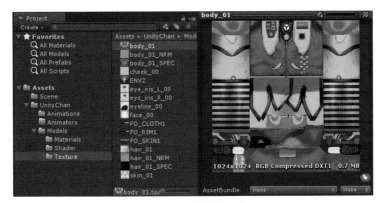

图 7-9　模型的贴图

3. 材质 (Material)

材质定义的是物体的表面信息，定义贴图以什么样的形态呈现。Material 文件夹里，球形图标代表的是材质，如图 7-10 所示。在 3D 建模工具或 3D 引擎里，材质一般以球形显示，所以材质也叫材质球。

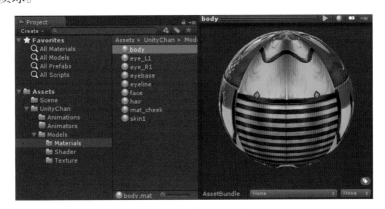

图 7-10　模型的材质

即使形状和颜色相同的两个物体，材质不同则表现也不同。如图 7-11 所示，在 Inspector 面板中第二行的 Shader 下拉菜单中可以看到，该 body 材质球的 Shader 是 UnityChan/Clothing-Double-sided。Shader 下方的属性列表是 Shader 定义的可视化可编辑的属性。

图 7-11　Inspector 面板

不同材质通过选择或编写不同的 Shader(着色器) 来定义。Shader 是用 Shader Lab 语言编写的文件，里面定义了光照信息、颜色信息等。如图 7-11 所示，Shader 文件夹下的 S 和 Cg 字样的图标就是 Shader 文件。Unity 自带很多 Shader，也可以自己编写。

在 Hierarchy 面板中选择 UnityChan → mesh_root → Leg，在 Inspector 面板查看 Leg 的信息。Leg 是网格模型，其中的 Skinned Mesh Renderer(皮肤网格渲染器) 组件使该网格被渲染出来，如图 7-12 所示。如果禁用该组件，则 Leg 会被隐藏。在该组件中，Mesh 属性定义了网格模型，Materials 属性的 Element 0 中定义了模型的材质。

4. 骨骼 (Rig)

要想模型动起来，需要骨骼牵引，因此需要创建骨骼关节层级 (Joint Hierarchy)。从 Unitychan 模型里的 Character1_Reference 可查看骨骼关节层级。

查看骨骼方式如下：展开模型文件，选择最下方的 Avatar 文件，在 Inspector 面板中单击 Configure Avatar 按钮。Scene 面板显示的模型中，绿色部分就是骨骼，如图 7-13 所示。

此时 Investor 面板中显示 UnitychanAvatar 的信息。Avatar 将在后文详细介绍。单击右下角的 Done 按钮退出 Avatar 设置。

图 7-12　Skinned Mesh Renderer 组件

图 7-13　骨骼在模型中的显示样式

5. 动画片段 (Animation Clip)

动画主要是骨骼动画，是建模时便做好的。在 Animations 文件夹下，展开模型，三角形图标的就是动画文件，如图 7-14 所示。播放不同的动画文件，可以使模型做不同的动作。控制动画播放及过渡需要 Animator(动画控制器)。

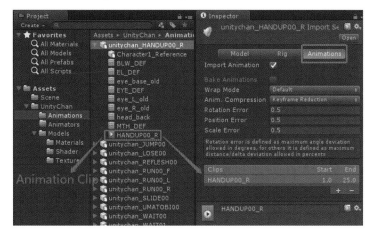

图 7-14　模型的动画文件

7.2　模型导入设置

1. 模型设置 (Model)

图 7-15 所示是模型的基本设置。

(1) Scale Factor：缩放比例。不同的建模程序生成的模型文件，尺度单位不同，为了在 Unity 里统一，就需要进行缩放。如 fbx、.max 模型文件的缩放比例为 0.01，即在 3ds Max 中的 1cm，在 Unity 中代表 1m。

(2) Mesh Compression：模型压缩。其中，Off 表示不压缩；Low 表示低；Medium 表示中；High 表示高。压缩比越高，在游戏中占用的空间越小，但对于定点信息的损失就越高。

(3) Optimize Mesh：是否优化网格。如果开启，网格的顶点和三角形会按照 Unity 既定的一套规则重新排序以提高 GPU 性能。

图 7-15　模型的基本设置

2. 骨骼设置 (Rig)

人的骨骼结构和数量都是一样的，所以人形网格模型都应该有相同的人体结构。因此，需要将网格模型的实际骨骼节点与 Mecanim 中的人体骨骼结构匹配起来，形成一个骨骼映射 Avatar。

将 Animation Type 改为 Humanoid，然后单击 Apply 按钮。Unity 会自动将模型的骨骼与 Mecanim 的骨骼结构 Avatar 进行匹配，分析骨骼之间的关系。如果匹配成功，在 Configure 按钮旁边会看到一个"√"，否则显示"×"，如图 7-16 所示。

展开模型文件，可以看到模型生成了一个 Avatar 文件。其名字无法更改，格式为模型名 +Avatar，如图 7-17 所示。

(a) 匹配成功　　　　　　　　　　　　　　(b) 未匹配成功

图 7-16　显示是否匹配成功

3. 配置 Avatar

生成 Avatar 后，需要检查模型生成的 Avatar 是否正确。选中 Avatar 文件，单击 Inspector 面板上的 Configure Avatar 按钮，会弹出一个提示界面，询问是否保存当前场景。Scene 面板将用于查看骨骼，如果不保存当前场景就会丢失。根据需要单击保存或取消按钮，进入配置 Avatar 界面。此时 Hierarchy 面板中显示的是 Avatar Configuration 场景，其中有个克隆的模型，如图 7-18 所示。

 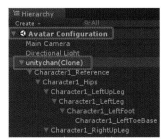

图 7-17　Avatar 文件　　　　　　　　　　　图 7-18　克隆模型

Inspector 面板出现 Mapping 和 Muscles&Settings 两个选项卡。

(1) Mapping(骨骼配对)。选中 Mapping 选项卡，Scene 面板中只显示模型及骨骼，且呈现为 T 形，即人体直立、双手平伸的姿势，如图 7-19 所示。

在 Inspector 面板中，可见 Avatar 骨骼信息如图 7-20 所示。绿色部分说明匹配成功，如图 7-20(a) 所示。若没有匹配成功，则显示为红色，如图 7-20(b) 所示。

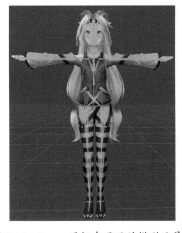 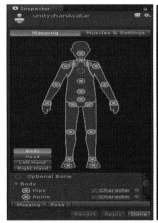 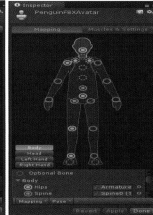

　　　　　　　　　　　　　　　　　　　(a) 匹配成功　　　　　　(b) 匹配失败

图 7-19　Scene 面板中显示的模型及骨骼　　　　　图 7-20　骨骼匹配是否成功

单击身体上的绿色原点，会对应Unitychan模型里的Character1_Reference里面的某个部位，在 Hierarchy 面板中显示对应的节点。

在这些骨骼中，圆形外侧是虚线的骨骼为可选骨骼。圆形外侧为实线的是基本骨骼，如手臂和手等，必须包含这些骨骼。

模型如果不是 T 形，没有匹配成功产生一个有效的 Avatar，可以单击 Inspector 面板最下方的 Pose 按钮，在下拉菜单中选择 Enforce T-Pose，如图 7-21 所示，强制转换为 T 形。

- Sample Bind-Pose：采样绑定姿势 (尝试让模型更接近它建模时候的姿势，一个合理的最初姿势)。
- Enforce T-Pose：强制 T 形 (强制让模型更接近 T 形，这是 Mecanim 使用的默认姿势)。

(2) Muscles & Settings(肌肉设置)。选中 Muscles & Settings 选项卡，可以预览并设置骨骼的动作幅度，如图 7-22 所示。

图 7-21　选择 Enforce T-Pose

图 7-22　Muscles & Settings 选项卡

7.3　制作动画状态机

人物模型奔跑、跳跃等都是独立的状态 (Animation State)，而动画状态机 (Animation State Machine) 主要用于管理动画的状态与切换。

模型的动画片段 (Animation Clip) 就是人物的动画状态，动画控制器 (Animator Controller) 用来创建动画状态机。与 2D 动画类似，动画状态机的制作流程如图 7-23 所示。

图 7-23　动画状态机的制作流程图

1. 创建 Animator

选中场景中的 unitychan 游戏物体，可见已经自动添加了 Animator 组件，并已指定了 Avatar，但还没有 Controller，如图 7-24 所示。

在 Project 面板中，在 UnityChan 文件夹下创建 Animator 文件夹，在 Animator 文件夹中右击鼠标，选择 Create → Animator Controller，给新建的 controller 文件重命名为 unitychan。将它指定给 UnityChan 的 Animator 组件中的 Controller 属性。双击 unitychan.controller，打开 Animator 窗口，如图 7-25 所示。

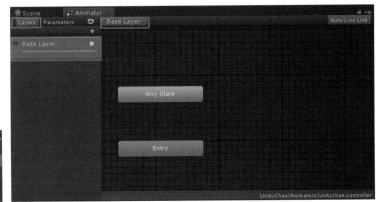

图 7-24　Animator 组件　　　　　　图 7-25　Animator 窗口

当前编辑的是 Base Layer 层，每一层对应一个动画状态机，不同动画层控制身体的不同部分，可以单击 "+" 按钮创建新的动画层。

每一个长方形都是一个动画状态 (State)。先来创建一个等待状态 Wait。在编辑区域单击鼠标右键选择 Crate New State → Empty，选中创建的 State，在 Inspector 面板中重命名为 Wait，并为其 Motion 属性指定 UnityChan/Animations/unitychan_WAIT00 里的 WAIT00 动画文件。这样就创建好了一个动画状态。

运行游戏，可见人物在场景中处于等待状态，Animator 窗口中 Wait 状态一直在循环播放。

2. 添加 BlendTree 混合树

一个动画状态只能添加一个动画文件，只能表现一个动作。如人物有向前跑的动作，也有向左跑的动作，混合起来就是向左前方跑，要做到这个就需要动作混合。

人物根据速度的大小，应该在奔跑和行走两个状态间切换，因此先创建一个名为 Speed 的 Float 参数。人物还会根据不同的方向，在向左、向前和向右走三个状态间切换，因此还需要创建一个名为 Direction 的 Float 参数。这些在制作 BlendTree 时将会用到。

接下来创建 BlendTree。在 Animator 编辑区域单击鼠标右键选择 Create New State → From New Blend Tree，重命名为 Locomotion。双击进入 Locomotion 编辑，如图 7-26 所示。

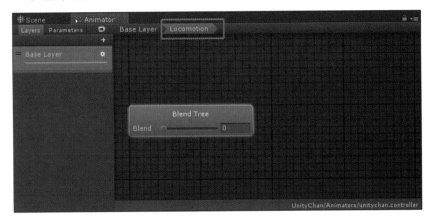

图 7-26　创建 BlendTree

在 BlendTree 状态中单击右键选择 Add Blend Tree，创建一个 Blend Tree 并重命名为 Walk。再次选择 BlendTree 单击鼠标右键选择 Add Blend Tree，创建另一个 BlendTree 并重命名为 Run。

将 BlendTree 的 Parameter 属性改为 Speed。此时，BlendTree 的 Inspector 面板如图 7-27 所示。

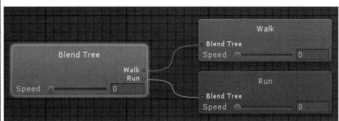

图 7-27 Inspector 面板

接下来设置 Walk Blend Tree，设置其在不同方向时播放不同状态的动画，如图 7-28 所示。在 Walk 上单击鼠标右键选择 Add Motion，添加三个 Motion。从上到下分别为这三个 Motion 指定 WALK00_L、WALK00_F 和 WALK00_R 动画。修改最小时间为 -1，设置 Parameter 为 Direction。

注意动画相关的事件参数都是单位化的时间，并非真实时间。即 -1 代表当前状态的开始时间，1 代表结束时间。

展开 Walk Blend Tree 的 Inspector 面板下方的预览窗口，如图 7-29 所示。单击开始预览按钮，此时播放向前走动画。

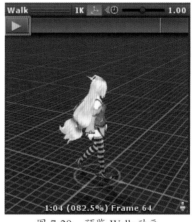

图 7-28 设置 Walk Blend Tree　　　　图 7-29 预览 Walk 动画

拖动 Walk Blend Tree 的 Direction 滑块，改变 Direction 数值大小，当 Direction 为 -1 时，可在预览窗口看见人物播放向左走的动画，如图 7-30 所示。移动滑块，Direction 由 -1 逐渐变为 1 的过程中，人物也从向左、向前过渡到向右动画，过渡非常自然。播放中的动画在 Animator 中也高亮显示。

使用同样的方法制作 Run Blend Tree，如图 7-31 所示。最终效果如图 7-32 所示。

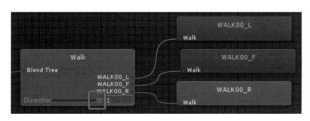

图 7-30 Direction 滑块

图 7-31　Run Blend Tree

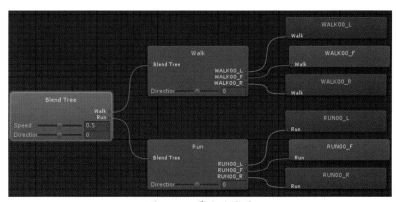

图 7-32　最终效果图

单击 Animator 窗口右上角的 Base Layer，回到 Base Layer 编辑界面。

当速度改变时，动画应在 Wait 状态和 Locomotion 状态之间切换。因此在 Wait 上单击鼠标右键选择 Make Transition，链接到 Locomotion。选中两者之间的箭头，添加 Conditions，选择 Speed 参数，条件类型选择 Greater，数值填 0.1，如图 7-33 所示。表示当速度 >0.1 时，从 Wait 状态切换到 Locomotion 状态。

图 7-33　添加设置 Conditions

由于当满足条件时动画需要立即切换，所以要取消勾选 Has Exit Time。动画过渡的时间不宜过长，可以把 Transition Duration 设置为 0.08 或更小，如图 7-34 所示。

再创建一条从 Locomotion 到 Wait 的连线，如图 7-35 所示。设置其 Conditions 为 Speed 参数，条件类型选择 Less，设置值为 0.1，表示当 Speed<0.1，动画从 Locomotion 切换到 Wait。

同样取消勾选 Has Exit Time，将 Transition Duration 设置为 0.08。

图 7-34　设置动画切换

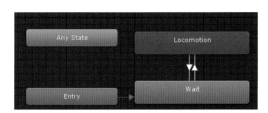

图 7-35　创建 Locomotion 到 Wait 的连线

7.4　第三人称漫游

1. 添加角色控制器和地面

选中 unitychan，添加 Character Controller 组件，如图 7-36 所示。调整碰撞体的参数 Center.Y、Radius 和 Height 的值，使碰撞体刚好包裹着人物。将 Skin Width 设置为 0(会自动变为 0.0001)，避免碰撞体皮肤厚度过大而使人物看起来像是腾空。

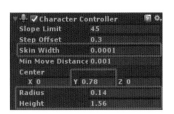

图 7-36　Character Controller 组件参数

接下来创建地面。在 Hierarchy 面板中，单击鼠标右键，选择 Create → 3D Object → Plane 创建一个 Plane。重置位置，使地面位于人物脚下。将其 Mesh Renderer 下的 Materials 里的 Element 0 指定为 UnityChan/Stage/Materials/unitychan_tile4。

2. 使用代码控制动画

新建脚本 UnityChanController.cs，并赋给 unitychan 游戏物体。

```csharp
using System.Collections;
using System.Collections.Generic;
using UnityEngine;

public class UnityChanController : MonoBehaviour {
    private Animator anim;
    private CharacterController ch;

    private Vector3 velocity = Vector3.zero;
    public float gravity = 20;

    void Start()
    {
        // 获得角色的 Animator 和 CharacterController 组件
        anim = GetComponent<Animator>();
        ch = GetComponent<CharacterController>();
    }

    void Update()
    {
        // 获取水平方向键的值
        float h = Input.GetAxis("Horizontal");
        // 获取垂直方向键的值
        float v = Input.GetAxis("Vertical");

        // 存储水平和垂直方向的速度
        velocity = new Vector3(h, 0, v);
        // 传递给 Animator 的 Speed 参数
        anim.SetFloat("Speed", h * h + v * v);
        // 传给 Animator 的 Direction 参数
        anim.SetFloat("Direction", h);

        // 腾空时，受到重力向下
        if (!ch.isGrounded)
        {
            velocity.y *= -gravity;
        }
        // 以 velocity 的速度移动
        ch.Move(velocity * Time.deltaTime);
    }
}
```

提示：

- Input.GetAxis(string axisName) 得到的是 0~1 的数值。按下方向键越久，数值越大，最大值为 1。
- Horizontal 和 Vertical 分别代表左右上下方向键。
- Input.GetAxis("Horizontal") > 0 表示按下右方向键。
- Input.GetAxis("Horizontal") < 0 表示按下左方向键。

Unity 可以设置键盘上的按键用什么字符串代替。设置面板打开方式：EditProject →SettingsInput，如图 7-37 所示。

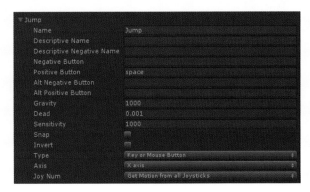

图 7-37　设置面板

例如，按下空格键，也就是执行了 Input.GetButtonDown("Jump")。

运行游戏，开始时角色在等待状态，按下 W 或上方向键，角色向前跑，按下 A/D 或左右方向键角色往左右跑。

3. 摄像机跟随

第三人称摄像机跟着角色移动并始终拍摄角色。新建一个摄像机脚本 ThirdPersonCam.cs，赋给摄像机，实现摄像机跟随角色的功能。

```
using System.Collections;
using System.Collections.Generic;
using UnityEngine;

public class ThirdPersonCam : MonoBehaviour {
    public Transform followTarget;          // 摄像机要跟随的物体

    public float distanceH=5;               // 摄像机与物体的水平距离
    public float distanceV=2;               // 摄像机与物体的垂直距离
    public float smooth=3;                  // 平滑度
    private Vector3 targetPosition;         // 存储摄像机的目标速度

    // 在 LateUpdate 中执行摄像机操作，确保对摄像机执行的操作在物体操作完成之后
    private void LateUpdate()
    {
        // 计算目标位置
        targetPosition = followTarget.position + Vector3.up * distanceV - Vector3.
            forward * distanceH;
```

```
// 将摄像机从当前位置移动到目标位置
transform.position = Vector3.Lerp(transform.position, targetPosition,
    Time.deltaTime * smooth);
// 摄像机朝向目标物体
transform.LookAt(followTarget);
    }
}
```

提示：

- Vector3 Lerp(Vector3 a, Vector3 b, float t)：线性插值，在时间 t 内，从 a 点移动到 b 点。
- LookAt(Transform target)：旋转 transform，朝向目标物体。

将 unitychan 游戏物体拖到 ThirdPersonCam 的 followTarget 属性栏中。运行游戏，当角色移动时，摄像机跟随移动。

7.5 动画重定向

动画重定向是 Mecanim 系统最强大的功能之一，它可以将一组动画应用于其他人形角色模型上。但要注意的是，重定向只用于人形模型，且必须正确配置 Avatar，以保证模型间骨骼结构的对应关系。本节将把 UnityChan 的动画应用于猩猩模型上。

在前面的 MecanimSystem 工程中，继续导入 Gorilla Character.unitypackage。该包里有一个原始模型文件和一个动画模型文件 Gorilla_Howl，其 AnimationType 为 Legacy。

现将两个模型文件的 AnimationType 设置为 Humanoid，单击 Apply 按钮。猩猩的骨骼类似人形，因此成功生成了 Avatar，如图 7-38 所示。

将 Gorilla 模型文件拖到 Hierarchy 中，可见已经自动添加了 Animator 组件。且 Avatar 属性中指定了 GorillaAvatar，然后将 UnityChan 的 unitychan.controller 指定给 Animator 属性栏。

为 Gorilla 游戏物体添加 CharacterController 组件和 UnityChan Controller.cs 脚本，将 Gorilla 指定给摄像机的 followTarget 属性。

图 7-38　Avatar 文件

运行游戏，可见猩猩躺在了地上，如图 7-39 所示。我们将其 Transform.Rotation.x 改为 0。

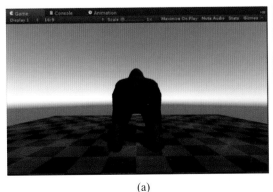

(a)

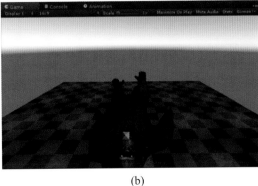

(b)

图 7-39　运行游戏效果

但此时碰撞体的位置不正确。调整碰撞体的大小和位置，如图 7-40 所示。

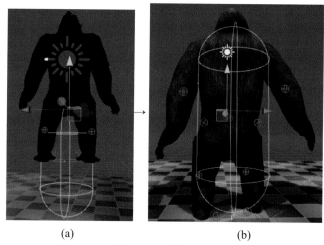

(a)　　　　　　　　(b)

图 7-40　调整碰撞体

运行游戏，按下方向键，可见猩猩能够像 UnityChan 一样运动。

7.6　思考练习

1. 根据本章的学习内容，为第 4 章中创建的 3D 环境场景添加合适的人物角色。然后添加两个按钮，一个切换到第一人称视角，一个切换到第三人称视角，实现在不同的视角下漫游场景。

2. 在场景中添加适合的 3D 物品，如钻石、宝藏等。漫游时，单击该物品就能够拾取，并将拾取的物品数量通过 UGUI 显示在界面中。

7.7　资源链接

Unity 动画系统学习相关网址如下。

· Unity 官方网站——Animation 教程：

https://unity3d.com/cn/learn/tutorials/s/animation?_ga=2.75812626.666335977.1525571722

-1246732483.1501296976

· Unity 官方手册网址：

https://docs.unity3d.com/Manual/index.html

· 蛮牛教育【英宝通 Unity 4.0 公开课】第十三课——Mecanim 动画系统：

http://edu.manew.com/course/32

· 蛮牛教育【育宝通 Unity 4.0 公开课】第十四课——Mecanim 使用：

http://edu.manew.com/course/39

· 官方教程——动画组件基础详解：

http://edu.manew.com/course/19

第8章

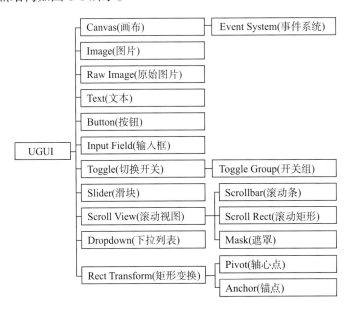

UGUI 系统

在游戏中，常常需要提示游戏情节、进行游戏设置等操作，这些就需要用到 GUI (Graphical User Interface)，也就是图形用户界面。早期 Unity 没有 UGUI，只能用 OnGUI 系统，由于效率和可视化程度低，很多开发者使用第三方 UI 插件如 NGUI 代替，而 OnGUI 只用于测试。官方发布的 UGUI 系统借鉴了很多 NGUI 的设计，便于可视化操作，运行流畅。

本书只介绍 UGUI，对 OnGUI 感兴趣的读者可另行学习。

【学习目标】

1. 熟悉 UGUI 各个控件的构造和基本参数设置。

2. 掌握控件的响应事件。

【知识点说明】

本章的知识点结构如图 8-1 所示。

图 8-1　本章知识点结构

8.1 了解基础知识

运行示例工程项目中的 Car 场景，左右两边的图标就是 UI 元素，如图 8-2 所示。

图 8-2　Car 场景中的 UI 元素

UGUI 系统的 UI 都是作为游戏物体存在于场景中，所以可以在 Hierarchy 面板中找到 UI 游戏物体。该场景中，命名为 UI 的游戏物体就是运行游戏时看到的 UI 界面。双击它，在 Scene 面板中看到它的全貌，如图 8-3 所示。

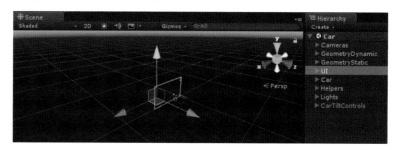

图 8-3　Car 场景中的 UI 界面全貌

单击 Scene 面板中的 2D 按钮，切换成 2D 模式。通过工具栏的变换工具，查看 UI 的细节。白色框部分就是 UI 的范围，如图 8-4 所示。

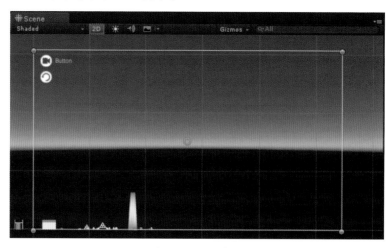

图 8-4　UI 的范围

在 Hierarchy 面板中选定 CameraSwitch 游戏物体，它带有 Image 和 Button 组件，所以它是添加了按钮功能的图片，即图片式按钮。其子物体名为 Label，带有 Text 组件，是一个文字 UI，内容是 Button。LevelReset 游戏物体也是一个图片式按钮，如图 8-5 所示。

图 8-5　Car 场景中的图片按钮

根据功能不同，UGUI 的 UI 元素种类如图 8-6 所示。

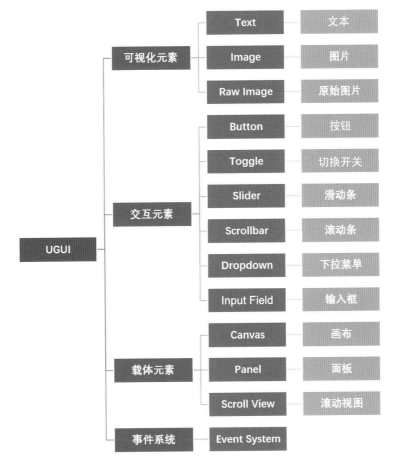

图 8-6　UGUI 元素种类

不同功能的 UI 元素，其实就是添加了不同的组件。在本章中将详细介绍各个 UI 控件。

8.2 Canvas(画布)

Canvas(画布)是所有 UI 元素的载体，即所有 UI 游戏物体都是它的子物体。如果场景里没有 Canvas，则创建任何 UI 时，都会自动创建 Canvas 并创建 UI 作为它的子物体。Canvas 除了 UI 的必备载体之外，它还决定了 UI 如何被渲染出来。

在菜单栏中选择 GameObject → UI → Canvas，即可创建 Canvas。白色框区域就是 Canvas 的范围，如图 8-7 所示。

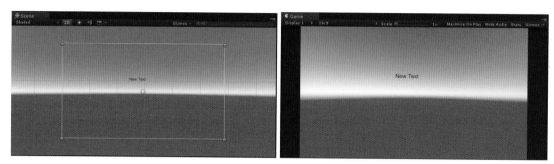

图 8-7 Canvas 在 Scene 和 Game 窗口中的显示

画布中有三个重要组件：Canvas 组件、Canvas Scaler 组件和 Graphic Raycaster 组件。

8.2.1 Canvas(画布)组件

该组件中，最首要的参数是 Render Mode(渲染模式)，它决定了 UI 如何渲染出来。单击 Render Mode 下拉菜单，有三个选项：Screen Space – Overlay、Screen Space – Camera、World Space。前两种是在屏幕空间 (Screen) 渲染，第三种是在世界空间 (World) 渲染。选择不同的 Render Mode，后面的属性都相应改变。接下来看看不同的 Render Mode 分别对应的属性和效果。

1. Screen Space - Overlay(屏幕空间 – 覆盖模式)

在 Screen Space – Overlay 模式下，Canvas 组件的参数如图 8-8 所示。

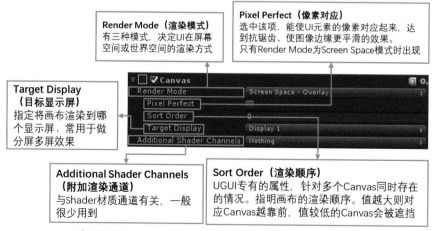

图 8-8 Screen Space – Overlay 模式下的 Canvas 组件参数

在 Screen Space – Overlay 模式下，画布始终位于最前方，"覆盖"所有 3D 场景，摄像机的设置不影响画布的渲染，如图 8-9 所示。

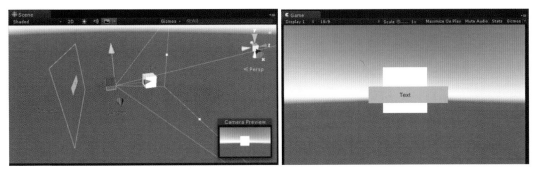

图 8-9　在 Screen Space – Overlay 模式下，画布始终"覆盖"所有 3D 场景

同时，画布会布满整个屏幕。该模式下，画布的 Rect Transform 的属性都不允许修改，画布的大小会根据屏幕的尺寸或分辨率改变，如图 8-10 所示。

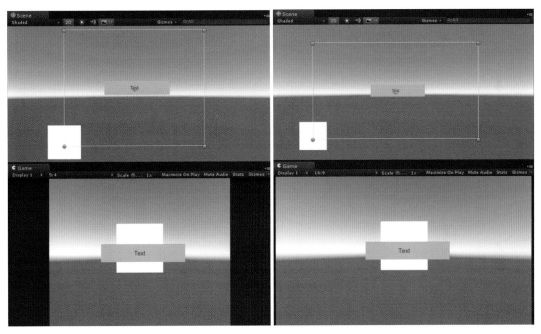

(a) 屏幕比例为 5:4　　　　　　　　　　　　　(b) 屏幕比例为 16:9

图 8-10　画布的大小与屏幕的尺寸比例保持一致

2. Screen Space‑Camera(屏幕空间 – 摄像机模式)

在 Screen Space – Camera 模式下，Canvas 组件的参数如图 8-11 所示。

图 8-11　Screen Space – Camera 模式下的 Canvas 组件参数

131

(1) Render Camera：在 Screen Space – Camera 模式下，需要指定一个渲染画布的摄像机。与 Screen Space –Overlay 模式的相似之处在于，画布尺寸也会跟随屏幕尺寸的改变而改变。这是因为摄像机的视锥尺寸随着屏幕尺寸改变，而画布尺寸随着摄像机的视锥尺寸改变。

(2) Plane Distance：画布始终位于摄像机前方固定距离的平面，如图 8-12 所示。

当 3D 物体比 UI 元素更靠近摄像机时，物体会显示在 UI 的前方。距离摄像机比 Canvas 更远的物体，则会被 UI 元素挡住，如图 8-13 所示。

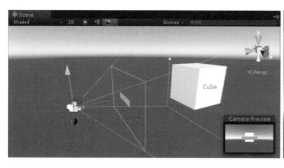
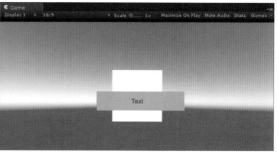

图 8-12　在 Screen Space – Camera 模式下，画布始终位于摄像机前方固定位置

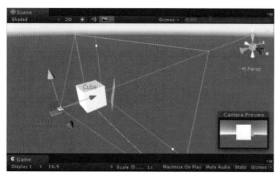
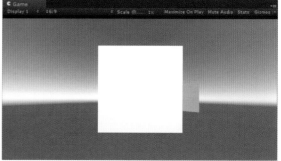

图 8-13　在 Screen Space – Camera 模式下，UI 元素可能会被 3D 物体遮挡

画布通过摄像机渲染，因此摄像机的设置会影响画布。当摄像机的 Projection(投射方式) 为 Perspective(透视模式) 时，画布中的 UI 元素受 Field of View(视野范围) 影响，如图 8-14 所示。

同时，改变 UI 元素 Y 轴方向的 Rotation，这里设置为 35。在 Field of View 分别为 60 与 90 时，可以有明显的三维效果，如图 8-15 所示。

图 8-14　摄像机的 Projection 和 Field of View

(3) Sorting Layer：用于调整渲染顺序。并非 UGUI 专有，需要 Renderer(渲染器) 渲染的物体都有该属性，如 Particle 和 Sprite 等。

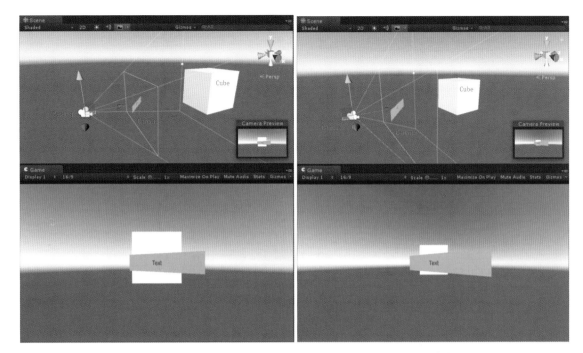

(a) Field of View=60　　　　　　　　　　(b) Field of View=90

图 8-15　在 Screen Space – Camera 模式下，透视摄像机的视野范围会对 UI 元素产生影响 (Y.Rotation=35)

　　默认 Sorting Layer 只有一个 Default 选项。要使用该属性，需要先设置渲染顺序。单击 Add Sorting Layer，进入 Tags & Layers 设置面板，如图 8-16 所示。

　　在 Tags & Layers 设置面板中，单击右下方的 "+" 按钮，可以添加新 Layer，如图 8-17 所示。选定某个 Layer，再单击 "-" 按钮，可以删除 Layer。通过拖动 Layer 左边的图标，可以对 Layer 排序。排前面的 Layer 先渲染，后面的 Layer 会覆盖前面的 Layer。

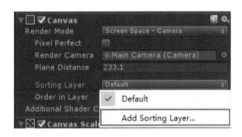

图 8-16　单击 Add Sorting Layer

　　设置好后，可以在 Canvas 组件的 Sorting Layer 下拉列表中看到添加的 Sorting Layer，如图 8-18 所示。

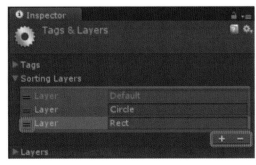

图 8-17　Tags & Layers 设置面板

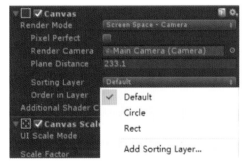

图 8-18　查看新添加的 Layer

　　为了演示效果，在场景中多添加一个 Canvas。调整 Plane Distance，使两个 Canvas 与摄像机的距离不同，如图 8-19 所示。

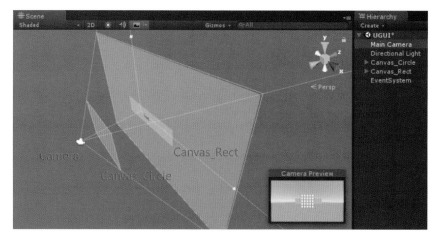

图 8-19　演示场景中的 Camera 和两个 Canvas 的位置示意图

当两个 Canvas 的 Sorting Layer 都是 Default 时，由于 Canvas_Circle 离 Camera 更近，Canvas_Circle 会覆盖 Canvas_Rect。结果如图 8-20 所示。

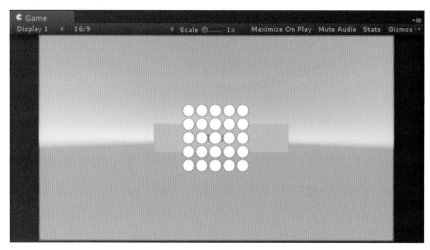

图 8-20　Sorting Layer 相同，距离 Camera 更近的 Canvas_Circle 会遮挡较远的 Canvas_Rect

当设置 Canvas_Circle 的 Sorting Layer 为 Circle，Canvas_Rect 的 Sorting Layer 为 Rect，由于在 Tags & Layers 设置面板中设置的优先级顺序是 Default → Circle → Rect，因此 Sorting Layer 为 Rect 的 Canvas 会覆盖其他 Sorting Layer 的 Canvas，距离 Camera 的远近不再优先影响其 UI 的显示。结果如图 8-21 所示。

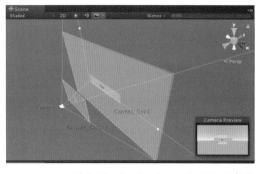

图 8-21　Sorting Layer 优先级更高的 Canvas_Circle 被较低的 Canvas_Rect 遮挡

当游戏中有多种需要渲染的物体，如多个 Canvas、UI 特效、场景特效，这时统一的渲染顺序很重要。

(4) Order in Layer：当 Sorting Layer 一致时，Order in Layer 的值越大，则越显示在上方。

3. World Space

在 World Space 模式下，Canvas 组件的参数如图 8-22 所示。

在 World Space(世界空间) 模式下，画布和其他在 3D 世界中的游戏物体具有相同性质，可以通过设置 Rect Transform 组件的数值，改变位置、尺寸和旋转角等属性。

图 8-22　World Space 模式下的 Canvas 组件参数

这时的 UI 元素可能显示在普通 3D 物体前，也可以显示在其后，这由两者相对位置决定。当 UI 作为场景中的一部分时，可以使用该模式。

即使没有指定 Event Camera，该画布仍能显示在屏幕上。Event Camera 能够指定一个摄像机来接收事件，还可以通过画布上的 Graphic Raycaster 组件发射射线产生事件。

将 Canvas_Rect 的 Render Mode 设为 Screen Space – Overlay，Canvas_Circle 的 Render Mode 设为 World Space，效果如图 8-23 所示。Canvas_Circle 和普通 3D 物体一样，具有透视效果。Canvas_Rect 没有透视效果。

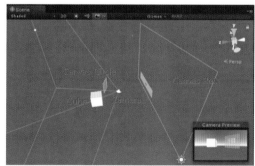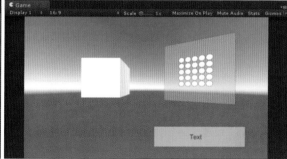

图 8-23　效果图

8.2.2　Canvas Scaler(画布缩放器) 组件

画布缩放器组件用于控制画布的整体比例和 UI 元素的像素密度，会影响画布下的所有内容，包括字体大小和图像边框。其 UI Scale Mode(UI 比例模式) 有三种，分别为 Constant Pixel Size、Scale With Screen Size 和 Constant Physical Size。使用不同的模式，画布中的 UI 元素缩放效果也不同。

1. Constant Pixel Size(恒定像素大小)

这是默认的比例模式。无论屏幕大小如何，UI 元素都保持相同的像素大小。在 Constant Pixel Size 模式下，Canvas Scaler 参数如图 8-24 所示。

(1) Scale Factor(比例因子)：通过此因子缩放画布中的所有 UI 元素。

(2) Reference Pixels Per Unit(参考每单位像素数)：如果是精灵中的 "每单位像素数" 设置，

精灵中的一个像素将覆盖 UI 中的一个单位。

图 8-24　Constant Pixel Size 模式下的 Canvas Scaler 参数

2. Scale With Screen Size(根据屏幕尺寸缩放)

UI 元素的大小会随着屏幕尺寸的改变而改变。在 Scale With Screen Size 模式下，Canvas Scaler 参数如图 8-25 所示。

图 8-25　Scale With Screen Size 模式下的 Canvas Scaler 参数

(1) Reference Resolution(参考分辨率)：UI 布局设计的分辨率。如果屏幕分辨率较高，则 UI 将按比例放大；如果屏幕分辨率较低，则 UI 将按比例缩小。

(2) Screen Match Mode(屏幕匹配模式)：按照一定的规则匹配屏幕，有以下三种模式。

- Match Width Or Height(匹配宽度或高度)：此时可以通过调整 Match 参数来确定缩放是以宽度、高度，或是基于两者之间进行缩放。
- Expand(扩大)：水平或垂直展开画布区域，因此画布的大小永远不会小于参考。
- Shrink(收缩)：水平或垂直裁剪画布区域，因此画布的大小永远不会大于参考。

3. Constant Physical Size(恒定的物理尺寸)

无论屏幕大小和分辨率如何，UI 元素都保持相同的物理大小。在 Constant Physical Size 模式下，Canvas Scaler 参数如图 8-26 所示。

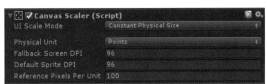

图 8-26　Constant Physical Size 模式下的 Canvas Scaler 参数

(1) Physical Unit(物理单位)：用于指定位置和大小的物理单位。

(2) Fallback Screen DPI(后备屏幕 DPI)：如果屏幕 DPI 未知，则假设 DPI。

(3) Default Sprite DPI(默认的 Sprite DPI)：当一个 Sprite 有 Pixels Per Unit 属性并匹配 Reference Pixels Per Unit 属性时所采用的 DPI，即为默认的 Sprite DPI。

图像相关术语解析：

DPI(dot per inch)：屏幕每英寸所包含的像素个数，可以反映屏幕的清晰度。

ppi(pixels per inch)：图像的采样率，即在图像中，每英寸所包含的像素个数。

Resolution(分辨率)：屏幕纵、横方向像素个数。

8.2.3　Graphic Raycaster(图像射线)组件

该组件主要用于 UI 的射线检测,其参数设置如图 8-27 所示。

图 8-27　Graphic Raycaster 参数

Graphic Raycaster 参数设置具体如下。

(1) Ignore Reversed Graphics(忽略反转的图像):默认勾选该项,当 UI 展示背面时,不会接收到射线检测。

(2) Blocking Objects(屏蔽的物体):屏蔽指定类型的物体,使它们不参与射线检测,常用于解决 UI 穿透问题 (如单击 UI,却同时触发了重叠在 UI 后面的物体的事件)。Blocking Objects 可选值如下。

- None:不屏蔽任何物体。
- Two D:屏蔽有 2D 碰撞体的物体。
- Three D:屏蔽有 3D 碰撞体的物体。
- All:屏蔽所有物体。

(3) Blocking Mask(屏蔽的层):屏蔽物体指定的层,使它们不参与射线检测。当 Blocking Objects 不为 None 时,该项才起作用。

8.3　Image(图片)

Image 控件用来显示图片,同时能够设置属性使图片呈现多种效果。在 Hierarchy 面板单击鼠标右键,或者在菜单栏选择 GameObject → UI → Image,创建一个 Image 控件。创建 Image 时,若场景中没有 Canvas,则会同时自动创建 Canvas 且 Image 显示在其下。Image 控件附带的 Image 组件如图 8-28 所示。其重要参数如下。

(1) SourceImage:指定要显示的目标图片资源。需要注意的是,它只支持 Sprite 类型的图片,因此需要将图片类型改为 Sprite,如图 8-29 所示。

图 8-28　Image 组件

图 8-29　修改图片的 Texture Type 为 Sprite

(2) Color:设置图片显示的色调。效果如图 8-30 所示。

(3) Image Type:图片的显示类型,如 Simple、Sliced、Tiled、Filled。不同的显示类型会导致 Sprite“填充”Image 组件的方式不同。

① Simple(简单类型)。Simple 类型的 Image 组件如图 8-31 所示。

(a) Color=Color.White　　　(b) Color=Color.Red

图 8-30　Color 属性的效果示意图

图 8-31　Image Type 为 Simple

此模式下如果 Image 控件大小与 Sprite 的不相同时，Sprite 将会被拉伸到与 Image 控件一般大，如图 8-32 所示。

(a) Sprite 原始尺寸：95×95　　　　　(b) Image 控件尺寸：160×95

图 8-32　默认情况下，与 Sprite 的比例不一致的 Image 会拉伸该 Sprite

- Preserve Aspect：当勾选该选项时，Sprite 将会根据 Sprite 原宽高比例进行拉伸，如图 8-33 所示。

- Set Native Size：单击此按钮，Sprite 和 Image 控件的尺寸均还原为图片的原始尺寸。

Image 控件尺寸：160×95　　Sprite 尺寸：95×95

② Sliced(切片类型)。普通 Sprite 不能使用 Sliced 类型，否则出现没有边界的警告，如图 8-34 所示。

图 8-33　Preserve Aspect 使 Sprite 以 Image 的宽或高为基准，按原宽高比例进行缩放

Sprite 需要进行切割边界，即成为九宫格的图片才适用于 Sliced 类型。选中要切割的图片，单击 Inspector 面板的 Sprite Editor 按钮，打开 Sprite Editor 窗口，如图 8-35 所示。

图 8-34　没有边界的 Sprite 选择 Sliced 类型会出现警告：该图片无边界

图 8-35　Sprite Editor 按钮的位置示意图

　　拖动 Sprite 四边的调节点，或者直接改变 Border 上下左右的数值，可将 Sprite 分成九份，如图 8-36 所示。

　　切割后的 Sprite 及在 Image 组件中的显示如图 8-37 所示。

图 8-36　切割 Sprite　　　　　　　图 8-37　切割后的 Sprite

　　该类型的图片常作背景。经过九宫格处理的 Sprite，在缩放过程中会保持 4 个角的切片不做缩放，4 个边的切片只完成拉伸，只有中间的切片做缩放操作。

　　取消勾选 Fill Center，则 Image 只会显示切片的边缘部分，如图 8-38 所示。

　　③ Tiled(平铺类型)。和 Sliced 类型一样，普通 Sprite 不能使用 Tiled 类型，否则出现警告，如图 8-39 所示。

图 8-38　Fill Center 效果示意图　　　图 8-39　普通 Sprite 选择 Tiled 类型出现警告

　　根据警告提示，需要清除 Sprite 的 Packing Tag，同时将 Wrap Mode 改为 Repeat，如图 8-40 所示。

　　该类型能够使 Sprite 保持原尺寸，并在 Image 控件的区域内重复绘制填满该区域，如图 8-41 所示。

　　④ Filled(填充类型)。Filled 类型的 Image 组件如图 8-42 所示。

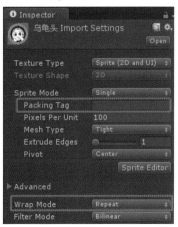

图 8-40　Packing Tag 和 Wrap Mode 的位置示意图

图 8-41　Tiled 类型的效果图

图 8-42　Filled 类型的 Imaye 组件

图片按照 Simple 的方式显示，但可通过设置 Fill Amount 的值从 0 到 1，使图片逐渐显示。Filled 类型的属性及作用如表 8-1 所示。

表 8-1　Filled 类型的属性及作用

属性	作用
Fill Method	指定填充呈现方式，选项有 Horizontal(水平方向)、Vertical(竖直方向)、Radial 90(1/4 圆呈现)、Radial 180(半圆呈现)、Radial 360(整圆显现)
Fill Origin	指定填充显现操作的起点
Fill Amount	指定了填充的进度
Clockwise	针对 Radial 90/180/360 类型的填充显示方式，取消勾选该项，会"翻转"填充显示"方向"

当 Fill Method 为 Radial 360，Fill Origin=bottom，改变 Fill Amount 值从 0 到 1 时，效果如图 8-43 所示。

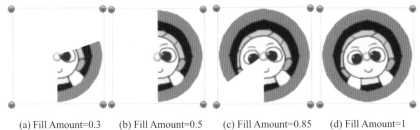

(a) Fill Amount=0.3　　(b) Fill Amount=0.5　　(c) Fill Amount=0.85　　(d) Fill Amount=1

图 8-43　不同 Fill Amount 的效果图

8.4　Raw Image(原始图片)

在 Hierarchy 面板中单击鼠标右键，或者在菜单栏选择 GameObject → UI → Raw Image，创建一个 Raw Image 元素，如图 8-44 所示。

Raw Image 可以显示多种类型的贴图，如 Texture2D(即默认类型的图片)，也可以是 Sprite，如图 8-45 所示。

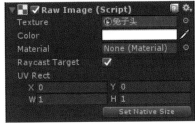

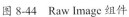

图 8-44　Raw Image 组件

图 8-45　Raw Image 中 Texture 的图片默认为 Texture 2D 类型

UV Rect 可以让图片的一部分显示在 RawImage 组件中，如图 8-46 所示。

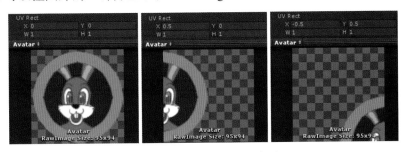

图 8-46　UV Rect 效果示意图

8.5　Text(文本)

文本控件用于显示文字。在 Hierarchy 面板中单击鼠标右键，或者在菜单栏选择 GameObject →
UI → Text，创建一个 Text 控件。Text 控件附带的 Text 组件如图 8-47 所示。

1. Rich Text(富文本)

勾选该项，能使文本根据标记标签呈现相应的风格，效果如图 8-48 所示。

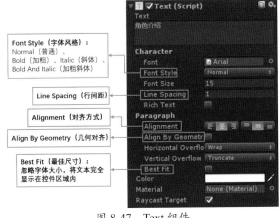

图 8-47　Text 组件

(a) 没有标签

(b) 添加了标签

图 8-48　Rich Text 中使用标签的效果

2. Overflow(溢出)

(1) Horizontal Overflow(水平溢出)。

- Wrap(包裹)：文本受控件区域限制，超出部分不显示。

- Overflow(溢出)：文本不受控件区域限制，超出部分水平显示。

(2) Vertical Overflow(垂直溢出)。

- Truncate(截断)：文本受控件区域限制，超出部分不显示。
- Overflow(溢出)：文本不受控件区域限制，超出部分垂直显示。

当 Text 中文本如下，效果如图 8-49 所示。

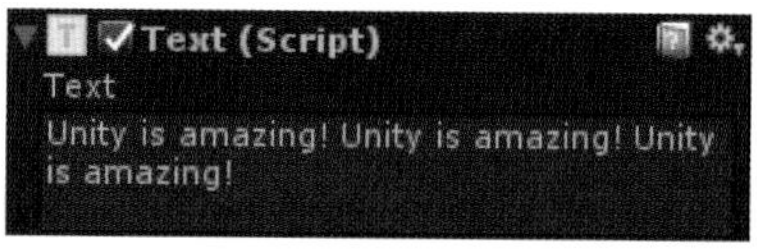

(a) Text 中文本

(b) Horizontal Overflow：Wrap/Vertical Overflow：Truncate

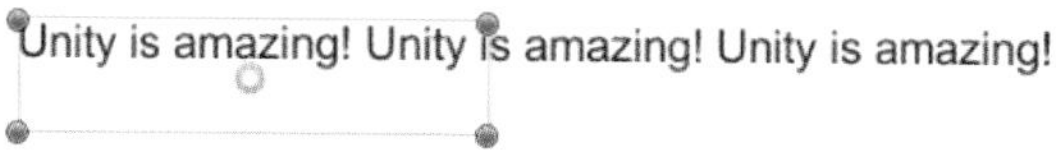

(c) Horizontal Overflow：Overflow /Vertical Overflow：Truncate

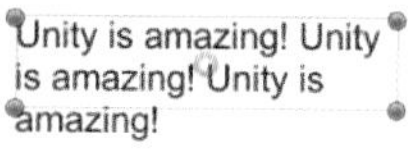

(d) Horizontal Overflow：Wrap/Vertical Overflow：Overflow

图 8-49　Horizontal Overflow 和 Vertical Overflow 结合使用的效果

3. Best Fit(最佳适应尺寸)

勾选该项，将忽略文本字体大小 Font Size 设置，改变字体大小以全部显示在控件区域内，如图 8-50 所示。

勾选后，还可以设置此时字体大小的最大和最小值，如图 8-51 所示。但最大值不能大于 Font Size。

(a) 没勾选 Best Fit　　　　　(b) 勾选 Best Fit

图 8-50　Best Fit 的效果

图 8-51　Best Fit 的参数

8.6　Button(按钮)

按钮控件用于响应来自用户的单击进行启动或确认操作，常作为"提交""取消""确认"按钮。

在 Hierarchy 面板中单击鼠标右键，或者在菜单栏选择 GameObject → UI → Button，创建一个 Button 控件。Button 控件是一个复合型控件，由 Image 控件和 Text 控件组成，其游戏物体、组件和各部分外观的关系如图 8-52 所示。

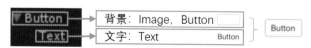

图 8-52　Button 游戏物体、组件和各部分外观的关系

Button 控件附带的 Button 组件如图 8-53 所示。

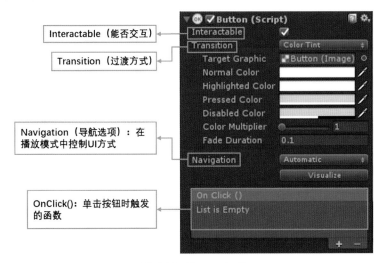

图 8-53　Button 组件

1. Interactable(能否交互)

默认勾选，按钮可交互，且呈现 Disabled Color 状态。没勾选 Interactable，按钮不可交互，呈现 Normal Color 状态，如图 8-54 所示。

(a) Normal Color 状态　　　　　(b) Disabled Color 状态

图 8-54　Interactable 选项勾选前后的 Button 外观

2. Transition(过渡方式)

按钮存在 4 种状态：正常、突出显示、按下和禁用。状态之间的过渡方式有以下 4 种：无、颜色、精灵和动画，如图 8-55 所示。

(1) Color Tint(颜色过渡)。Transition 为 Color Tint 的相关参数如图 8-56 所示。

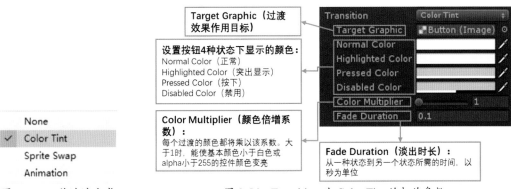

图 8-55　4 种过渡方式　　　　图 8-56　Transition 为 Color Tint 的相关参数

(2) Sprite Swap(精灵过渡)。Transition 为 Sprite Swap 的相关参数如图 8-57 所示。

(3) Animation(动画过渡)。Transition 为 Animation 的相关参数如图 8-58 所示。

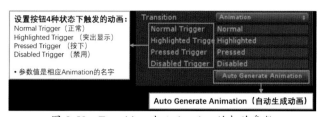

图 8-57　Transition 为 Sprite Swap 的相关参数　　　图 8-58　Transition 为 Animation 的相关参数

单击 Auto Generate Animation 按钮，弹出 New Animation Controller 窗口，默认文件名与该 Button 控件同名。创建完成后，即自动生成一个动画控制器和四个动画片段。在 Project 面板和 Animator 面板可见动画文件如图 8-59 所示。

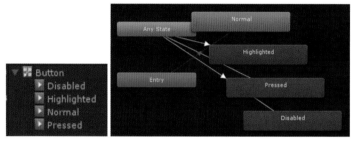

图 8-59　Project 面板和 Animator 面板的 Button 动画文件

按下快捷键 Ctrl+6，打开 Animation 面板，可编辑各个动画片段的内容，如图 8-60 所示。

图 8-60　Animation 面板

3. Navigation(按钮导航)

单击 Navigation 右下方的 Visualize 按钮，选中某个 UI，Scene 面板中出现的黄色带箭头线段，即导航路线，如图 8-61 所示。

导航路线决定了当用户按下键盘方向键，下一个将激活的是哪个 UI。显示导航路线只是便于开发，不管它是否在 Scene 面板中显示，都不会显示在 Game 面板中。

Navigation 默认为 Automatic。以下是其可选项。

(1) None(关闭)：关闭导航。方向键不再控制 UI 激活，不会显示导航线。

(2) Horizontal(水平导航)：水平方向导航到下一个控件。如以下两个 Button，Navigation 均为 Horizontal，其效果如图 8-62 所示。

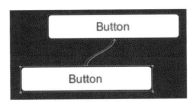

图 8-61　默认情况下的导航路线

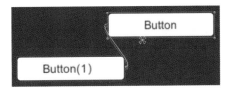

图 8-62　两个按钮均为 Horizontal 的效果

两个控件的相对位置在什么情况下才能建立水平导航路线呢？从 Button(1) 的角度看，若 Button 在它右边，则两者能建立导航路线的前提是，Button 完全位于 Button(1) 的中央垂直分割线右边 (区域 a)，如图 8-63 所示。

(3) Vertical(垂直导航)：垂直方向导航到下一个控件。如以下两个 Button，Navigation 均为 Vertical，其效果如图 8-64 所示。

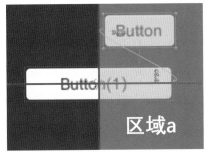

图 8-63　Button(1) 为 Horizontal，其右边的控件
需位于区域 a 中才能建立导航路线

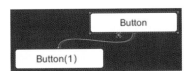

图 8-64　两个按钮均为 Vertical 的效果

(4) Automatic(自动导航)：在水平方向和垂直方向均可导航到下一个控件。如以下两个 Button，Navigation 均为 Automatic，其效果如图 8-65 所示。

(5) Explicit(指定导航)：按下特定方向键时当前按钮导航到指定的控件。如以下三个按钮，设置 Button 的 Navigation 为 Explicit，且 Select On Up 参数指定为 Button(1)，Select On Down 参数指定为 Button(2)，同时 Button(1) 和 Button(2) 的 Navigation 均为 Automatic，其效果如图 8-66 所示。

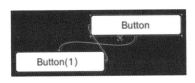

图 8-65　两个按钮均为 Automatic 的效果

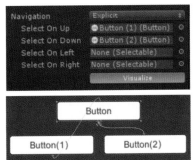

图 8-66　Explicit 的设置方式与效果

无论三个控件的相对位置如何，按下上方向键时，激活 Button(1) 按钮，按下下方向键时，激活 Button(2) 按钮。

4. OnClick() 事件

单击一次按钮，触发一次 OnClick() 事件。

8.7 InputField(输入框)

输入框用于输入、编辑文本。在 Hierarchy 面板中单击鼠标右键，或者在菜单栏选择 GameObject → UI → InputField，创建一个 InputField 控件。InputField 控件是一个复合型交互控件，由 Image 和 Text 可视控件组成。其游戏物体、组件和各部分外观的关系如图 8-67 所示。

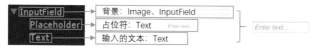

图 8-67　InputField 游戏物体、组件和各部分外观的关系

交互控件都有 Interactable、Transition 和 Navigation 属性，InputField 也一样，此处不再赘述。其他重要属性如图 8-68 所示。

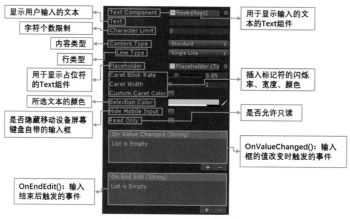

图 8-68　InputField 组件

1. Content Type(内容类型)

输入的文本内容可选择如图 8-69 所示的 10 种类型。

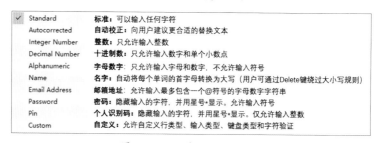

图 8-69　10 种 Content Type

2. Line Type(行类型)

行类型可选择以下三种。

(1) Single Line(单行)：仅允许输入单行文本。

(2) Multi Line Submit(多行提交)：允许输入多行文本，仅在需要时自动换行，按下回车键提交。

(3) Multi Line Newline(多行换行)：允许输入多行文本，按下回车键换行。

3. Caret(插入标记符)

Caret Blink Rate/Width/Color 分别为该行上的标记符的闪烁速度、宽度和颜色。Caret 如图 8-70 所示。

4. Selection Color(选择颜色)

输入框中所选文本部分的背景颜色。如图 8-71 所示，Hello 为选择的文本。

图 8-70　Caret 插入标记符　　　　　　　　　　图 8-71　选择了文本 Hello

5. Hide Mobile Input(隐藏移动输入)

隐藏移动设备中屏幕键盘的输入框。默认情况下，在移动设备中输入文本时，会出现一个屏幕键盘自带的 Mobile Input，如图 8-72(a) 所示。勾选该属性，将隐藏 Mobile Input，效果如图 8-72(b) 所示。

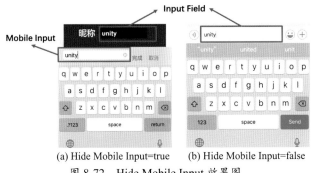

(a) Hide Mobile Input=true　　(b) Hide Mobile Input=false

图 8-72　Hide Mobile Input 效果图

6. OnValueChanged() 事件和 OnEndEdit () 事件

在输入文本过程中 (输入框的值在改变)，每输入一个字符，就触发一次 OnValueChanged() 事件。输入结束后，触发 OnEndEdit () 事件。

8.8　Toggle(切换开关)

Toggle 控件是一个复选框，能够用于打开或关闭选项。在 Hierarchy 面板中单击鼠标右键，或者在菜单栏选择 GameObject → UI → Toggle，创建一个 Toggle 控件。Toggle 控件亦为复合型控件，由 Image 和 Text 控件组成。其游戏物体、组件及各部分的外观关系如图 8-73 所示。

图 8-73　Toggle 游戏物体、组件及各部分的外观关系

Toggle 控件和 Button 一样都有 Interactable、Transition 和 Navigation 属性，此处不再赘述。其他重要属性如图 8-74 所示。

图 8-74　Toggle 组件

1. Is On(开关是否打开)

单击 Toggle，Toggle 的图标会在"选中"与"取消选中"两个状态间切换，同时 Is On 属性也会跟着改变，如图 8-75 所示。

图 8-75　Toggle 外观与 Is On 的值关系示意图

2. Toggle Transition(切换开关过渡方式)

默认为 Fade，使 Graphic 所代表的图像 (默认为 Checkmark) 有淡入淡出效果。也可设置为 None，无过渡效果。

3. Graphic(图像)

Graphic 指向的是开关切换时受影响的图像，默认为 Checkmark ✓。想要更换 Checkmark 的样式，改变其 Image 组件的 SourceImage 即可。

4. Group(组)

当场景中存在几个 Toggle，则它们均能被选中或取消选中，这样可作为复选按钮。若要做单选按钮，则需要将这几个 Toggle 置于同一个 Group 下，使它们关联起来。

创建空物体，添加 Toggle Group 组件，将 Toggle 和 Toggle(1) 拖到 GameObject 下，如图 8-76 所示。关键的一步是，将两个 Toggle 的 Group 属性均指向带有 Toggle Group 组件的 GameObject。

默认同一个 Toggle Group 下的 Toggle 有且仅有一个 Toggle 能被选中，且无法全部取消选中。

这与 Toggle Group 组件的 Allow Switch Off(允许关闭) 属性有关，如图 8-77 所示。一旦 Allow Switch Off 被选中，则同一个 Toggle Group 下的 Toggle 可全部取消选中。

 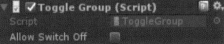

图 8-76　Toggle Group 游戏物体、组件及各部分的外观关系　　图 8-77　Toggle Group 组件

5. OnValueChanged() 事件

单击一次 Toggle(其 Is On 的值发生改变)，触发一次 OnValueChanged() 事件。

8.9　Slider(滑块)

滑块用于拖动鼠标选择特定范围的数值，常作为游戏的难度设置、音量控制、亮度设置等。在 Hierarchy 面板中单击鼠标右键，或者在菜单栏选择 GameObject → UI → Slider，创建一个 Slider 控件。Slider 控件亦为复合型控件，由多个 Image 控件组成。其游戏物体、组件和各部分外观的关系如图 8-78 所示。

图 8-78　Slider 游戏物体、组件和各部分外观的关系

Slider 控件和 Button 一样都有 Interactable、Transition 和 Navigation 属性，此处不再赘述。其他重要属性如图 8-79 所示。

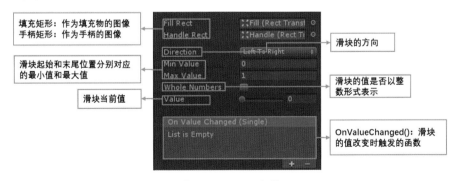

图 8-79　Slider 组件

1. Direction(方向)

拖动手柄时滑块值的增加方向。可选选项有 4 个，分别为 Left To Right(从左到右)、Right To Left(从右到左)、Bottom To Top(从下到上) 和 Top To Bottom(从上到下)。

2. Min Value、Max Value、Value

Min Value 和 Max Value 是手柄处于终端时滑块的值 (由 Direction 属性确定)。Value 是滑块的当前数值，根据手柄的位置实时改变。

3. Whole Numbers

勾选该项，滑块数值将以整数形式表示，否则滑块数值为小数。

4. OnValueChanged() 事件

当 Slider 的数值改变一次，该事件执行一次。

8.10 Scroll View(滚动视图)

滚动视图用于在小区域中显示大量的内容，通过滚动内容来浏览所有。在 Hierarchy 面板中单击鼠标右键，或者在菜单栏选择 GameObject → UI → Scroll View，创建一个 Scroll View 控件。其游戏物体、组件和各部分外观的关系如图 8-80 所示。

图 8-80　Scroll View 游戏物体、组件和各部分外观的关系

滚动视图主要由 Scrollbar、Scroll Rect 和 Mask 控件组成，比较复杂，接下来一一介绍其中用到的组件。

8.10.1　Scrollbar(滚动条)

滚动条控件用于滚动图像或其他过大无法显示完全的视图，常作为文本编辑器侧边的垂直滚动条，以及用于查看部分大图像或地图的垂直和水平滚动条。要注意的是，与之相似的 Slider 控件，用于选择数值而不是滚动视图。

在 Hierarchy 面板中单击鼠标右键，或者在菜单栏选择 GameObject → UI → Scrollbar，创建一个 Scrollbar 控件。Scrollbar 控件亦为复合型控件，由多个 Image 控件组成。其游戏物体、组件和各部分外观的关系如图 8-81 所示。

图 8-81　Scrollbar 游戏物体、组件和各部分外观的关系

Scrollbar 组件的重要属性如图 8-82 所示。

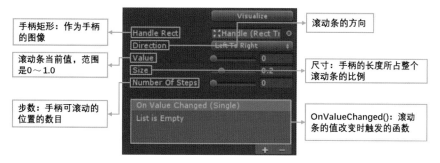

图 8-82　Scrollbar 组件

Scrollbar 很少单独使用，常搭配 Scroll Rect 和 Mask 组成 Scroll View。

8.10.2　Scroll Rect(滚动矩形)

Unity 中没有单独的 Scroll Rect 控件，只有创建 Scroll View 后才能看到其中的 Scroll Rect 组件。

Scroll Rect 组件的重要属性如图 8-83 所示。

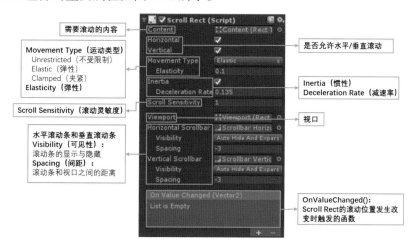

图 8-83　Scroll Rect 组件

1. Movement Type(运动类型)

主要用于鼠标拖曳内容 (Content) 时，控制内容的运动方式，有以下三种类型。

(1) Unrestricted(不受限制)：内容根据鼠标的拖曳自由移动，可能出现内容不在 Scroll Rect 的边界内显示的情况，且不会自动回到 Scroll Rect 内。

(2) Elastic(弹性)：内容保持在 Scroll Rect 的边界内，且当内容到达 Scroll Rect 边界时将弹回。弹性的大小可以通过 Elasticity(弹性) 设置。

(3) Clamped(夹紧)：内容限定在 Scroll Rect 的边界内，不会出现内容离开 Scroll Rect 边界的情况。

2. Inertia(惯性)

主要用于鼠标停止拖曳内容时，控制内容是否具有惯性。当启用惯性，拖曳内容后释放鼠标时，内容因为惯性会继续移动。惯性的大小可以通过 Deceleration(减速率) 设置。当取消勾选该属性，内容仅会在鼠标拖曳时移动，释放鼠标后内容不会继续移动。

3. Visibility(可见性)

主要用于控制滚动条的显示和隐藏，有以下三种选项。

(1) Permanent(永久)：无论内容是否大于视口，均显示滚动条。

(2) Auto Hide(自动隐藏)：不需要滚动条时将自动隐藏。注意，自动隐藏仅在播放模式下 (Play Mode) 起作用。

(3) Auto Hide And Expand Viewport(自动隐藏并扩大视口)：不需要滚动条时将自动隐藏。隐藏滚动条时视口会自动展开，以便内容使用滚动条原本占用的空间。同时可以设置 Spacing，调整视口与滚动条之间的距离，如图 8-84 所示。

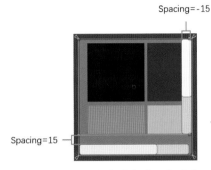

图 8-84　视口和滚动条的距离通过 Spacing 设置

8.10.3　Mask(遮罩)

遮罩是一个不可见的控件，和 Image 组件一起，用于修改其子物体的显示范围和形状。其组件如图 8-85 所示。其中，Show Mask Graphic(显示遮罩的图像) 控制遮罩层的图像是否显示。如图 8-86(a) 所示，Star 作为父物体，Turtle 作为子物体。没有 Mask 组件时显示如图 8-86(b) 所示。

图 8-85　Mask 组件

(a)　　　　　　　　(b)

图 8-86　没有 Mask 组件的 Image

当 Star 添加了 Mask 组件，Star 的形状将修改其子物体 Turtle 的形状，如图 8-87 所示。

在 Scroll View 中，同样在 Viewport 中用了 Mask 组件，因此无论其子物体 Content 中的内容有多大，都只能显示 Viewport 范围内的部分，如图 8-88 所示。

(a) Show Mask Graphic=true　　　(b) Show Mask Graphic=false

图 8-87　父级 Image 添加了 Mask 组件，Show Mask Graphic 设置后的效果图

提示：

- 作为遮罩的图像，需要 PNG 格式。其透明部分将遮住其子物体，只有非透明部分显示子物体。
- 作为遮罩的图像，需要将 Texture Type 转换为 Sprite。

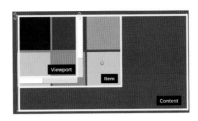

(a) Scroll View 的层级关系　　(b) Viewport、Content、Item 的范围示意图 (无 Mask)　　(c) 添加了 Mask 的 Scroll View

图 8-88　Scroll View 中 Mask 的使用效果

8.11　Dropdown(下拉列表)

下拉列表让用户在选项列表中选择一个选项。在 Hierarchy 面板中单击鼠标右键，或者在菜单栏选择 GameObject → UI → Dropdown，创建一个 Dropdown 控件。Dropdown 控件是 UGUI 最复杂的控件，由 Toggle、Scroll Rect 和 Scrollbar 嵌套组合而成。其游戏物体、组件和各部分外观的关系如图 8-89 所示。

图 8-89　Dropdown 游戏物体、组件和各部分外观的关系

Dropdown 组件重要属性如图 8-90 所示。

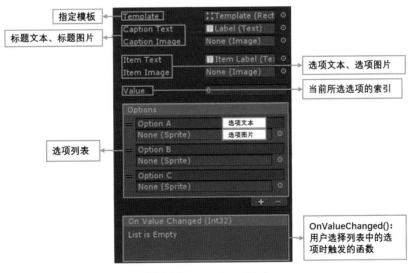

图 8-90　Dropdown 组件

1. Options(选项列表)

单击 "+" 添加选项。可直接在此修改选项的文本。

2. OnValueChanged() 事件

当用户选择选项后，触发该事件。

控件显示当前选择的选项。单击后，它会打开选项列表，以便选择新选项。打开选项列表后的游戏物体、组件和各部分外观的关系如图 8-91 所示。

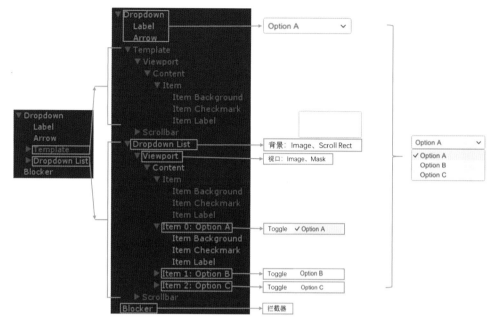

图 8-91　展开 Dropdown 后的游戏物体、组件和各部分外观的关系

模板 (Template) 是隐藏物体，单击下拉列表时，会根据模板实例化一个可见的选项列表 (Dropdown List)。要修改选项列表的样式，只需修改模板即可。选项列表和模板一样，可看作一个 Scroll View，里面的选项 (Item) 是一个个 Toggle。当选项的数量超过 8 个，将显示一个垂直滚动条 (Scrollbar)。

单击下拉列表时，还会生成一个 Blocker(拦截器)。选择新选项后，列表会关闭。若单击控件本身或 Canvas 内的任何其他位置，该列表也能关闭，这是通过拦截器实现的。拦截器拦截鼠标对除了控件本身之外的 Canvas 内的其他位置的单击。

8.12　Rect Transform(矩形变换)

矩形变换组件是 Transform 组件的 2D 布局形式。Transform 表示单个点，而 Rect Transform 表示可以放置 UI 元素的矩形区域。

Rect Transform 主要提供一个矩形的位置、尺寸、锚点和轴心点以及操作这些属性的方法，同时提供多种基于父级 Rect Transform 的缩放形式。如果 Rect Transform 的父级也是 Rect Transform，则子 Rect Transform 也可以指定它应该如何相对于父矩形定位和调整大小。

创建一个 Image 作为父对象 bg(白色矩形)，一个 Image 作为子对象 circle(圆形)。其重要属性 Anchors、Pivot、Pos X 和 Pos Y 如图 8-92 所示。

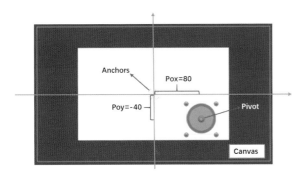
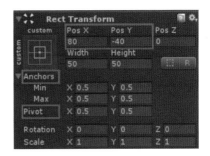

图 8-92　Rect Transform 组件及其参数示意图

8.12.1　Pivot(轴心点)

Pivot 指示一个 Rect Transform(或者说是矩形) 的轴心位置，矩形的旋转、缩放、移动都会以它为中心。但它不一定在矩形中心，可以是任意位置。

矩形左下角为 (0,0)，右上角为 (1,1)。默认情况下，Pivot 在矩形中心，即 Pivot 为 (0.5,0.5)，如图 8-93 所示。

若要在 Scene 窗口中显示并操作 Pivot，需要在工具栏中选择矩形变换工具和变换辅助工具，然后直接用鼠标拖动 Pivot 即可，如图 8-94 所示。

图 8-93　Pivot 坐标轴　　　　　　　图 8-94　通过鼠标拖动 Pivot 示意图

8.12.2　Anchor(锚点)

锚点由两个 Vector2 的向量确定两个点，归一化坐标分别是 Min 和 Max，再由这两个点确定一个矩形，这个矩形的四个顶点就是锚点，如图 8-95(a) 所示。

默认情况下 Anchor 的默认值为 Min(0.5,0.5) 和 Max(0.5,0.5)。也就是说，Min 和 Max 重合了，四个锚点合并成一点，如图 8-95(b) 所示。

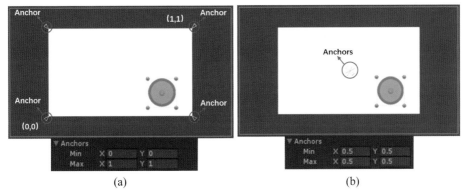

(a)　　　　　　　　　　　　　　　(b)

图 8-95　Anchor 的值及其对应的样式

Unity 提供了 16 种 Anchor Presets(锚点预设)，可供用户快速设置锚点，如图 8-96 所示。

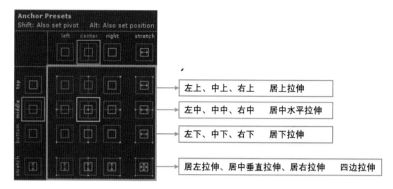

图 8-96　Anchor Presets

8.13　思考练习

请使用尽可能多的组件组成合理美观的多功能界面，并尽可能自适应屏幕。可参考如图 8-97 和图 8-98 所示的角色介绍界面和游戏设置界面。

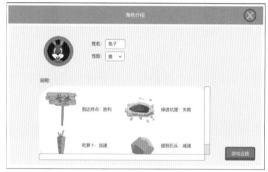

图 8-97　角色介绍界面

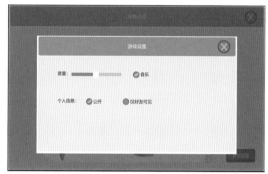

图 8-98　游戏设置界面

(1) 角色介绍界面用到的组件如图 8-99 所示。

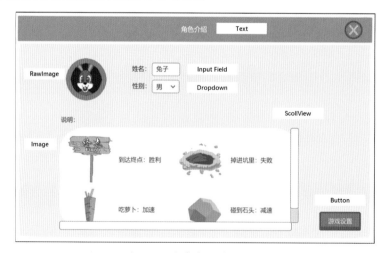

图 8-99　角色介绍界面组件

其中，ScrollView 中的排版使用了 Layout Group 组件，这是布局相关组件，可以快速对许多内容进行水平 / 垂直 / 网格布局并调整，有兴趣的读者可以自行学习，本章不再赘述。

角色介绍界面的交互内容主要有：可填写姓名；可选性别；可拖动滚动视图浏览；单击游戏设置按钮，弹出游戏设置界面。

(2) 游戏设置界面用到的组件如图 8-100 所示。

图 8-100　游戏设置界面组件

其中，音乐的播放涉及 Audio Source 和 Audio Listener 两个组件，有兴趣的读者可以自学，本书不再赘述。

游戏设置界面的交互内容主要有：拖动音量滑块调整音量大小；选择音乐开关播放或停止音乐；个人信息公开选项只能单选；单击关闭按钮，关闭游戏设置界面。

在制作过程中，需要思考如何设置锚点、如何处理游戏物体的层级关系，才能方便自适应和快速调整界面。当场景中的游戏物体太多，游戏物体有合理直观的命名能够事半功倍。

8.14　资源链接

Unity UGUI 系统学习相关网址如下。

- Unity 官方网站——UI 教程：

  https://unity3d.com/cn/learn/tutorials/s/user-interface-ui

- Unity 官方手册网址：

  https://docs.unity3d.com/Manual/UISystem.html

- Unity API 网址：

  https://docs.unity3d.com/ScriptReference/index.html

第 9 章

粒子系统

粒子特效是大量粒子单元以特定规律运动形成的效果，本质是简单的小图片或网格。

在 2D 游戏里，界面都是图片，但需要酷炫的点击特效、显示特效时，就要用到粒子系统。在 3D 游戏中，角色和场景都是网格模型，但需要一些武器攻击特效、出场特效等游戏特效及龙卷风、火焰等自然现象特效，就需要粒子系统。图 9-1 所示是粒子系统的应用范围。

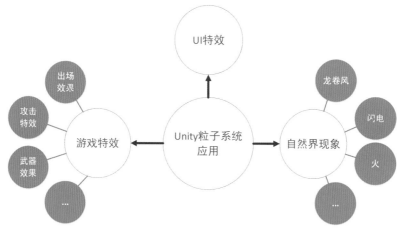

图 9-1　粒子系统应用范围

【学习目标】

1. 熟悉粒子系统的组件，学会调节各种参数及效果。

2. 通过案例掌握粒子的制作。

【知识点说明】

本章的知识点结构如图 9-2 所示。

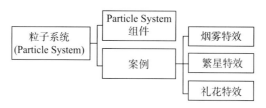

图 9-2　本章知识点结构

【任务说明】

本章任务及对应的知识点如表 9-1 所示。

表 9-1　任务及对应的知识点

任务	知识点
熟悉 Particle System 组件	该组件的各个参数的调节方法及效果
案例学习	烟雾、繁星、礼花特效制作

9.1　Particle System 组件

在 Unity 中，粒子特效以游戏对象的形式存在，每个粒子特效游戏对象都带有 Particle System 组件，如图 9-3 所示。通过选择菜单栏→ GameObject → Particle System 可以创建一个粒子特效游戏对象。

1. Duration　　　　　　　持续时间
2. Looping　　　　　　　是否循环
3. Prewarm　　　　　　　预热
4. Start Delay　　　　　　初始延迟
5. Start Lifetime　　　　　初始生命
6. Start Speed　　　　　　初始速度
7. 3D Start Size　　　　　初始3D大小
8. Start Size　　　　　　初始大小
9. 3D Start Rotation　　　初始3D旋转角度
10. Start Rotation　　　　初始旋转角度
11. Randomize Rotation　随机旋转角度
12. Start Color　　　　　初始颜色
13. Gravity Modifier　　　重力修改器
14. Simulation Space　　　模拟空间
15. Simulation Speed　　　模拟速度
16. Scaling Mode　　　　缩放模式
17. Play On Awake　　　开始即播放
18. Max Particles　　　　最大粒子数
19. Auto Random Seed　自动生成随机种子

图 9-3　粒子系统基本模块

部分参数解析如下：

(1) Prewarm：预热。只可预热循环系统，这意味着，粒子系统在游戏一开始时就发射粒子，就像已发射了一个周期的粒子。只有勾选 Looping 才有效。

(2) Start Delay：初始延迟。粒子系统发射粒子之前等待的延迟，以秒为单位。注意，预热的循环系统不能使用初始延迟。

(3) 3D Start Size：初始 3D 大小。启用后可以控制粒子在各个轴向的大小。

(4) 3D Start Rotation：初始 3D 旋转角度。启用后可以单独控制粒子在各个轴向的旋转角度。

(5) Gravity Modifier：重力修改器。粒子在存活期间内受到的重力影响。

(6) Simulation Space：模拟空间。模拟本地坐标系或世界坐标系中的粒子系统。若想给粒子添加拖尾效果，可以将模式切换为 World(世界) 坐标。

(7) Scaling Mode：缩放模式。通过缩放工具 (快捷键 R) 更改粒子系统的尺寸时，不同的缩放模式下会粒子有不同的缩放效果。

(8) Play On Awake：唤醒时播放。如果启用该项，粒子系统会在其创建时自动开始播放。若没有勾选该项，则需通过脚本控制才能播放粒子系统。

(9) Max Particles：最大粒子数。粒子系统可发射的最大粒子数量。

(10) Auto Random Seed：自动随机种子。若勾选该项，粒子系统每次播放时都有不同的模拟效果。

除此之外，粒子系统还有其他几个模块，我们一一讲解。

1. 粒子系统发射模块

粒子系统发射模块 (Emission) 如图 9-4 所示，其具体参数解析如下。

图 9-4　粒子系统发射模块

(1) Rate over Time：单位时间 (每秒) 发射的粒子数量。

(2) Rate over Distance：单位距离 (每米) 发射的粒子数量。

(3) Bursts：爆发，能在指定的时间发射大量粒子，具体设置情况如下。

① Time：设置发射突发的时间 (以秒为单位，在粒子系统开始播放之后)。

② Min/Max：发射粒子数的最小 / 最大值。

③ Cycles：设定发射粒子的爆发次数，其下拉列表中有两个可选参数。

・　Count：固定次数，可自行填写整数。

・　Infinite：无限次。

④ Interval：每次爆发的时间间隔。

2. 粒子系统形状模块

粒子系统形状模块 (Shape) 如图 9-5 所示，其定义发射器的形状，单击 Shape 右侧的下拉

图 9-5　粒子系统形状模块

框可选择：球体 (Sphere)、半球体 (Hemishpere)、圆锥 (Cone)、立方体 (Box) 和网格 (Mesh) 等。形状的选择影响粒子可发射的区域，而且影响粒子的初始方向。形状共有 9 种，接下来介绍常用的 Sphere、Hemisphere、Cone 和 Box。

(1) 球体 (Sphere)。球体的参数和发射形状如图 9-6 所示。

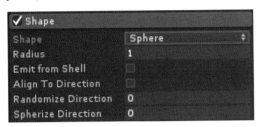

图 9-6　球体的参数和发射形状

球体的参数具体解析如下。

① Radius：球体的半径。

② Emit from Shell：从球体外壳发射。如果禁用此项，粒子将从球体内部发射。

③ Align To Direction：方向对齐，使粒子贴图方向与粒子速度方向保持垂直。

④ Random Direction：粒子发射的方向随机，或是沿表面法线方向发射。当值为 0 时，沿表面法线方向。当值为 1 时，粒子的方向完全随机。

⑤ Spherize Direction：将粒子方向朝向球面方向，从它们的变换中心向外传播。当值为 0 时无效。当值为 1 时，粒子方向从中心向外指向 (与形状设置为球体时的行为相同)。

(2) 半球体 (Hemisphere)。半球体的参数和发射形状如图 9-7 所示。

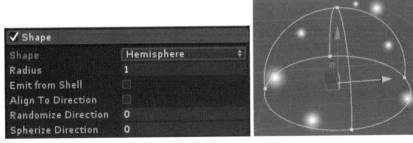

图 9-7　半球体的参数和发射形状

半球体的参数与球体一致，此处不再赘述。下文中会出现某些属性与球体部分属性相同，也不再赘述。

(3) 圆锥 (Cone)。圆锥的参数和发射形状如图 9-8 所示。

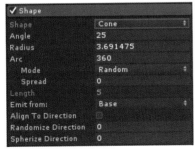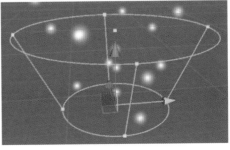

图 9-8　圆锥的参数和发射形状

圆锥的参数具体解析如下。

① Angle：圆锥体的角度。如果角度为 0，粒子发射器的形状是一个圆柱体。如果角度为 90，则是一个平面圆盘。

② Radius：发射口的半径。如果值为 0，将从一点发射。如果值超过 0，粒子发射器是一个圆盘而非一个点发射。

③ Arc：圆弧，粒子沿着该圆弧发射。

• Mode：控制粒子如何沿着圆弧产生。

• Spread：控制粒子只在特定角度的圆弧周围产生。当值为 0 时，将允许粒子在圆弧周围的任何地方产生。当值为 0.1 时，将仅在圆弧周围以 10% 的间隔产生粒子。

④ Length：圆锥的长度。只在 Emit From 的值为 Volume 或 Volume Shell 时可用。

⑤ Emit From：粒子发射的位置，确定粒子从哪里发射出。可能的值有底部 (Base)、底部外壳 (Base Shell)、内部 (Volume) 和内部外壳 (Volume Shell)。

⑥ Random Direction：随机方向。粒子以随机方向发射，或是沿着圆锥方向发射。

(4) 立方体 (Box)。立方体的参数和发射形状如图 9-9 所示。Box X、Box Y 和 Box Z 是定义这个 Box 的容器的大小的。

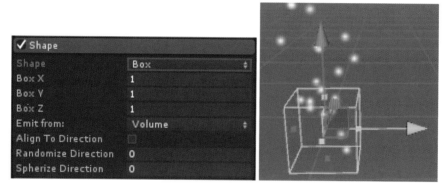

图 9-9　立方体的参数和发射形状

立方体的参数具体解析如下。

① Box X：立方体在 X 轴方向的缩放。

② Box Y：立方体在 Y 轴方向的缩放。

③ Box Z：立方体 在 Z 轴方向的缩放。

④ Random Direction：随机方向。粒子以随机方向发射，或是沿着立方体 Z 轴方向发射。

3. 生命周期内的速度模块

生命周期内的速度模块 (Velocity over Lifetime) 如图 9-10 所示，其直接动画化粒子的速率。主要用于具有复杂物理特性的粒子，不过该属性只演示简单的视觉行为 (例如飘荡的烟雾和温度降低)。具体参数介绍如下。

图 9-10　生命周期内的速度模块

XYZ：使用曲线常量值或曲线间的随机值来控制粒子的运动，代表在 *X*/*Y*/*Z* 轴上粒子的速度，可以通过控制 *X*/*Y*/*Z* 轴的值改变粒子运动的轨迹。

4. 生命周期内的限制速度模块

生命周期内的限制速度模块 (Limit Velocity over Lifetime) 如图 9-11 所示，其基本上用于模拟阻力。如果超过某些阈值，就会抑制或固定速率。可以按每个轴或每个向量长度配置。

图 9-11　生命周期内的限制速度模块

生命周期内的限制速度模块的参数具体解析如下。

(1) Separate Axis：分离轴，用于设置每个轴控制。

(2) Speed：速度。指定量级为常数或由限制所有轴速率的曲线指定量级。

(3) Dampen：阻尼。取 0~1 之间的值，控制应减慢的超过速率的幅度。例如，值为 0.5，则将超过的速率减慢 50%。

5. 生命周期内的颜色模块

如图 9-12 所示，生命周期内的颜色模块 (Color over Lifetime) 控制每个粒子在其存活期间的颜色。如果有些粒子的存活时间短于其他粒子，它们将运动得更快。采用常量颜色、两色随机，使用渐变动画化颜色或使用两个渐变指定一个随机颜色。

图 9-12　生命周期内的颜色模块

注意，该颜色将乘以初始颜色 (Start Color) 属性中的值，如果初始颜色为黑色，那么存活时间的颜色 (Color Over Lifetime) 不会影响粒子。

6. 生命周期内的大小模块

如图 9-13 所示，生命周期内的大小模块 (Size over Lifetime) 控制每个粒子在其存活期间的大小。采用固定大小，或者使用曲线将大小动画化，或使用两条曲线指定随机大小。

图 9-13　生命周期内的大小模块

7. 生命周期内的旋转角度变化模块

如图 9-14 所示，生命周期内的旋转角度模块 (Rotation over Lifetime) 以旋转角度为单位指定值。角速度 (Angular Velocity) 控制每个粒子在其存活期间的旋转速度。采用固定旋转速度，使用曲线将旋转速度动画化，或使用两条曲线指定随机旋转速度。

图 9-14　生命周期内的旋转角度模块

8. 子发射器模块

如图 9-15 所示，子发射器 (Sub Emitters) 是一个强大的模块，可在出现下列粒子事件时生成其他粒子系统 (Particle Systems)：粒子产生、死亡或碰撞。

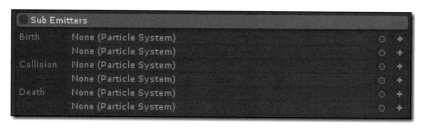

图 9-15　子发射器模块

(1) 产生 (Birth)：该粒子系统中每个粒子产生时生成另一个粒子系统。

(2) 死亡 (Birth)：该粒子系统中每个粒子死亡时生成另一个粒子系统。

(3) 碰撞 (Collision)：该粒子系统中每个粒子碰撞时生成另一个粒子系统。需要使用碰撞模块 (Collision Module) 建立碰撞。

9. 序列帧动画纹理模块

如图 9-16 所示，序列帧动画纹理模块 (Texture Sheet Animation) 可对粒子在其生命周期内的 UV 坐标产生变化，生成粒子的 UV 动画。可以将纹理划分成网格，在每一格存放动画的一帧。同时也可以将纹理划分为几行，每一行是一个独立的动画。需要注意的是，动画所使用的纹理在 Renderer 模块下的 Material 属性中指定。

10. 渲染模块

渲染模块 (Renderer) 如图 9-17 所示。下面介绍其渲染模式、法线方向、材质等内容。

(1) 渲染模式 (Render Mode) 主要有以下 4 种。

① 正常模式 (Billboard)：让粒子始终面向相机。

图 9-16　序列帧动画纹理模块　　　　　图 9-17　渲染模块

② 拉伸模式 (Stretched Billboard)：使用下列参数拉伸粒子。

· 相机缩放 (Camera Scale) 决定拉伸粒子时考虑进来的相机速度影响程度。

· 速度缩放 (Speed Scale) 通过对比粒子速度来确定其长度。

· 长度缩放 (Length Scale) 通过对比粒子宽度来确定其长度。

③ 水平模式 (Horizontal Billboard)：让粒子与 XZ 平面对齐。

④ 垂直模式 (Vertical Billboard)：面向相机时，让粒子与 Y 轴对齐。

(2) 法线方向 (Normal Direction)：取值在 0~1 之间，确定法线与相机所成角度 (0) 及偏离视图中心的角度 (1)。

(3) 材质 (Material)：粒子所用的材质球。

(4) 排序模式 (Sort Mode)：粒子绘制顺序可通过距离、最先生成或最晚生成来排列。

(5) 排序层级 (Sorting Fudge)：使用该项影响绘制顺序。具有较小排序校正数值的粒子系统更可能放在最后绘制，因此显示在其他透明对象 (包括其他粒子) 前面。

接下来通过三个案例来熟悉粒子系统。创建粒子系统的流程如图 9-18 所示。

图 9-18　粒子系统创建流程

9.2 烟雾特效

本节涉及的知识点及操作主要有粒子的材质问题、粒子大小控制、粒子颜色变化、粒子速度控制及粒子发射轨迹控制。素材主要有两个，如图 9-19 所示。烟雾缭绕效果如图 9-20 所示。

名称	修改日期	类型	大小
ParticleSystemTexture	2017/5/19 21:52	文件夹	
huodui.FBX	2017/5/18 17:06	FBX file	830 KB

图 9-19　本模块中主要使用到的素材

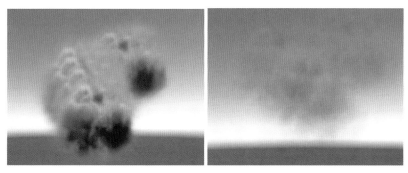

图 9-20　烟雾缭绕效果图

在 Project 视图中找到 Assets 文件夹，单击鼠标右键，选择 Show in Explorer 打开所在项目的文件目录。然后将"素材文件"文件夹中的 ParticleSystemTexture 放入 Assets 文件中。

1. 创建粒子系统

在 Hierarchy 视图中选择 Create → Particle System 菜单项即可创建粒子系统。创建好粒子系统后，在 Inspector 视图中更改粒子系统名为 Smoke。粒子的坐标如图 9-21 所示。

图 9-21　创建粒子系统

2. 更换粒子贴图

在 Project 视图中的搜索栏上输入 yanhuo 关键字，找一张你认为比较接近烟雾的图片。这里选择的贴图是 yanhuo_00006，如图 9-22 所示。

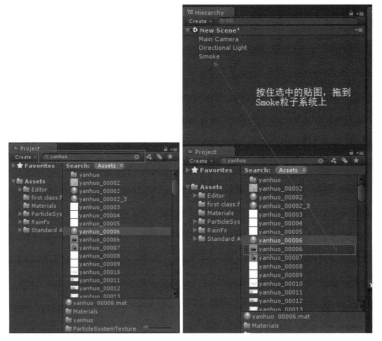

图 9-22　选择贴图并拖动到 Smoke 粒子系统

同时，在 Inspector 视图中将滚动条拉到底部，将贴图的材质更换为 Particles/Alpha Blended，如图 9-23 所示。

其中，粒子特效中较常用的材质贴图为 Particles/Alpha Blended 和 Particles/Additive，这两者的区别是前者自带阿尔法通道，可以通过更改颜色改变材质颜色。而后者更改颜色时会受颜色深浅所限制，深色会让图片透明度变高，当选用黑色时图片全透；选用浅色时则透明度降低，白色透明度最低（和 Photoshop 的黑白蒙版原理类似）。

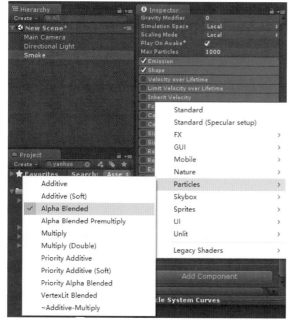

图 9-23　更换材质

3. 更改粒子属性

以下修改的数值仅供参考，不要求必须需要按照这些数值来设置，你也可以自己尝试直至调整至你觉得自然的状态即可。

(1) 更改粒子大小。目前的效果图和最终的效果图仍然有一定距离，如图 9-24 所示。这时则需要更改粒子的大小。

(a) 当前粒子效果图　　　　　　　　(b) 最终效果图

图 9-24　粒子效果图

在 Inspector 视图中，将鼠标放置在如图 9-25 所示的黄色区域上，当鼠标的图标变为两个小箭头的时候按住左键不放，左右拖动鼠标改变粒子大小。

(2) 更改粒子发射速度和单个粒子的生命周期。在 Inspector 视图中，将鼠标放置在如图 9-26 所示的黄色区域上，当鼠标的图标变为两个小箭头的时候按住左键不放，左右拖动鼠标改变数值。

(3) 更改粒子发射数量。在 Emission 栏中，将鼠标放置在如图 9-27 所示的黄色区域上，当鼠标的图标变为两个小箭头的时候按住左键不放，左右拖动鼠标改变数值。

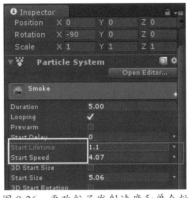
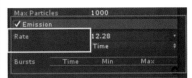

图 9-25　改变粒子大小　　　图 9-26　更改粒子发射速度和单个粒　　图 9-27　更改粒子发射数量
　　　　　　　　　　　　　　　　子的生命周期

(4) 更改粒子发射轨迹形状。在 Inspector 视图中找到 Shape 栏，单击展开该栏。在这里可以规定粒子发射的轨迹，如图 9-28 所示。这里选择的是 Cone 圆锥体，当 Shape 栏展开后，在 Scene 视图可以看到粒子的发射轨迹。

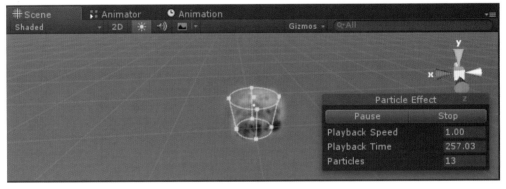

图 9-28　更改粒子发射轨迹形状

在 Shape 栏中，Cone 的 Angle 代表圆锥体较大的上底面，而 Radius 则是圆锥体下底面的半径，如图 9-29 所示。

(5) 粒子淡入淡出效果制作。为了不让粒子出现和消失的时候过于生硬，需要通过改变颜色的透明度来完成粒子淡入淡出的效果。

在 Inspector 视图中，找到 Color over Lifetime 栏，单击展开该栏。该栏控制每个粒子从出现到消失的颜色变化，默认为白色。单击图中 Color 颜色条，如图 9-30 所示。颜色条上方最右侧的按钮，并将 Alpha 值改为 0，颜色条上方最右侧的按钮，并将 Alpha 值改为 0，如图 9-31 所示。这样会导致粒子过于透明，因此在颜色条上方中间位置随机单击一个位置，创建新的节点并将 Alpha 值改为 255，如图 9-32 所示。

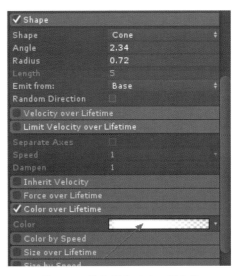

图 9-30　单击图中 Color 颜色条

图 9-29　Shape 栏

图 9-31　Gradient Editor 窗口

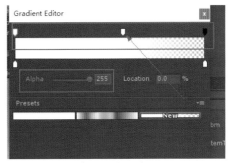

图 9-32　创建新的节点并更改 Alpha 值

同时，为了增加淡入的效果，单击颜色条上方最左侧节点，将 Alpha 值改为 0。同时在第一个节点不远处增加第二个节点并将 Alpha 值改为 255，如图 9-33 所示。这样烟雾淡入淡出的效果就算完成了。

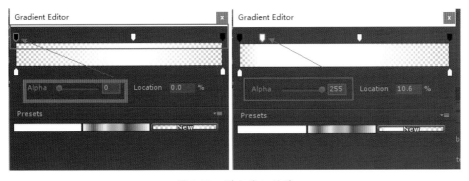

图 9-33　增加淡入效果

9.3　繁星特效

本节涉及的知识点及操作主要有粒子的材质问题、粒子大小动态控制、粒子颜色变化、粒子速度控制及粒子发射轨迹控制。满天繁星实现效果如图 9-34 所示。

1. 创建新的粒子系统

(1) 在 Hierarchy 视图中选中 Smoke，并在 Inspector 视图中将其隐藏。

(2) 在 Hierarchy 视图中单击 Create → Particle System 菜单项，即可创建粒子系统。创建好粒子系统后，在 Inspector 视图中更改粒子系统名为 Star。粒子的坐标如图 9-35 所示。

图 9-34　满天繁星实现效果　　　　　　图 9-35　创建粒子系统

2. 更改粒子贴图

在 Project 视图中的搜索栏上输入 lizi 关键字，找一张你认为比较接近星星的贴图。这里选择的贴图是 lizi_00001，如图 9-36 所示。

同时，在 Inspector 视图中将滚动条拉到底部，将贴图的材质更换为 Particles/Addictive，如图 9-37 所示。

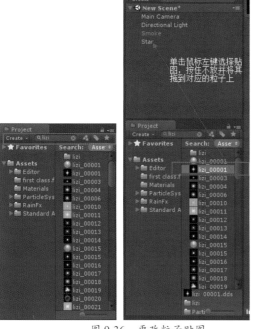
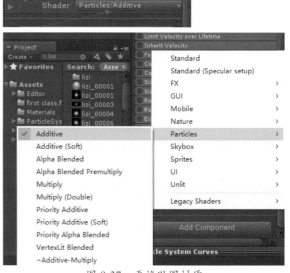

图 9-36　更改粒子贴图　　　　　　图 9-37　更换贴图材质

3. 更换相机背景

目前的效果图和最终的效果图仍然有一定距离，如图9-38所示。我们将相机背景调为黑色，如图 9-39 所示，即可获得黑夜效果。

图 9-38　更换相机背景前后效果对比

图 9-39　更换相机背景为黑色

4. 更改粒子属性

(1) 更改粒子发射轨迹。在 Shape 栏中，将发射形状改为 Box，同时把 X、Y 和 Z 的数值改为 20、20 和 20。将粒子改成在长宽高各为 20 的正方形容器内随机出现，如图 9-40 所示。可以在 Scene 窗口看到粒子发射轨迹，如图 9-41 所示。

图 9-40　更改发射形状

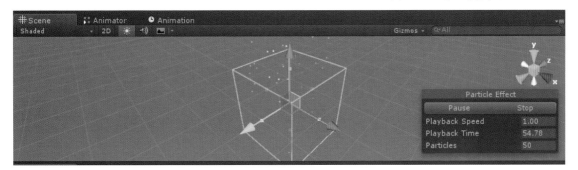

图 9-41　粒子发射轨迹

(2) 更改粒子运动方向。目前在 Game 窗口中看到的星星运动的方向依然是自下而上的，为了更好地模拟星星在空中运动的方向，将其改为自左向右的运动方向。

在 Inspector 视图中更改 Transform 属性中的 Rotation 数值，改变粒子运动的方向，如

图 9-42 所示，使得星星自左向右运动。

同时更改 Position 的值，改变粒子的位置，让星星置于一个较合适的位置。

（3）更改粒子发射数目。目前星星的数目仍然不够多，则需要调整星星发射的数目以达到满天繁星的效果。在 Inspector 视图中找到 Emission 模块，将数值改为 100，表示每秒存在 100 个星星，如图 9-43 所示。用户也可以根据自身场景需要调节星星数量。

图 9-42　Transform 属性栏

（4）更改粒子运动速度。在 Inspector 视图中找到 Start Speed 属性，将星星的初始速度改为 0.1，让星星运动的速度慢下来，如图 9-44 所示。若更改后，星星位置偏移，则可以通过更改星星 Transform 中的 Position 来改变星星的位置。

图 9-43　Emission 模块

（5）更改粒子颜色。在 Inspector 视图中找到 Start Color 属性，单击箭头所指的位置，弹出 Color 窗口，可以根据自己的喜好选择星星的颜色。这里选择的是蓝色，如图 9-45 所示。

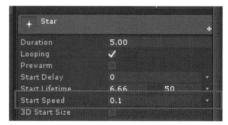

图 9-44　Start Speed 属性

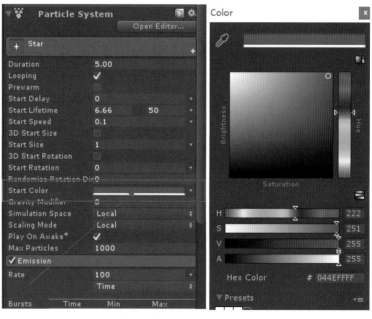

图 9-45　Start Color 属性

用户也可以根据自己喜好让星星颜色随机（如图 9-46 所示），或者让星星变成渐变色的星星也是一个不错的选择，读者可以多做尝试。

图 9-46　设置颜色随机

（6）制作星星一闪一闪的效果。根据以上五个步骤，满天繁星的效果基本已经出来了。为了让星星更自然，接下来要给它添加动态的一闪一闪的效果，如图 9-47 所示。

在 Inspector 视图中找到 Size over Lifetime 模块，单击展开，并单击图 9-48 中箭头所指的地方。

单击 Size 的编辑曲线后，在 Inspector 视图的最下方出现 Particle System Curves 栏，如图 9-49 所示。将鼠标悬浮在文字上，当鼠标图标变为箭头后，按住鼠标左键不放，往上拉出现完整的 Particle System Curves 栏。

图 9-47　闪烁效果

图 9-48　Size over Lifetime 模块

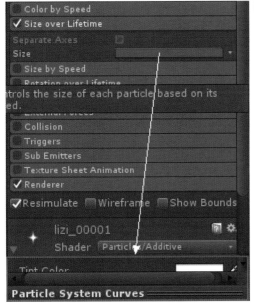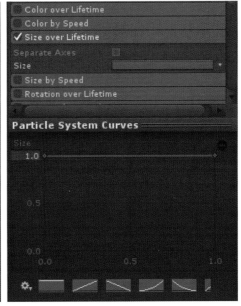

图 9-49　Particle System Curves 栏

在编辑曲线的时候一定要注意左上角的文字要是 Size，否则需要回到 Size over Lifetime 模块中双击编辑曲线，直到左上角文字为 Size 为止，如图 9-50 所示。

在线上通过鼠标双击创建了几个坐标点，并将其调整成图 9-51 所示的模样。

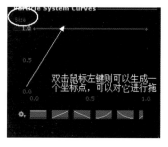

图 9-50　编辑曲线

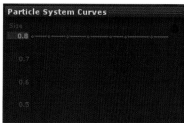　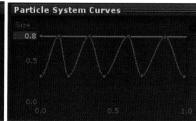

图 9-51　调整曲线

这时在 Game 视图中会发现所有星星忽大忽小的频率都是一样的。为了让每个星星闪动的频率更为随机，回到 Size over Lifetime 模块，单击曲线右侧的小点选择 Random Between Two Curves，则会出现如图 9-52 所示界面。

和第一条曲线一样，同样为第二条曲线添加几个坐标点，并将其调整为如图 9-53 所示。

(7) 修改粒子的生命周期。在 Inspector 视图中找到 Start Lifetime 属性，单击右侧的小白点并选择 Random Between Two Constants，将粒子的生命周期改为在 5 秒到 50 秒内的随机数，如图 9-54 所示。

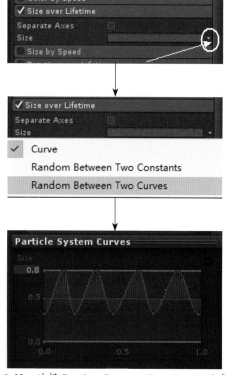

图 9-52　选择 Random Between Two Curves 示意图

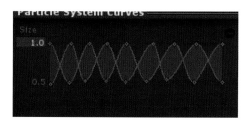

图 9-53　调整第二条曲线

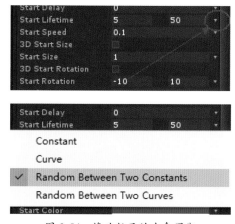

图 9-54　修改粒子的生命周期

9.4　礼花特效

本节涉及的知识点及操作主要有序列图在粒子系统中的处理方法、粒子的重力和控制对应时间点的发射量、粒子系统的材质处理、粒子发射轨迹。礼花效果如图 9-55 所示。

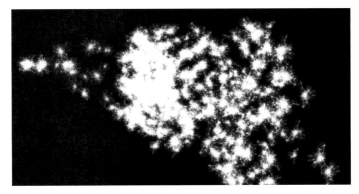

图 9-55　礼花最终效果

1. 创建新的粒子系统

(1) 在 Hierarchy 视图中单击 Star，并在 Inspector 视图中将 Star 前的"√"取消以隐藏 Star 粒子系统，如图 9-56 所示。

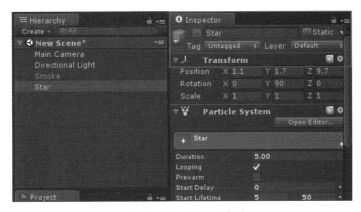

图 9-56　取消 Star 的勾选

(2) 在 Hierarchy 视图中选择 Create → Particle System 菜单项即可创建粒子系统。创建好粒子系统后，在 Inspector 视图中更改粒子系统名为 LiHua。粒子的坐标如图 9-57 所示。

图 9-57　粒子坐标

2. 更改粒子贴图

在 Project 视图中的搜索栏上输入 xulie 关键字，找一张你认为比较接近礼花喷射过程的贴图。这里选择的贴图是 xulie_baozha002_2x2，如图 9-58 所示。

同时，在 Inspector 视图中将滚动条拉到底部，将贴图的材质更换为 Particles/Additive，如图 9-59 所示。

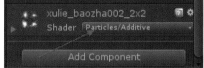

图 9-58　更改粒子贴图　　　　　　　　　　图 9-59　更换贴图材质

　　找到 Texture Sheet Animation 模块，将 Tiles 的 X 和 Y 数值各改为 2。因为本次选择的序列图的内容共有 4 个图，分布为横两个、竖两个，因此需要将 X 和 Y 改为 2，如图 9-60 所示。

3. 更改粒子属性

　　(1) 更改粒子发射轨迹。发射器的形状在礼花这个特效中最好选择 Cone 形状 (如图 9-61 所示)，具有一定的方向和范围，如图 9-62 所示。

图 9-60　Textures Sheet Animation 模块　　　　　图 9-61　更改发射形状

图 9-62　更改粒子发射轨迹

　　(2) 更改粒子运动速度。礼花粒子的速度是非常快的，瞬间就会喷射出去，所以此处运动速度设置为 15~20，如图 9-63 所示。虽然粒子运动速度很快，但是礼花筒里面的东西一般是很轻飘飘的，所以会受到很大的阻力，因此速度也不宜过快。

(3) 更改粒子发射数量。更改粒子发射数量如图 9-64 所示。

(4) 更改粒子生命周期和初始方向。首先是粒子发射时间为 2s，如果是循环播放，一般设置为 1~5s。

其次是粒子的生命周期，生命周期一般要设置成两个随机值，这样会有更多的偶然性，不会显得太死板，礼花生命周期较短，所以设置成 0~1 即可。

粒子的旋转方向可以不定，范围可以很大，如 -360~360 或者 0~9999 都可以，如图 9-65 所示。

(5) 设置礼花爆发的一瞬间。下面的粒子发射数量分为四个阶段，因为总共播放两秒，所以在 0.00、0.30、0.20、0.10s 处分别播放不一样的粒子数，这样播放出来的效果具有层次感。

在 Inspector 视图中找到 Emission 模块，单击图中的" + "号，设置时间和对应时间粒子数目，如图 9-66 所示。

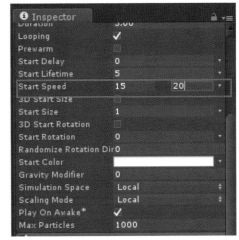

图 9-63　更改粒子运动速度

图 9-64　更改粒子发射数量

图 9-65　更改粒子生命周期和初始方向

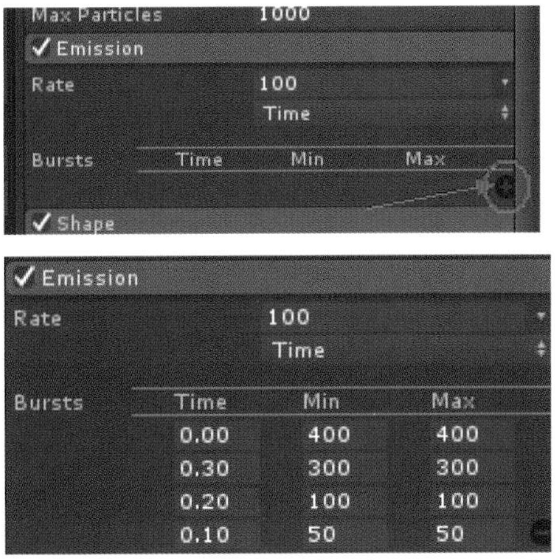

图 9-66　设置 Emission 模块的时间和粒子数

(6) 制作礼花闪烁的效果。在 Inspector 视图中找到 Size over Lifetime 模块，单击展开，并单击图 9-67 中箭头所指的地方编辑 Size 的曲线。

单击 Size 的编辑曲线后，在 Inspector 视图的最下方出现 Particle System Curves 栏，如图 9-68 所示。将鼠标悬浮在文字上，当鼠标图标变为箭头后，按住鼠标左键不放，往上拉出现完整的 Particle System Curves 栏。

在线上通过鼠标双击创建几个坐标点，并将其调整成图 9-69 所示的模样。

(7) 更换发射方向。将发射方向改为水平发射，设置 Rotation(0,90,0) 即可。Transform 栏设置如图 9-70 所示，更改发射方向后如图 9-71 所示。

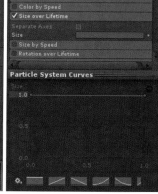

图 9-68　Particle System Curves 栏

图 9-67　Size over Lifetime 模块

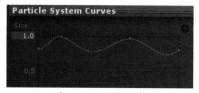

图 9-69　调整曲线

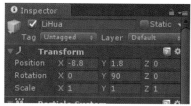

图 9-70　设置 Transform 栏

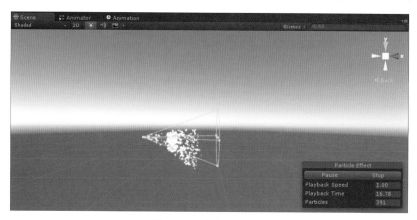

图 9-71　更改 Rotation

(8) 添加重力。将 Gravity Modifier 参数设置为 1，即可添加重力，如图 9-72 所示。

图 9-72　添加重力

9.5　思考练习

结合本章所学知识，为第 4 章地形环境中的宝藏添加奇幻的粒子效果。玩家拾取宝藏时，显示相应的单击特效。

9.6　资源链接

Unity 粒子系统学习相关网址如下。

- Unity 官方手册——粒子系统介绍：
  https://docs.unity3d.com/2017.3/Documentation/Manual/class-ParticleSystem.html
- Unity 官方 API——粒子系统介绍：
  https://docs.unity3d.com/ScriptReference/ParticleSystem.html

·项目篇·

第 10 章

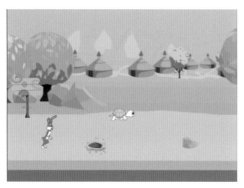 平台游戏——兔子快跑

平台游戏指的是像《超级马里奥》一样，在 2D 水平面上使用各种方式如跳跃、奔跑甚至滑翔穿过障碍物的游戏方式，类似的还有《冒险岛》等。

本项目是一个类平台游戏，一共有两个关卡。玩家代表的游戏角色是兔子，动作有奔跑和跳跃。在关卡一，玩家和乌龟赛跑，需要跳跃躲避能够让它减速的石头和碰到就死亡的坑；在关卡二，玩家和狼赛跑，在避免碰到石头和掉坑的同时还可以吃能够加速的胡萝卜，同时要注意不被对手赶超。

运行素材文件夹 Part2/Chapter 10 RabbitRun/OutPut 文件夹下的 RabbitRun.exe 文件，可以预览游戏。

(1) 进入游戏，显示信息提示界面。单击"开始"按钮，开始游戏，如图 10-1 所示。

(2) 通过按下键盘的左右方向键控制兔子前进或后退，按下空格键跳跃。碰到石头减速，碰到坑失败，如图 10-2 所示。

(3) 若乌龟先到达终点，或者兔子掉坑则游戏失败，显示失败界面，如图 10-3 所示。

(4) 若通过一关，则可进入第二关与狼赛跑。在本关兔子通过吃胡萝卜可以加速，如图 10-4 所示。

图 10-1　显示信息提示界面

图 10-2　控制兔子运动

图 10-3　游戏失败

(5) 兔子先到达终点则胜利，如图 10-5 所示，否则失败。

图 10-4 与狼赛跑

图 10-5 胜利提示

10.1 游戏构思与设计

10.1.1 游戏流程分析

(1) 游戏开始，乌龟以恒定的速度向终点跑。

(2) 玩家按下左右方向键控制兔子前后移动。

(3) 按下空格键使兔子跳跃躲避石头和坑，碰到石头减速 (3s 后恢复)，掉坑游戏失败。

(4) 若兔子先乌龟到达终点，则游戏胜利。

(5) 第二关中，狼快速向终点跑，兔子吃萝卜可以加速。

(6) 若兔子先狼到达终点，则游戏胜利，否则游戏失败。

10.1.2 游戏脚本

游戏功能所需要的脚本如表 10-1 所示。

表 10-1 游戏脚本

脚本名称	功能
PlayerController.cs	控制角色移动和跳跃
PlayerStateController.cs	角色状态控制
GameState.cs	枚举角色状态类型
GameController.cs	游戏流程控制
CamFollow.cs	控制摄像机跟随角色移动
CompetitorController.cs	控制对手移动

10.1.3 知识点分析

游戏涉及知识点的思维导图如图 10-6 所示。

图 10-6　知识点思维导图

10.1.4　游戏流程设计

游戏流程图如图 10-7 所示。

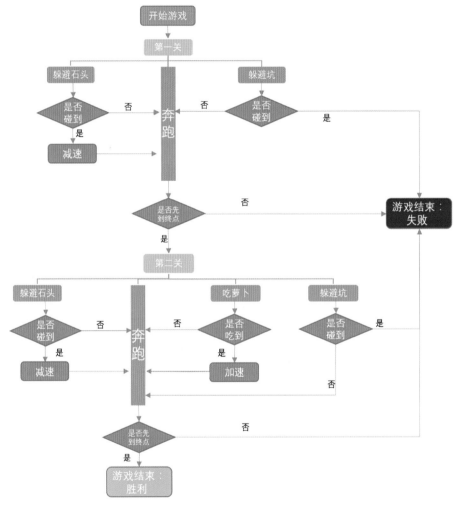

图 10-7　游戏流程图

10.1.5　游戏元素及场景设计

1. 角色

(1) 兔子。兔子的各种状态如图 10-8 所示。

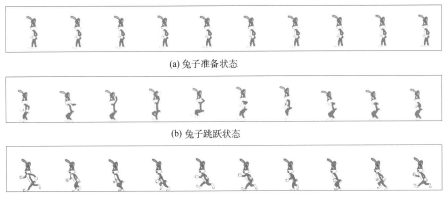

(a) 兔子准备状态

(b) 兔子跳跃状态

(c) 兔子奔跑状态

图 10-8　角色兔子

(2) 乌龟。乌龟的各种状态如图 10-9 所示。

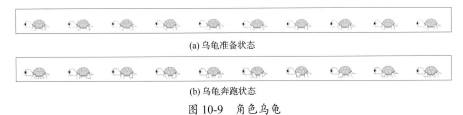

(a) 乌龟准备状态

(b) 乌龟奔跑状态

图 10-9　角色乌龟

(3) 狼。狼的各种状态如图 10-10 所示。

(a) 狼准备状态

(b) 狼奔跑状态

图 10-10　角色狼

2. 场景

(1) 与乌龟赛跑的村庄场景。与乌龟赛跑的村庄场景如图 10-11 所示。

图 10-11　与乌龟赛跑的村庄场景

(2) 与狼赛跑的森林场景。与狼赛跑的森林场景如图 10-12 所示。

图 10-12　与狼赛跑的森林场景

10.2　游戏开发过程

10.2.1　资源准备

(1) 新建 Unity 3D 工程 RabbitRun。

(2) 打开 Assets 文件夹，在 Project 面板的 Assets 目录下右击，选择 Show in Explorer。

(3) 导入项目资源。打开素材文件夹 Part2/Chapter 10 RabbitRun/Resource，将里面的两个文件夹 Sounds 和 Textures 复制到 Assets 文件夹里。

(4) 新建几个文件夹备用。在 Assets 文件夹里，新建 Scripts、Animation、Prefabs、Scenes 文件夹，最后如图 10-13 所示。

图 10-13　创建文件夹

10.2.2　搭建场景

1. 添加背景

(1) 新建空游戏物体。在 Hierarchy 面板空白处右击，选择 Create Empty，命名为 bg。

如果 Inspector 面板显示数值与图 10-14 不一致，则单击设置按钮，Reset 即可重置位置为图 10-14 所示初始值。

(2) 在场景中加入背景。在 Project 面板中，展开 Textures 文件夹，将所有图片都改为 Sprite 类型。将 bg_country 图片拖到 bg 下，成为 bg 的子物体，并命名为 bgCountry，如图 10-15 所示。

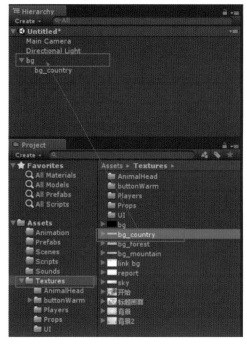

图 10-14　Reset 按钮重置位置　　　　图 10-15　添加游戏背景

(3) 切换到 2D 视图。此时在 Scene 面板看到的是 3D 视图，单击 2D，即可切换为 2D 视图，如图 10-16 所示。

图 10-16　切换 2D 视图

(4) 设置摄像机参数。在 Hierarchy 面板中，选择 MainCamera 查看参数。在 Camera 组件里，将 Projection 属性的值改为 Orthographic，并将 Size 改为 3.6，如图 10-17 所示。

提示：

Projection 属性可设置摄像机的投射方式。摄像机有以下两种投射方式。

• Perspective：透视，常在 3D 场景内使用。

• Orthographic：正交，常在 2D 场景内使用。

(5) 设置 Game 视图的屏幕显示尺寸。在 Game 面板中单击第二个下拉菜单，可见系统自带的尺寸。单击"+"号，添加新的屏幕尺寸为 1280×720，如图 10-18 所示。

图 10-17　设置 Camera 参数

图 10-18　设置 Game 视图的屏幕尺寸

(6) 设置背景图片的参数。在 Hierarchy 面板中选择 bg_country，调整 Scale 参数，使背景布满 Game 面板。这里供参考的值为 Scale(0.94,0.94,1)，Position(12.8,0,0)。(数值不一定要跟本书一致，只要达到效果即可。)

选中 bgCountry 并按住 Ctrl+D 键复制两个 bgCountry，移动 Position 的 X 轴，使三张背景无缝连接。这里供参考的第二和第三个 bgCountry 的 Position.x 值分别为 50.8、88.8。

(7) 保存场景，命名为 RabbitVSTortoise。

2. 添加其他场景元素——石头、坑、起点和终点

(1) 添加空物体。在 Hierarchy 面板中添加空物体，命名为 Env，并重置位置。在 Env 下添加两个空物体，命名为 stones 和 pits，分别用来存放石头和坑游戏物体。

(2) 制作预制体 Prefab。将 Project 面板里的 Assets/Textures/Props 下的 stone 图片拖到 Hierarchy 面板中的 stones 游戏物体里。将其 Sprite Renderer 组件的 Order in Layer 属性值改为 1，使其显示在背景之上。(bgCountry 的 Order in Layer=0)

提示：

Sorting Layer：图层排序。默认均为 Default。排在后面的图层将会显示在其他图层上方。

Order in Layer：在相同的图层下的排列顺序。默认值为 0。同在 Default 图层下，Order in Layer 的值越大，越显示在最上方 (即最后被渲染)。

然后将 stone 拖到 Prefabs 文件夹中，会生成一个蓝色图标的 stone 预制体，如图 10-19 所示。

坑同理。将 Assets/Textures/Props 下的 pit 图片拖到 Hierarchy 面板中的 pits 游戏物体里。将其 Sprite Renderer 组件的 Order in Layer 属性值改为 1，则坑和石头都将显示在背景上方。

将 pit 拖到 Prefabs 文件夹中，会生成一个蓝色图标的 pit 预制体。

(3) 添加多个石头和坑。接着可以在 Hierarchy 面板中多次按 Ctrl+D 键，复制 stone 游戏物体，并调整它们的位置 (只需要调整 Position 的 x 和 y 值)，如图 10-20 所示。

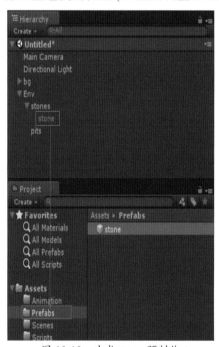

图 10-19　生成 stone 预制体

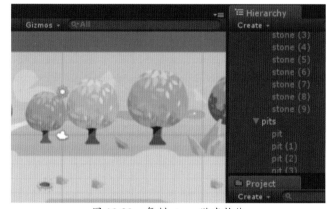

图 10-20　复制 stone 游戏物体

提示：

什么是 Prefab 预制体?

预制体是存在 Project 中的可重复利用的游戏物体。

将预制体从 Project 中拖到场景中，就是创建了该预制体的实例，预制体的所有实例都链接到原始预制体，也就是预制体的克隆。

预制体的作用：同步预制体和实例的设置。

（4）为石头添加碰撞体。选择 Project 面板中的 Assets/Prefabs 里的 stone 预制体，在 Inspector 面板单击 Add Component 按钮，在搜索框输入 col 即可看到很多种类碰撞体添加组件，选择 Box Collider。此时看场景中的 stone，都有了 Box Collider 组件。

更改预制体的设置，场景中的实例也会自动更改设置。

选择场景中的其中一个 stone，可以看到它周围有一个绿色边框，如图 10-21 所示，这就是它碰撞体的范围。范围太大会导致碰撞不精确，所以需要修改碰撞体的范围。

（5）设置碰撞体的范围和位置。单击 Box Collider 组件的 Edit Collider，将碰撞体切换到可编辑状态。拖动五个点，或者设置组件里的 Center 和 Size 的值即可改变碰撞体的范围和位置，如图 10-22 所示。

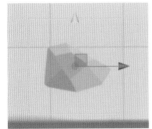
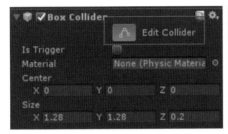
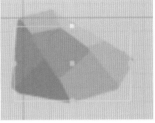

图 10-21　stone 的碰撞体　　　　　图 10-22　设置碰撞体的范围和位置

也可以根据需要添加多个碰撞体，如图 10-23 所示。

因为改变的是某一个实例的设置，所以查看其他实例以及预制体本身，都没有相应的改变。要想将该实例的设置应用到所有预制体和实例，需单击 Apply 按钮，如图 10-24 所示。

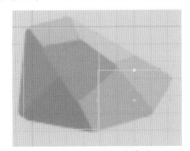
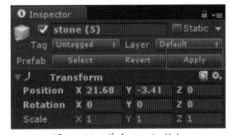

图 10-23　添加碰撞体　　　　　　　图 10-24　单击 Apply 按钮

更改实例的设置，并且单击 Apply 按钮，预制体和其他实例的设置也会自动更改。

（6）设置标签 Tag。角色需要识别石头，所以要标识一下石头，即为它添加一个名为 stone 的 Tag。展开 Tag 下拉菜单，没有 stone，需要自己添加。选择 Add Tag，进入 Tags & Layers 面板。单击"+"，出现 Tag0，在输入框中输入 stone，回车即可，如图 10-25 所示。

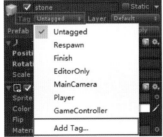

图 10-25　添加设置 Tag 标签

再次展开 Tag 下拉菜单，可以看到有了 stone 标签，选择 stone，单击 Apply 按钮。

可以通过检测 Tag 的值是否为 stone 来判断角色是否碰到石头。

（7）为坑添加碰撞体。坑的形状是椭圆形，所以要添加一个主视图是椭圆形的碰撞体。选择一个 pit 实例，添加一个 Capsule Collider，会看到此时是圆形。将 Direction 参数改为 X-Axis，再移动上方的调节点，即可将它改为椭圆形。调整数值参考如图 10-26 所示。

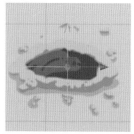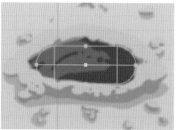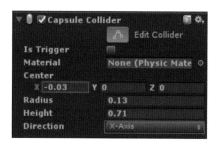

图 10-26　坑的碰撞体参数

接着设置它的 Tag 为 pit。然后单击该实例的 Apply 按钮，将新的设置应用到所有 pit 实例。

（8）添加起点和终点。添加起点，可选择 Project 面板中的 Assets/Textures/Props 里的 startPoint 图片，将其拖到 Hierarchy 面板中的 Evn 里，即可生成一个带有 Sprite Renderer 组件的游戏物体。修改其大小和位置，使它位于背景的左侧。参考参数如图 10-27 所示。

添加终点，可选择 Project 面板中的 Assets/Textures/Props 里的 endPoint 图片，将其拖到 Hierarchy 面板中的 Evn 里，修改其大小和位置，使它位于背景的右侧。参考参数如图 10-28 所示。

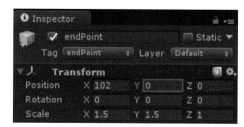

图 10-27　起点的大小和位置参数　　　　图 10-28　终点的大小和位置参数

将它们的 Sprite Renderer 组件的 Order in Layer 属性值改为 1。

由于角色需要检测终点的位置，所以要为它添加碰撞体，添加一个 Box Collider 即可。然后设置终点的 Tag 为 endPoint。

10.2.3　制作兔子的动画

1. 切割 Sprite

选择 rabbitJump 图片，可见其 Texture Type 为 Default 模式。将 Texture Default 改为 Sprite (2D and UI)，将 Sprite Mode 改为 Multiple，单击 Sprite Editor 按钮，在弹出的 Unapplied Import Settings 窗口中，单击 Apply，便打开 Sprite Editor 窗口，如图 10-29 所示。

(a) 操作步骤

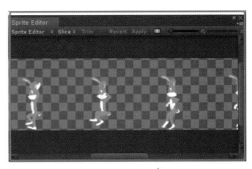
(b) Sprite Editor 窗口

图 10-29　打开 Sprite Editor 窗口

在 Sprite Editor 窗口中，单击右上方的 Slice 按钮，弹出 Slice 设置，如图 10-30 所示。

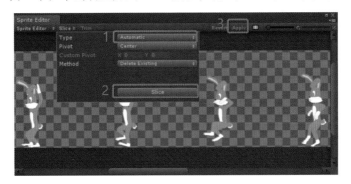

图 10-30　设置 Slice

将其中的 Type 属性保持 Automatic 不变，单击 Slice 按钮。Sprite Editor 窗口中的兔子周围出现白色的矩形，这就是兔子切割后每张图的大小。最后单击 Apply 按钮完成切割，如图 10-31 所示。

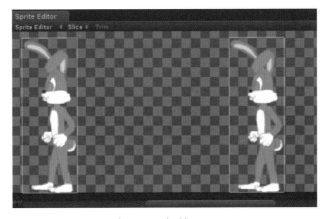

图 10-31　切割 Sprite

切割后的 rabbitJump，会出现 10 个命名以 rabbitJump 为首的 Sprite，如图 10-32 所示。使用同样的方法切割好其他两张图片。

2. 制作兔子的 Animation

(1) 添加兔子游戏物体。新建名为 Characters 的空物体并重置位置。选择 Project 面板中的 Assets/Textures/Characters 里的 rabbitReady，拖入 Hierarchy 面板的 Characters 下，出现一

个带有 SpriteRenderer 组件的 rabbitReady_0 游戏物体。将 rabbitReady_0 改名为 Rabbit，修改 Position 的 x 和 y 轴，将它移动到起点附近。此时兔子朝向左，将其 Rotation 的 y 值改为 180，使其朝向右。将 SpriteRenderer 组件里的 Order in Layer 的值改为 3，如图 10-33 所示。

图 10-32　rabbitJump 切割后产生 Sprite

图 10-33　修改 Order in Layer 的值

（2）生成兔子 Animation。在菜单栏中选择 Window → Animation，调出 Animation 窗口，如图 10-34 所示。选择 Rabbit 游戏物体，单击 Animation 的 Create 按钮。

图 10-34　Animation 窗口

在弹出的 Create New Animation 窗口里，选择 Assets/Animation 目录，填写文件名为 rabbitReady，即可为 Rabbit 创建名为 rabbitReady 的动画，如图 10-35 所示。

图 10-35　创建动画

展开 Textures/Characters 里的 rabbitReady，选择所有 Sprite 并拖到 Animation 窗口的时间轴的起点，即可看到以下帧，如图 10-36 所示。

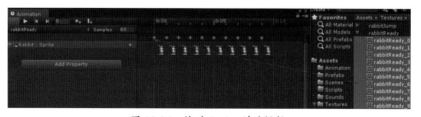

图 10-36　拖动 Sprite 到时间轴

单击 Animation 窗口的预览动画按钮，可见兔子的动画播放太快。通过调节 Samples(取样)可以设置其速度。设置 Samples 的值为 10，如图 10-37 所示。再次预览动画，即可看到 Game 窗口里的兔子的准备动画。

图 10-37　调整动画播放速度

提示：

Samples 表示 1s 内的采样个数。如本案例 Samples 设置为 10，表示在 1s 内设置 10 个采样个数，即有 10 帧。

(3) 添加兔子的跳跃和奔跑的动画剪辑片段。如图 10-38 所示，单击 Animation 窗口左上角的当前动画片段的名称 rabbitReady，可以查看该游戏物体现有的动画，也可以选择 Create New Clip 为该游戏物体添加新的动画剪辑片段。

在弹出的 Create New Clip 窗口里选择动画存放的位置 Assets/Animation 目录，并输入新动画的名称 rabbitRun，和上个步骤一样，将 Assets/Textures/Characters 下的 rabbitRun 的精灵图片全选拖进去，设置好 Samples 的值为 10 即可。

用同样的方法，制作兔子跳跃动画 rabbitJump。

要注意的是，奔跑动画和准备动画在符合条件的情况下需要循环播放，但跳跃动画符合条件时只需要播放一次，因此需要取消勾选 rabbitJump 的 Loop Time 属性，如图 10-39 所示。

图 10-38　查看游戏物体的动画

图 10-39　取消勾选 Loop Time 属性

3. 设置兔子的动画状态机 Animator

此时预览游戏，可以看到兔子正在循环播放 rabbitReady 的动画，而且 Rabbit 游戏物体上有一个 Animator 组件。这是在给它添加 Animation 时自动生成的，同时还有名为 Rabbit 的 Animator Controller 文件，如图 10-40 所示。

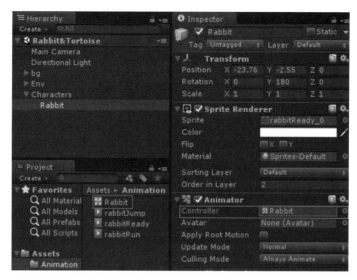

图 10-40　Animator Controller 文件

　　双击 Project 面板里的 Rabbit 动画状态机，就可以打开 Animator 窗口，如图 10-41 所示。由于 Entry 连接的是 rabbitReady 状态，所以预览游戏时，首先播放 rabbitReady 动画，而且该动画循环播放，无法过渡到下一个动画。

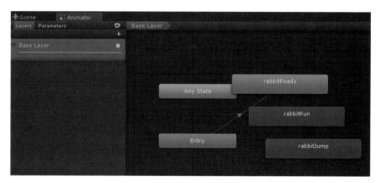

图 10-41　Animator 窗口

　　(1) 设置状态过渡。我们希望兔子的准备、跳跃、奔跑三个状态能互相切换，所以要将这三个动画建立联系。在 rabbitReady 状态右击，会显示如图 10-42 所示选择，单击 Make Transition。然后单击 rabbitRun 状态，就会在两者之间产生一条带箭头的线，表示可以从 rabbitReady 状态过渡到 rabbitRun 状态了。继续在状态间创建过渡，最后效果如图 10-43 所示。

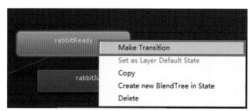

图 10-42　单击 Make Transition 设置过渡

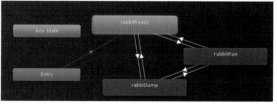

图 10-43　最终过渡状态

　　预览游戏，兔子一直在准备和奔跑两个状态间切换。选择 Rabbit 游戏物体，可以看到动画状态机的运行情况，如图 10-44 所示。

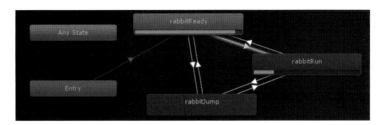

图 10-44 动画机运行状况

(2) 为兔子动画状态设置过渡条件。为了让动画不自动切换，而是让代码来控制，需要给状态之间设置过渡的条件。当满足这个条件时，才会过渡到下一特定的动画。

单击 Animator 窗口左上角的 Parameters，可以看到现在 Rabbit 动画控制器还没有设定过渡条件的参数。参数列表显示 List is Empty。

① 设置参数。单击 Parameters 下方的 "+"，可选四种参数类型，如图 10-45 所示。选择 Bool，在弹出的新参数里，修改名称为 ReadyToRun。再次单击 "+" 添加 Bool 类型的参数 ReadyToJump 和 RunToJump，如图 10-46 所示。

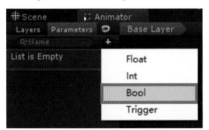

图 10-45 四种参数类型

图 10-46 添加 Bool 类型的参数

接下来用这些参数作为状态过渡的条件。

② 设置状态过渡条件。单击 rabbitReady 指向 rabbitRun 的箭头，Inspector 面板里显示两者过渡的信息。左下角 Conditions 可以设置两者过渡的条件。单击里面的 "+" 按钮，如图 10-47 所示。

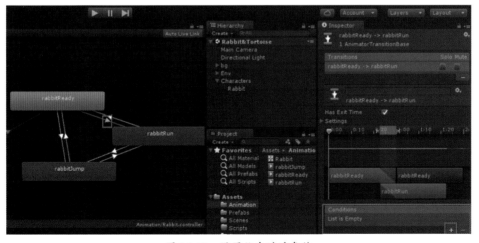

图 10-47 设置状态过渡条件

自动选择第一个参数，值为 true。即当 ReadyToRun 的值为 true 时，可以从 rabbitReady 状态跳转到 rabbitRun 状态，如图 10-48 所示。

选择 rabbitRun 指向 rabbitReady 的箭头，同在 Conditions 里添加一个条件，选择 ReadyToRun 参数，将值改为 false。即当 ReadyToRun 的值为 false 时，可以从 rabbitRun 状态跳转到 rabbitReady 状态，如图 10-49 所示。

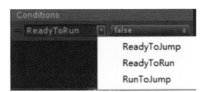

图 10-48　设置 rabbitReady 跳转到 rabbitRun 的条件　　图 10-49　设置 rabbitRun 跳转到 rabbitReady 的条件

根据表 10-2 来设置其他过渡条件。

表 10-2　状态之间的过渡条件

序号	状态	ReadyToRun	ReadyToJump	RunToJump
1	rabbitReady → rabbitRun	true	无	无
2	rabbitRun → rabbitReady	false	无	无
3	rabbitRun → rabbitJump	无	无	true
4	rabbitJump → rabbitRun	无	无	false
5	rabbitJump → rabbitReady	无	false	无
6	rabbitReady → rabbitJump	无	true	无

③ 设置状态之间的过渡效果。状态之间默认会有"上一个状态淡出，下一个状态渐入"的过渡效果，如图 10-50(a) 所示。这样会导致必须播放完一个状态的动画之后才能进入另一动画。例如，当玩家在奔跑状态下按下跳跃键 (本例中是空格键)，兔子依然显示奔跑动画，过了一段时间奔跑动画播放完了才播放跳跃动画，体验很不好。

因此有时候需要将默认的过渡效果去掉：取消勾选 Has Exit Time 和 Fixed Duration，将 Transition Duration 的值设为 0，如图 10-51 所示。

(a) 默认过渡效果

(b) 修改后的过渡效果

图 10-50　状态之间的过渡效果

图 10-51　设置过渡效果

　　除了从跳跃状态过渡到准备或奔跑这两个状态的过渡效果保持默认，其他过渡效果根据该方法设置。

10.2.4　兔子的状态程序设计

(1) 在 Project/Script 下新建名为 GameState 的 C# 脚本。

```csharp
using UnityEngine;
using System.Collections;

// 使用枚举类型，列出兔子的所有状态
public enum GameState
{
    ready,          // 准备状态
    readyJump,      // 准备状态时跳跃
    jumpLeft,       // 向左跳
    jumpRight,      // 向右跳
    runLeft,        // 向左跑
    runRight        // 向右跑
}
```

(2) 在 Project/Script 下新建名为 PlayerStateController 的 C# 脚本。

```csharp
using UnityEngine;
using System.Collections;

// 监听输入，控制动画状态的切换
public class PlayerStateController : MonoBehaviour {

public GameState gameState;
    private Animator animator;

    // Use this for initialization
    void Start ()
    {
        animator = GetComponent<Animator>();
    }

    // 每帧调用一次更新
    void Update () {

        // 当按下键盘右方向键
        if (Input.GetAxis("Horizontal") > 0)
        {
            // 使兔子朝向右
            GetComponent<Transform>().eulerAngles = new Vector3(0, 180, 0);
            // 当按下键盘空格键，切换状态为向右跳；否则状态为向右跑
            if (Input.GetButtonDown("Jump"))
            {
                gameState = GameState.jumpRight;
            }
            else
            {
                gameState = GameState.runRight;
            }
        }
        // 当按下键盘左方向键
        else if (Input.GetAxis("Horizontal") < 0)
        {
            // 使兔子朝向左
            GetComponent<Transform>().eulerAngles = new Vector3(0, 0, 0);
            // 当按下键盘空格键，切换状态为向左跳；否则状态为向左跑
```

```
            if (Input.GetButtonDown("Jump"))
            {
                gameState = GameState.jumpLeft;
            }
            else
    {
                gameState = GameState.runLeft;
            }
        }
        // 左右方向键都不按时
        else
        {
            // 如果按下空格键，切换状态为跳跃；否则是准备状态
            if (Input.GetButtonDown("Jump"))
            {
                gameState = GameState.readyJump;
            }
            else
            {
                gameState = GameState.ready;
            }
        }

        // 根据不同的状态，设置 Animator 的参数来使动画切换状态
        switch (gameState)
        {
            // 无论向左跑还是向右跑，都只有一个跑的动作，方向已设定
            case GameState.runRight:
            case GameState.runLeft:
                animator.SetBool("ReadyToRun", true);
                animator.SetBool("runToJump", false);
                break;
            // 同理
            case GameState.jumpLeft:
            case GameState.readyJump:
            case GameState.jumpRight:
                animator.SetBool("ReadyToJump", true);
                animator.SetBool("runToJump", true);
                break;

            default:
                animator.SetBool("ReadyToRun", false);
                animator.SetBool("ReadyToJump", false);
                break;
        }
    }
}
```

1. Input.GetAxis(string axisName)

得到的是 0~1 的数值，按下方向键越久，数值越大，最大值为 1。

Horizontal 和 Vertical 分别代表左右上下方向键。

Input.GetAxis("Horizontal") > 0 表示按下右方向键。

Input.GetAxis("Horizontal") < 0 表示按下左方向键。

Unity 可以设置键盘上的按键用什么字符串代替。

设置面板打开方式：EditProject → SettingsInput。例如，按下空格键，也就是执行了 Input.GetButtonDown ("Jump")，如图 10-52 所示。

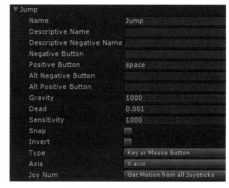

图 10-52　设置面板

2. SetBool(string name, bool value)

将名为 name 的参数的值设置为 value。

3. transform.eulerAngles = new Vector3(x, y , z)

x、y、z 角代表绕 Z 轴旋转 Z 度，绕 X 轴旋转 X 度，绕 Y 轴旋转 Y 度。只能用来读取和设置角度的绝对值，当超过 360° 就要用 Transform.Rotate 代替，否则将出错。

不要单独设置欧拉角其中一个轴（如 eulerAngles.x = 50;），因为这将导致偏移和不希望的旋转。当设置它们一个新的值时，要同时设置全部，如图 10-52 所示。

提示：

代码结构解释如下。

如获取键盘输入的方向键的函数：

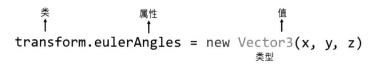

使用方法是写入一个方向名称，它是 string 类型的参数。

如：Input.GetAxis（"Horizontal"）

该属性需要赋一个 Vector3 类型的值。用法可以是：

```
transform.eulerAngles = new Vector3(30, 30 , 30)
```

10.2.5　兔子的总体控制程序设计

1. 使用 Character Controller 组件控制兔子移动

(1) 给兔子添加 Character Controller 组件。添加该组件后，修改 Character Controller 的位置和大小，使这个碰撞体刚好能包围兔子，如图 10-53 所示。

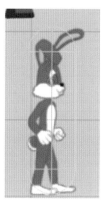

图 10-53　修改 Character Controller 的位置和大小

(2) 添加地面。兔子具有跳跃功能。只有当它在地上时，才能起跳、能跑动，不在地上时，不能起跳，不能跑动。所以需要添加地面，将"检测到兔子在地面上"作为它能跑能跳的前提。

在 Env 游戏物体下，添加空物体，重置位置，命名为 ground。在 ground 里添加 Box Collider 组件。单击 Edit Collider 并调整 Collider 的位置和大小，使其上面的边的位置就是兔子站立的平面，如图 10-54 所示。

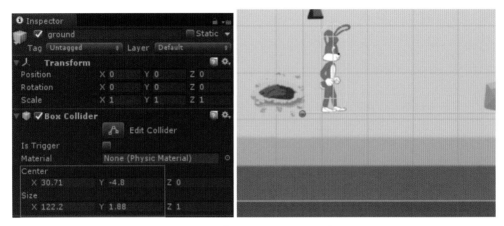

图 10-54　调整 Collider 的位置和大小

2. 编写控制兔子的程序

在 Project/Script 下新建名为 PlayerController 的 C# 脚本。

```
using UnityEngine;
using System.Collections;
/*
① 通过获取 PlayerStateController 脚本，获取动画状态
    针对不同的动画状态，设置兔子的速度 velocity( 包括大小和方向 )
② 检测碰到坑还是石头
    碰到石头，减速，3s 后逐渐恢复
    碰到坑，失败
*/
public class PlayerController: MonoBehaviour {
public float startRunSpeed = 2.0f; //初始奔跑速度，使用 public 方便调整
[SerializeField]
private float runSpeed;// 实际奔跑速度
private float jumpSpeed = 10.0f;// 跳跃速度
private float gravity = 20.0f;// 重力
private Vector3 velocity = Vector3.zero;// 存储兔子的速度

private GameState gameState;// 兔子动作状态
private PlayerStateController playerStateController;// 兔子动作状态控制器
private CharacterController rabbitCharController;// 兔子的 Character Controller 组件
private float minusTimer = 3.0f;// 计时器

    // 初始化
    void Start () {
        // 通过组件方式获取 CharacterController 和 PlayerController 这个类
        rabbitCharController = GetComponent<CharacterController>();
        playerStateController = GetComponent<PlayerStateController>();
        // 以初始速度作为实际奔跑速度
        runSpeed = startRunSpeed;
    }
```

```
// 每帧调用一次更新
void Update () {
    // 获取当前的状态
    gameState = playerStateController.gameState;
    // 当兔子在地上
    if (rabbitCharController.isGrounded)
    {
        switch (gameState)
        {
        // 当准备状态时，速度为 0
            case GameState.ready:
                velocity = Vector3.zero;
                break;
            // 当原地跳跃，速度以 jumpSpeed 的大小向上
            case GameState.readyJump:
                velocity = new Vector3(0, jumpSpeed, 0);
                break;
            // 当向左跑，速度以 runSpeed 的大小向左
            case GameState.runLeft:
                velocity = runSpeed * Vector3.left;
                break;
            // 当向右跑，速度以 runSpeed 的大小向右
            case GameState.runRight:
                velocity = runSpeed * Vector3.right;
                break;
            // 当向右跳跃，速度以 runSpeed 的大小向右，以 jumpSpeed 的大小向上
            case GameState.jumpRight:
                velocity = new Vector3(runSpeed, jumpSpeed,0);
                break;
            // 当向左跳跃，速度以 runSpeed 的大小向左，以 jumpSpeed 的大小向上
            case GameState.jumpLeft:
                velocity = new Vector3(-runSpeed, jumpSpeed, 0);
                break;
            default:velocity = Vector3.zero;
                break;
        }
    }
    // 当兔子不在地上，也就是跳起来了，就给它一个模拟重力
    else
    {
        velocity.y -= gravity * Time.deltaTime;
    }
    // 兔子以 velocity 的速度移动
    rabbitCharController.Move(velocity * Time.deltaTime);

    // 控制速度大小：如果超过初始速度就逐渐减小
    if (runSpeed > startRunSpeed)
    {
        runSpeed -= 0.1f;
    }
    // 如果小于初始速度
    if (runSpeed < startRunSpeed)
    {
        if (runSpeed < 0)// 限制 runSpeed>=0
        {
            runSpeed = 0;
        }
        //minusTimer 秒之后，速度大小回升
        minusTimer -= Time.deltaTime;
        if (minusTimer < 0)
        {
```

```
                    runSpeed += 0.5f;
                    minusTimer = 3.0f;
                }
            }
        }
    }
// 碰到别的碰撞体，根据对方的 tag 来判断身份
    void OnTriggerEnter(Collider other)
    {
        switch (other.tag)
        {
            case "endPoint" :
                Debug.Log( "youWin!!!!!!" );
                Break;
            case "pit" :
                Debug.Log( "lose!!!!!!" );
                break;
            case "stone" :
                Debug.Log( "lose!!!!!!" );
                break;
        }
    }
}
```

将该脚本拖到 Rabbit 游戏物体里，运行游戏，兔子可以奔跑跳跃，但是碰到坑和石头，控制台不会打印信息。

3. 碰撞检测

(1) 添加检测碰撞的前提。勾选 pit 和 stone 的 Box Collider 的 isTrigger 属性，并单击 Apply 按钮。再次运行游戏，就能检测到坑和石头了。

(2) 不穿过碰撞体并能检测碰撞体。此时的兔子能穿过石头，这样不合理。石头应该能阻挡兔子前进。因此石头不能勾选 isTrigger 属性。但不勾选 isTrigger，就无法使用 OnTriggerEnter 方法来判断，这时需要用 OnControllerColliderHit 方法。

在 PlayerController 脚本后添加 OnControllerColliderHit 方法。

```
void OnTriggerEnter(Collider other)
    {
        //……
    }

 private void OnControllerColliderHit(ControllerColliderHit hit)
    {
        if (hit.collider.tag == "stone" )
        {
            runSpeed -= 0.1f;
            Debug.Log( "stone!!!!!!" + runSpeed);
        }
}
//……
```

① [SerializeField]：强制 Unity 序列化私有域，可以将私有变量显示在 Inspector 面板上。类似的还有 [HideInInspector]，隐藏公有变量，使其不显示在 Inspector 面板上。

② Vector3.zero 是 Vector3(0, 0, 0) 的简写。还有 Vector3.one 是 Vector3(1, 1, 1)，Vector3.forward 是 Vector3(0, 0, 1) 的简写。

③ CharacterController. isGrounded: 判断角色是否在地面上。

④ CharacterController.Move(Vector3 motion)：朝着 motion 移动。

⑤ OnTriggerEnter 和 OnCollisionEnter 的区别：

OnCollisionEnter(Collision collision)：碰撞器，可以实现两个物体的刚体物理的实际碰撞效果，Unity 引擎会自动处理刚体碰撞的效果。只有在两个物体都不勾选 isTrigger 才能使用。

OnTriggerEnter(Collider collider)：触发器，不会产生物理碰撞效果，碰撞后自己处理碰撞事件。一个物体勾选 isTrigger 就可以使用该方法。

两者冲突，不能同时存在。

⑥ OnControllerColliderHit(ControllerColliderHit hit)：CharacterController 移动时碰到别的碰撞器时执行该函数

Stone 都不勾选 isTrigger 属性，pit 都勾选 isTrigger 属性，运行游戏，两种都可以检测到了，而且 stone 不会被穿过。

10.2.6 摄像机跟随

1. 常见方法
将摄像机作为移动物体的子物体，摄像机就可以跟着移动的物体同步移动。但在这个案例里，兔子会跳跃，这种方法会使摄像机跟着跳跃，会显示背景之外的 Unity 世界，影响体验。因此，需写个简单的摄像机跟随 (CamFollow) 脚本，使摄像机跟着兔子水平移动，但不会在垂直方向上移动。

2. 摄像机跟随脚本
新建名为 CamFollow 的 C# 脚本：

```
using UnityEngine;
using System.Collections;

public class CamFollow : MonoBehaviour
{
    public Transform target;      //目标位置
    private Vector3 CamStartPos;  //初始位置
    // Use this for initialization
    void Start()
    {
        CamStartPos = transform.position;
    }

    // Update is called once per frame
    void Update()
    {
        // 更新位置
        transform.position = new Vector3(target.position.x, CamStartPos.y, CamStartPos.z);
    }
}
```

在 Rabbit 游戏物体下新建空物体，命名为 Camera，并重置位置。然后将 Camera 拖出来，使 Camera 与 Characters 同级，再将 MainCamera 拖入 Camera 下。这样 Camera 的世界坐标就和 Rabbit 的一样。

将 CamFollow 脚本赋给 Camera，将 Rabbit 游戏物体拖入 Target 里，如图 10-55 所示。

图 10-55　将 CamFollow 脚本赋给 Camera

运行游戏，按左右方向键，可以看到摄像机跟着兔子移动，但兔子跳跃时摄像机保持水平位置。

10.2.7　制作乌龟动画

乌龟只有两个状态：游戏开始前的准备状态和游戏中的奔跑状态。

1. 生成乌龟 Animation

(1) 选择 Project 面板中的 Assets/Textures/Characters 里的 tortoiseReady，拖入 Hierarchy 面板的 Characters 下，将 tortoiseReady_0 改名为 Tortoise，修改 Position 的 X 和 Y 轴，将它移动到起点附近。此时乌龟朝向左，将其 Rotation 的 y 值改为 180，使其朝向右。

(2) 选择 Tortoise 游戏物体，在 Animation 窗口单击 Create 按钮创建名为 tortoiseReady 的动画。展开 Textures/Characters 里的 tortoiseReady，选择所有并拖到 Animation 窗口的时间轴的起点。调节帧速度，设置 Samples 的值为 10。

(3) 添加乌龟的奔跑动画剪辑片段。单击 Animation 窗口左上角的当前动画片段的名称 tortoiseReady，选择 Create New Clip 为乌龟添加新的动画剪辑片段 tortoiseRun，和上个步骤一样，将 Assets/Textures/Characters 下的 tortoiseRun 的精灵图片全选并拖进去，设置好 Samples 的值为 10 即可。

2. 设置乌龟的动画状态机

(1) 双击 Project 面板里的 Tortoise 动画状态机，打开 Animator 窗口。在 tortoiseReady 状态和 tortoiseRun 状态相互建立过渡。

(2) 为动画状态设置过渡条件。单击 Animator 窗口左上角的 Parameters，单击 Parameters 下方的"+"，选择 Bool。在弹出的新参数里，修改名称为 ReadyToRun。接下来用这些参数作为状态过渡的条件。

单击 tortoiseReady 指向 tortoiseRun 的箭头，在 Inspector 面板单击 Conditions 里面的"+"。自动选择第一个参数，值为 true。即当 ReadyToRun 的值为 true 时，可以从 tortoiseReady 状态跳转到 tortoiseRun 状态。

选择 tortoiseRun 指向 tortoiseReady 的箭头，同在 Conditions 里添加一个条件，选择 ReadyToRun 参数，将值改为 false。即当 ReadyToRun 的值为 false 时，可以从 tortoiseRun 状态跳转到 tortoiseReady 状态。

10.2.8　乌龟的状态程序设计

新建名为 CompetitorController 的 C# 脚本：

```
using UnityEngine;
using System.Collections;

public class CompetitorController : MonoBehaviour {
    public float speed=0.5f;
    private CharacterController characterController;
    private Animator anim;

    // 初始化
    void Start () {
        characterController = GetComponent<CharacterController>();
        anim = GetComponent<Animator>();
    }

    // 每帧调用一次更新
    void Update () {
        anim.SetBool("ReadyToRun", true);
        float v = speed * Time.deltaTime;
        characterController.Move(v * Vector3.right);
    }
}
    // 当对手先到达终点, 则显示失败
    void OnTriggerEnter(Collider other)
    {
        switch (other.tag)
        {
            case "endPoint":
                Debug.Log("youLose!!!!!!");
                break;
        }
    }
}
```

为 Tortoise 游戏物体添加 Character Controller 组件，然后将该脚本赋给 Tortoise，运行游戏，即可看到乌龟奔跑。

10.2.9　UI 制作：开始，胜利，失败

每一关卡开始时显示开始界面，兔子胜利和失败时分别显示胜利和失败界面。

1. 开始消息框的制作
开始消息框如图 10-56 所示。

(1) 新建画布。在 Hierarchy 面板中右键选择 UI → Canvas，即可新建画布存放 UI，同时会生成一个 EventSystem。调整 Canvas 的组件参数如图 10-57 所示。

图 10-56　开始消息框

图 10-57　Canvas 组件的参数

(2) 在 Canvas 里新建空物体，命名为 messageBox。设置 Anchor Presets 为 stretch-stretch，并将上下左右的值都设为 0，如图 10-58 所示。

(3) 在 messageBox 里右键选择 UI → Image，命名为 bgBlack 并作为黑色背景。设置 Anchor Presets 为 stretch-stretch，也设置其上下左右为 0。

单击 Image 组件的 Color 属性，弹出 Color 窗口，选择黑色并设置 Alpha 值为 190，如图 10-59 所示。可以看到半透明的黑色背景布满整个界面。

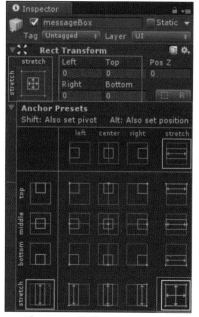
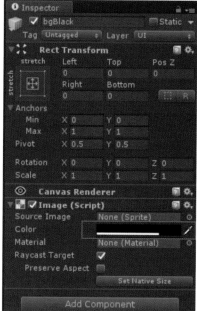

图 10-58　设置 Anchor Presets　　　　　图 10-59　Color 窗口

(4) 在 messageBox 里右键选择 UI → Image，命名为 bgMessage 并作为消息窗口的背景。

将 Assets/Textures/UI 下的 massagebox 精灵拖到 SourceImage 属性里，然后单击 Set Native Size 按钮，可以将图片还原成原本的大小。图片有点变形，可以修改它的 Width 和 Height，如图 10-60 所示。

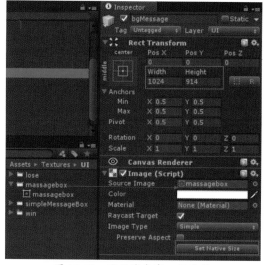

图 10-60　设置消息窗口的背景

(5) 在 bgMessage 里右键选择 UI → Text，命名为 title。修改其位置，在 Text 组件的 Text 属性里输入"初赛"。设置字体大小为 38，对齐方式为上下左右居中，选择喜欢的颜色。设置如图 10-61(a) 所示。

(6) 在 bgMessage 里右键选择 UI → Text，命名为 content。修改其位置，在 Text 组件的 Text 属性里输入提示消息。如"你的对手是乌龟哦，跑得赢它吗？看好你！加油！"。设置字体大小为 28，对齐方式为上下左右居中，选择喜欢的颜色。设置如图 10-61(b) 所示。

(a) title 设置　　　　　　　　　　(b) Eontent 设置

图 10-61　Text 组件设置

(7) 在 bgMessage 里右键选择 UI → Button，命名为 startBtn，修改其位置和大小。

将 Assets/Textures/button 下的"按钮"精灵拖到 SourceImage 属性里，然后单击 Set Native Size 按钮，可以将图片还原成原本的大小。

在 Button 组件里，单击 Transition 属性，选择 Sprite Swap，设置按钮在不同状态下切换不同的按钮图片。如在 HightLighted Sprite 属性里拖入"按钮接触"图片，在 Pressed Sprite 属性里拖入"按钮点击"图片，如图 10-62 所示。

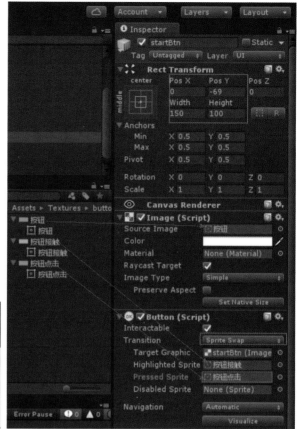

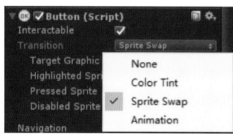

图 10-62　开始按钮的设置

（8）当创建按钮时，按钮有子物体 Text。设置 Text 的文字为"开始"，文字大小为 28。messageBox 的层级关系如图 10-63 所示。

2. 胜利界面的制作

单击 messageBox 游戏物体前的选框，取消勾选，隐藏 messageBox，如图 10-64 所示。胜利界面如图 10-65 所示。

图 10-63　messageBox 的层级关系

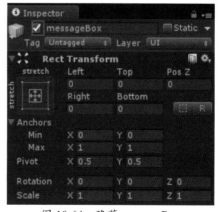

图 10-64　隐藏 messageBox

(1) 在 Canvas 里新建空物体，命名为 winBox。和 messageBox 一样，设置 Anchor Presets 为 stretch-stretch，并将上下左右的值都设为 0。

(2) 在 winBox 里右键选择 UI → Image，命名为 bgBlack，并作为黑色背景。设置 Anchor Presets 为 stretch-stretch，也设置其上下左右为 0。

单击 Image 组件的 Color 属性，弹出 Color 窗口，选择黑色，并设置 Alpha 值为 190，可以看到半透明的黑色背景布满整个界面。

(3) 在 winBox 里右键选择 UI → Image，命名为 bgWin，并作为胜利窗口的背景。

将 Assets/Textures/UI 下的 win 精灵拖到 SourceImage 属性里，然后单击 Set Native Size 按钮，可以将图片还原成原本的大小。图片有点变形，可以修改它的 Width 和 Height。

(4) 在 winBox 里右键选择 UI → Text，命名为 title。修改其位置，在 Text 组件的 Text 属性里输入"你赢了！"。设置字体大小为 38，对齐方式为上下左右居中，选择喜欢的颜色。

(5) 在 winBox 里右键选择 UI → Text，命名为 content。修改其位置，在 Text 组件的 Text 属性里输入提示消息。如"接下来的对手是狼，你敢应战吗？"。设置字体大小为 28，对齐方式为上下左右居中，选择喜欢的颜色。

(6) 在 winBox 里右键选择 UI → Button，命名为 rePlayBtn。修改其位置和大小。

将 Assets/Textures/button 下的"按钮"精灵拖到 SourceImage 属性里，然后单击 Set Native Size 按钮，可以将图片还原成原本的大小。

在 Button 组件里，单击 Transition 属性，选择 Sprite Swap，设置按钮在不同状态下切换不同的按钮图片。如在 HightLighted Sprite 属性里拖入"按钮接触"图片，在 Pressed Sprite 属性里拖入"按钮点击"图片。

(7) 选择 rePlayBtn，按住 Ctrl+D 键，复制一个 rePlayBtn，重命名为 nextBtn，设置其显示文字为"下一关"。

winBox 的层级关系如图 10-66 所示。

图 10-65　胜利界面

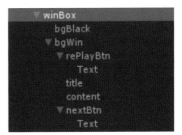

图 10-66　winBox 的层级关系

3. 失败界面的制作

选择 winBox 游戏物体，按住 Ctrl+D 键复制一个 winBox，重命名为 loseBox。隐藏 winBox。失败界面如图 10-67 所示。

修改 loseBox 里的游戏物体名。其中修改 title 的文字为"你输了！"。将 content 的文字修改为"很遗憾你输了！不能继续下一关！"。将"下一关"的按钮改为"退出"按钮。
loseBox 的层级关系如图 10-68 所示。

图 10-67　失败界面

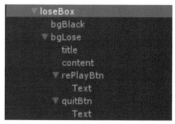

图 10-68　loseBox 层级关系

10.2.10　游戏总控制程序设计

1. 编写 GameController 脚本

该脚本用于控制游戏的进程，包括初始化游戏、游戏胜利与失败事件，以及一些与关卡
相关的按钮。新建名为 GameController 的 C# 脚本：

```csharp
using UnityEngine;
using System.Collections;
using UnityEngine.UI;
using UnityEngine.SceneManagement;
public class GameController : MonoBehaviour {

    public static GameController Instance;// 单例
    public GameObject gameStartMessage; // 开始消息提醒界面
    public GameObject gameOverWin; // 游戏胜利界面
    public GameObject gameOverLose; // 游戏失败界面
    private bool gameStart; // 是否开始游戏

    private void Awake()
    {
        Instance = this;
    }
    // Use this for initialization
    void Start () {
        // 初始化函数
        Init();
    }
// 胜利函数：当胜利时，显示胜利界面，并将游戏状态设置为停止
    public void Win()
    {
        gameOverWin.SetActive(true);
        gameStart = false;
    }

    // 失败函数：当失败时，显示失败界面，并将游戏状态设置为停止
```

```csharp
    public void Lose()
    {
        gameOverLose.SetActive(true);
        gameStart = false;
    }

    // 初始化：显示消息窗口、隐藏胜利和失败窗口，并设置游戏状态为开始
    private void Init()
    {
        gameStartMessage.SetActive(true);
        gameOverLose.SetActive(false);
        gameOverWin.SetActive(false);
        gameStart = false;
    }

    // 返回游戏状态函数
    public bool GameStart()
    {
        return gameStart;
    }

    // 游戏开始按钮
    public void OnBtnStart()
    {
        gameStartMessage.SetActive(false);
        gameStart = true;
    }

    // 下一关按钮
    public void OnBtnNext()
    {
        SceneManager.LoadScene(1);
    }
    // 重玩按钮
    public void OnBtnReplay()
    {
        SceneManager.LoadScene(SceneManager.GetActiveScene().buildIndex);
    }

    // 退出按钮
    public void OnBtQuit()
    {
    // 在 Unity 编辑器里，使用该方法停止游戏
#if UNITY_EDITOR
        UnityEditor.EditorApplication.isPlaying = false;
#endif
    // 打包导出游戏后，使用以下方法停止游戏
        Application.Quit();
    }
}
```

2. 使用脚本控制三个界面的切换

在 Hierarchy 面板中新建空物体，并重命名为 GameController，将 GameController 脚本赋给该游戏物体。将 winBox、loseBox 和 messageBox 游戏物体分别拖入 GameController 脚本对应的框里，如图 10-69 所示。

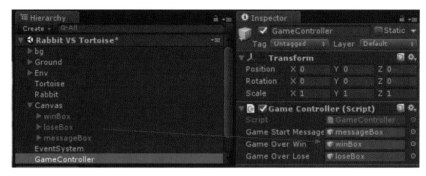

图 10-69　将游戏物体拖到对应框中

3. 使用脚本控制按钮

(1) messageBox 的 startBtn 按钮。在 startBtn 游戏物体的 Button 组件末尾，单击 "+" 添加回调函数。

由于 GameController 脚本附在 GameController 游戏物体上，所以将 GameController 游戏物体拖到 OnClick() 中，选择 GameController.OnBtnStart 函数，如图 10-70 所示。

图 10-70　添加设置回调函数

(2) winBox 的 rePlayBtn 按钮。在 rePlayBtn 游戏物体的 Button 组件末尾，单击 "+"，将 GameController 游戏物体拖到 OnClick() 中，选择 GameController.OnBtnReplay 函数。

(3) winBox 的 nextBtn 按钮。在 nextBtn 游戏物体的 Button 组件末尾，单击 "+"，将 GameController 游戏物体拖到 OnClick() 中，选择 GameController.OnBtnNext 函数。

(4) loseBox 的 rePlayBtn 按钮。在 rePlayBtn 游戏物体的 Button 组件末尾，单击 "+"，将 GameController 游戏物体拖到 OnClick() 中，选择 GameController.OnBtnReplay 函数。

(5) loseBox 的 quitBtn 按钮。在 quitBtn 游戏物体的 Button 组件末尾，单击 "+"，将 GameController 游戏物体拖到 OnClick() 中，选择 GameController.OnBtnQuit 函数。

4. 使用脚本控制游戏进程

(1) 修改 CompetitorController 脚本的 Update 函数，只有单击了开始游戏按钮，使游戏变为开始状态时，乌龟才开始跑。

```
void Update () {
    if (speed > 0&& GameController.Instance.GameStart())
    {
        anim.SetBool("ReadyToRun", true);
        float v = speed * Time.deltaTime;
        characterController.Move(v * Vector3.right);
    }else
        anim.SetBool("ReadyToRun", false);
}
```

(2) 修改 CompetitorController 脚本的 OnTriggerEnter 函数，当乌龟到达终点时，运行 GameController 脚本的 Lose 函数，显示失败界面。

```
void OnTriggerEnter(Collider other)
{
    switch (other.tag)
    {
        case "endPoint":
            GameController.Instance.Lose();
            Debug.Log("youLose!!!!!!");
            break;
    }
}
```

(3) 修改 PlayerStateController 脚本的 Update 函数，将输入的检测都包含在游戏开始的前提下。

```
if (GameController.Instance.GameStart())
{
if (Input.GetAxis("Horizontal") > 0)            {//……}
    else if (Input.GetAxis("Horizontal") < 0) {//……}
else                {//……}
    }
```

(4) 修改 PlayerController 脚本的 OnTriggerEnter 函数，当兔子到达终点时，运行 GameController 脚本的 Win 函数，显示胜利界面。当兔子碰到坑时，运行 GameController 脚本的 Lose 函数，显示失败界面。

```
void OnTriggerEnter(Collider other)
{
    switch (other.tag)
    {
        case "endPoint":
            GameController.Instance.Win();
            Debug.Log("youWin!!!!!!");
            break;
        case "pit":
            GameController.Instance.Lose();
            Debug.Log("lose!!!!!!");
            break;
    }
}
```

10.2.11　项目输出与测试

(1) 选择 File → Build Settings，打开 Build Settings 窗口，单击 Player Settings 按钮，如图 10-71 所示。

(2) 在 Player Settings 窗口，填入 Company Name 和 Product Name。在 Default Icon 属性栏单击 Select 图标，选择一张兔子头图片作为这个游戏的 icon，如图 10-72 所示。

图 10-71　Build Settings 窗口　　　　　　　图 10-72　设置游戏 icon

(3) 展开 Resolution and Presentation 选项卡，设置 Default Screen Width 为 1280，Default Screen Height 为 720。这是运行游戏时的默认宽高，如图 10-73 所示。

(4) 展开 Other Settings 选项卡，修改 Bundle Identifier，分别将第 2 步的 Company Name 和 Product Name 填到相应位置，如图 10-74 所示。

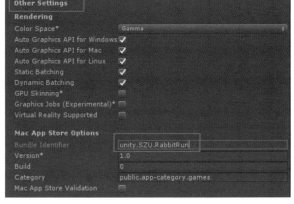

图 10-73　设置运行游戏时的宽高　　　　　　图 10-74　修改 Bundle Identifier

(5) 设置完毕，单击 Build Settings 里的 Build 按钮，弹出 Build PC,Mac & Standalone 窗口，选择保存路径并填写文件名，如图 10-75 所示。

(6) 等待一会即可输出 RabbitRun.exe 文件(如图 10-76 所示)，以及 RabbitRun_Data 文件夹。

图 10-75　填写文件名　　　　　　　图 10-76　RabbitRun.exe 文件

第 11 章

种植游戏一般指通过模拟农场来种植农作物的游戏，就像真实种花种草一样需要玩家的细心呵护和照料。

本章的游戏是 3D 种植类游戏，模拟开垦土地种植农作物。运行素材文件夹 Part2/Chapter 11 HappyFarm/OutPut 下的 HappyFarm.exe 文件，预览游戏。

(1) 进入游戏，显示游戏介绍。按 P 键可以保存场景，按 O 键可以加载场景，如图 11-1 所示。

(2) 单击游戏下方的"松土"按钮，则可以对场景中的田地进行操作，当单击的是可操作的土地时，可以看到该土地颜色图样发生变化，游戏右上方的木牌提示我们"松土成功！"则表示操作完成，如图 11-2 所示。

图 11-1　游戏主界面

图 11-2　松土操作

(3) 当单击"播种"按钮，如果目标地是已经松土的片区，则可以成功种植植物，如图 11-3 所示。

(4) 当单击的区域并没有松土，则会提示"该土地没有松土"，同时无法对所单击的区域进行播种操作，如图 11-4 所示。

(5) 当单击"施肥"或者"浇水"按钮，若单击的区域已经松土且已种植植物，则可以看到田地里的植物慢慢生长直至长大，如图 11-5 所示。

(6) 当单击"施肥"或者"浇水"按钮，若单击的区域已经松土但未种植植物，则会提醒玩家种植植物，如图 11-6 所示。

图 11-3　成功播种

图 11-4　播种失败

图 11-5　施肥浇水

图 11-6　提示种植植物

(7) 当单击"收菜"按钮，单击的区域植物未长大或者正在生长，则会给出对应提示，如图 11-7 和图 11-8 所示。

图 11-7　收取农作物

图 11-8　提示信息

(8) 当植物完全长大，单击对应区域时，则可以成功收获植物，如图 11-9 所示。

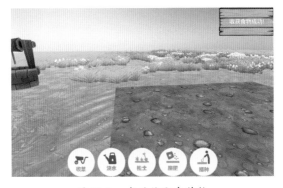
图 11-9　成功收取农作物

11.1　游戏构思与设计

11.1.1　游戏流程分析

(1) 游戏开始，根据提示按 P 键保存场景，按 O 键加载场景。

(2) 玩家结合鼠标，按方向键移动。

(3) 选择松土操作，单击相应的土地，即可完成松土。

(4) 选择播种操作，单击相应的土地，若该土地还没有植物，则提示播种成功，否则无法播种。

(5) 选择浇水或施肥，可以对播种了的土地进行操作。

(6) 蔬菜成熟，单击"收菜"按钮进行收菜。

11.1.2　游戏脚本

游戏脚本如表 11-1 所示。

表 11-1　游戏脚本

脚本名称	功能
ConfigCS.cs	管理游戏的播种、松土、浇水、施肥和收获五个状态
ShowText.cs	控制场景内的提示文本的实时变化
TerrainControl.cs	实现对地形的所有操作以及本地化存储
BtnController.cs	实现按钮的单击事件
SceneController.cs	控制场景操作
WriteReadTxt.cs	分数等级土地信息等的读写操作

11.1.3　知识点分析

涉及的知识点及操作主要有深入了解 Terrain 地形的具体操作方法和本地存档方法。图 11-10 所示为知识点思维导图。

图 11-10　知识点思维导图

11.1.4　游戏流程设计

图 11-11 所示为游戏流程图。

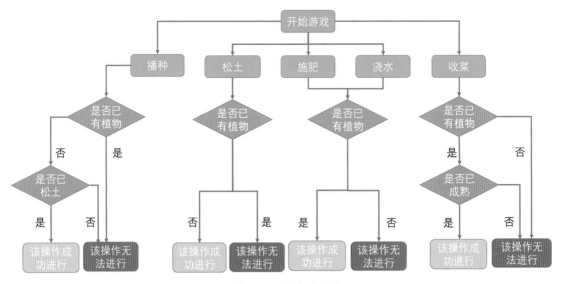

图 11-11　游戏流程图

11.1.5　游戏元素及场景设计

1. 植物

植物如图 11-12 所示。

2. 场景

场景如图 11-13 所示。

图 11-12　植物

图 11-13　场景

11.2　游戏开发过程

11.2.1　资源准备

1. 创建工程文件

(1) 打开 Unity 软件 (这里用的版本是 Unity 5.4.0)，将本次工程文件的名字命名为 HappyFarm，并将该工程项目的模式选为 3D 模式，如图 11-14 所示。

图 11-14 工程文件设置

(2) 单击界面上的 Add Asset Package 按钮，如图 11-15 所示。在弹出的 Asset packages 窗口中勾选 Characters 资源包后，单击窗口右下角的 Done 按钮，如图 11-16 所示。

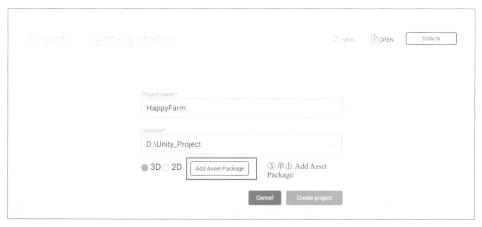

图 11-15 单击 Add Asset Package

(3) 回到一开始创建工程文件的界面，单击 Create Project 按钮后等待一段时间，工程文件就创建好了，如图 11-17 所示。

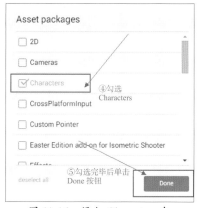

图 11-16 添加 Characters 包

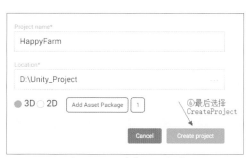

图 11-17 创建工程文件

2. 创建文件夹

创建好工程文件后，可以看到 Project 窗口已经拥有 Editor 和 Standard Assets 文件夹。接下来创建 Fonts、Model、Scene、Scripts 和 Textures 文件夹，分别存放未来在该项目中会用到的字体、模型、场景、脚本和图片素材，如图 11-18 所示。

3. 导入素材文件

打开素材文件所在的目录 Part2/Chapter11 HappyFarm/Resource，将每个文件夹内的内容分别导入工程文件中对应的文件夹内，如图 11-19 所示。比如：/Resource/Fonts 文件夹内的内容导入到工程内的 Fonts 文件夹内。

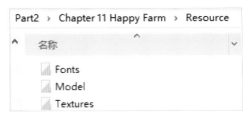

图 11-18　创建文件夹　　　　　　　　　　图 11-19　导入素材文件

将素材导入工程文件后的效果如图 11-20 所示。

图 11-20　导入工程文件后效果图

11.2.2　搭建自然场景

1. 设置天空盒子

(1) 在 Assets 目录下找到放置贴图的 Textures 文件夹，单击 skybox 文件夹，如图 11-21 所示。

(2) 在该文件夹内找到名称为 1 的材质球。鼠标左键按住该材质球不动，并将其拖入 Scene 场景中，如图 11-22 所示。(该做法需要在 Unity 5.0 及以上版本才可操作。)

图 11-21 Assets 目录

图 11-22 设置天空材质

(3) 可以看到天空盒子已经变成漂亮的天空了，如图 11-23 所示。

若 Unity 版本是 Unity 4.x 版本，则按以下步骤操作：

(1) 在 Hierarchy 视图中找到 Main Camera，并在 Inspector 视图中单击 Add Component 按钮，如图 11-24 所示。(该方法同样适用于 5.x 版本。)

图 11-23 天空

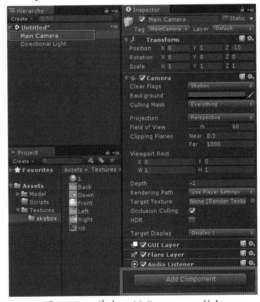

图 11-24 单击 Add Component 按钮

(2) 单击 Add Component 按钮后，弹出一个窗口。在该窗口的搜索栏输入 skybox，则会出现该组件 Skybox，单击即可添加，如图 11-25 所示。

(3) 添加成功后，可在 Main Camera 的Inspector 视图中找到 Skybox 组件，如图 11-26 所示。

(4) 回到 Textures 文件夹的 skybox 文件夹中，找到名称为 1 的材质球。单击鼠标左键不放，将其拖入 Custom Skybox 属性栏中上，如图 11-27 所示。放置材质球成功后，如图 11-28 所示。

图 11-25 搜索 skybox 组件

图 11-26　Skybox 组件

图 11-27　添加天空材质

图 11-28　放置材质球

2. 创建空挂点管理场景内的物体

(1) 在 Hierarchy 视图中，选择 Create → Create Empty 创建一个空挂点，如图 11-29 所示。

(2) 将创建的空物体重命名为 SceneObject，管理所有场景内的物体。同时将 Transform 面板的 Position、Rotation 和 Scale 设置为初始值，如图 11-30 所示。

图 11-29　创建空挂点

图 11-30　重置 Transform 值

3. 创建并设置地面

(1) 创建地形。在 Hierarchy 视图中，选择 Create → 3D Object → Terrain 创建一个地形，如图 11-31 所示。

(2) 更改地形位置。将该地形的名字改为 Ground，并将其赋给 SceneObject 对象。同时，在 Transform 面板更改 Position 属性：X 轴数值改为 -34，Z 轴数值改为 -37，如图 11-32 所示。

图 11-31　创建地形

图 11-32　更改地形位置

（3）更改地形大小。在 Inspector 视图中，找到 Terrain 面板，单击设置图标。找到 Terrain Width 和 Terrain Length，将地形的宽度和长度均改成 100，如图 11-33 所示。

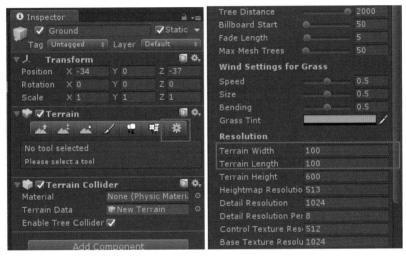

图 11-33　更改地形大小

（4）更改地形的材质。在 Inspector 视图中，找到 Terrain 面板。单击刷子图标，在 Textures 栏单击 Edit Textures → Add Texture，如图 11-34 所示。

单击 Add Texture 选项后，弹出 Edit Terrain Texture 窗口，如图 11-35 所示，在弹出的窗口添加名称为 Ground_02 的图片，并将 Size 的 X 和 Y 值都改成 5。

图 11-36 所示为贴图效果。

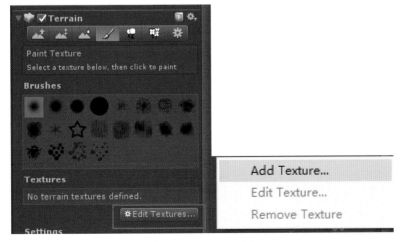

图 11-34　Terrain 面板

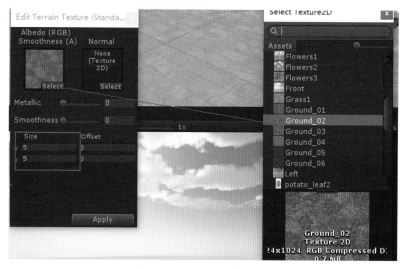

图 11-35　添加设置草地贴图

图 11-36　贴图效果

(5) 添加地形的材质。在上一步的操作后，地面的材质是草地。为了模拟真实的土地场景，将为该地形添加几张土地图片的材质。添加步骤和添加草地图片过程一样，材质图 Size 的 X 和 Y 值均为 5。添加结果如图 11-37 所示。

(6) 渲染地形贴图。首先选择贴图样式，其次选择刷子形状，然后选择刷子大小，最后在 Scene 视图中拖动鼠标就可以在场景中渲染贴图了，如图 11-38 所示。

图 11-37　添加材质结果

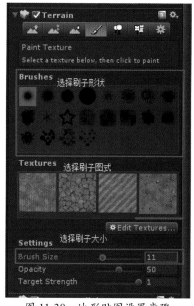

图 11-38　地形贴图设置步骤

图 11-39 所示为贴图效果。

图 11-39　贴图效果

(7) 为地形添加花和草。如图 11-40 所示，在 Inspector 视图中的 Terrain 面板，选中倒数第二个选项卡，即为添加花和草材质贴图的区域。

在 Details 栏单击 Edit Details → Add Grass Texture，添加材质图，如图 11-41 所示。

图 11-40　Terrain 面板

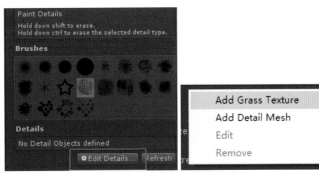

图 11-41　添加材质贴图

在弹出的窗口中选中 Grass1 为贴图，并将参数改为如图 11-42 所示。Min Width 和 Max Width 的值改为 0.5 和 2，Min Height 和 Max Height 改为 0.5 和 1.5，Noise Spread 改为 1，Healthy Color 和 Dry Color 均改为白色。

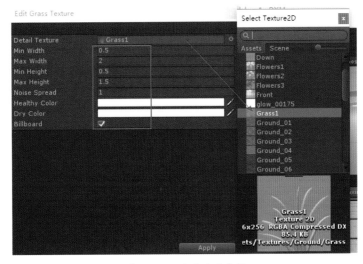

图 11-42　设置贴图参数

添加花。添加步骤和添加草的贴图过程一样，参数设置也相同。

(8) 为地形渲染花和草的贴图。首先选择贴图样式，其次选择刷子形状，然后选择刷子大小，最后在 Scene 视图中拖动鼠标就可以在场景中渲染贴图了，如图 11-43 和图 11-44 所示。

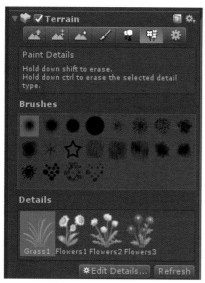

图 11-43　Terrain 面板

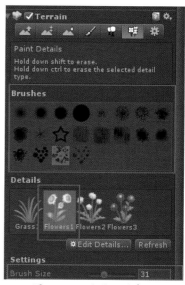

图 11-44　设置贴图步骤

渲染后的结果如图 11-45 所示。

图 11-45　渲染后效果图

11.2.3　添加场景中的其他物品

1. 添加第一人称视角

(1) 在 Project 视图中，在 Create 右边的搜索栏上输入 fps。在出现的搜索结果中，将 FPSControlloer 拖入 Hierarchy 视图中，如图 11-46 所示。并单击 Main Camera 对象，按键盘上的 Delete 键删除掉。

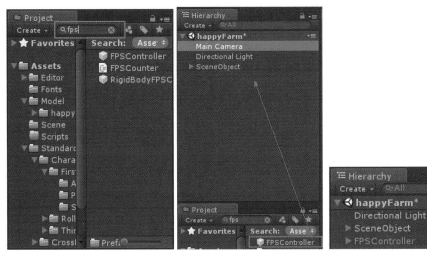

图 11-46　添加 FPSController

(2) 在 Inspector 视图中，修改 Transform 面板中的 Position 和 Rotation 属性。将 Position 的 X、Y 和 Z 值分别修改为 -12、1.7 和 -12；将 Rotation 的 Y 值改为 60。同时，修改 Character Controller 面板中的 Height 为 5。参数设置如图 11-47 所示。

(3) 在本项目中由于需要用鼠标操作地形，故需要在运行游戏的时候看得到鼠标光标。因此需要修改其属性，使得鼠标光标在运行时显示。在 Inspector 视图中，展开 C# 脚本面板，找到 Mouse Look 属性并展开，取消勾选 Lock Cursor，如图 11-48 所示。

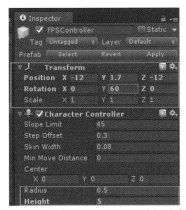

图 11-47　设置 FPSController 的相关参数

图 11-48　取消勾选 Lock Cursor

2. 添加其他模型

(1) 添加屋子。在 Project 视图打开 Assets/Model/happyfarm 文件夹，选中 House10 模型，将其拖到 Hierarchy 视图下，如图 11-49 所示。

将 House10 放置在 SceneObject 挂点下。然后在 Inspector 视图中修改其 Transform 属性：Position 属性的 X 和 Z 值分别改为 17 和 -8，Rotation 的 Y 值改为 -60，Scale 的 X、Y 和 Z 值改为 170，如图 11-50 所示。

图 11-49 添加屋子模型   图 11-50 设置相关参数

设置 Transform 属性后，发现该模型还没有附上贴图，如图 11-51 所示。

在 Textures 文件夹中找到 Atlas 贴图，并将其拖动到 House10 上。在 Inspector 视图中修改材质球的贴图方式为：Legacy Shaders/Diffuse，如图 11-52 所示。

图 11-51 模型效果图   图 11-52 设置材质贴图

贴完贴图的效果如图 11-53 所示，可以发现从这个角度看有点暗，这时需要修改一下灯光的方向。在 Hierarchy 视图中，单击 Directional Light，在 Inspector 视图中修改其 Rotation 的 Y 值为 50，如图 11-54 所示。

图 11-53　效果图

图 11-54　设置 Rotation 的 Y 值

　　修改完灯光的方向，现在看上去就清晰明亮许多，效果如图 11-55 所示。相关参数设置如图 11-56 所示。

图 11-55　效果图

图 11-56　相关参数设置

　　(2) 添加水井和水槽。在 Project 视图中打开 Assets/Model/happyfarm 文件夹，按住 Ctrl 键不放，单击 Well 和 Trough 模型，将其拖到 Hierarchy 视图下。如图 11-57 所示，修改它们的 Transform 数值，并为它们添加 Atlas 材质。

图 11-57　修改 Transform 的数值

(3) 为 3D 模型添加碰撞器。按住键盘上的 Shift 键不放，单击 House10 和 Well，可以发现三个对象都被选中，如图 11-58 所示。

在 Inspector 视图中单击 Add Component 按钮，在弹出窗口的搜索栏上输入 box，在出来的搜索结果中选择 Box Collider，如图 11-59 所示。在 Inspector 视图中出现 Box Collider 面板则代表添加成功，如图 11-60 所示。如图 11-61 所示为场景效果图。

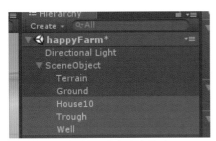

图 11-58　选中游戏物体　　　　　　图 11-59　添加 Box Collider 控件

图 11-60　为游戏物体添加碰撞器

3. 创建并设置要操作的土地

(1) 创建地形。在 Hierarchy 视图中单击 Create → 3D Object → Terrain 创建接下来在游戏中对其进行操作的土地，如图 11-62 所示。

图 11-61 场景效果图

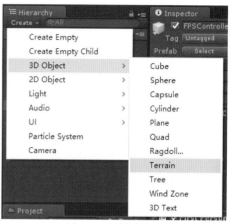

图 11-62 创建地形

(2) 修改地形大小。单击创建好的 Terrain，在 Inspector 视图中的 Terrain 面板，单击设置图标，更改地形属性：Terrain Width 和 Terrain Length 均修改为 10，如图 11-63 所示。

(3) 添加地形材质图。单击创建好的 Terrain，在 Inspector 视图中的 Terrain 面板单击刷子图标，再单击 Textures 面板上的 Edit Textures → Add Texture，如图 11-64 所示。

图 11-63 修改地形大小

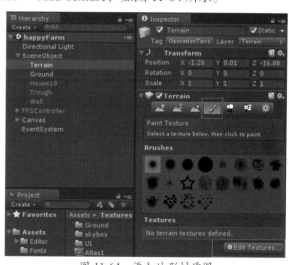

图 11-64 添加地形材质图

在弹出的窗口中，添加名为 Ground_03 的贴图，并将 Size 的 X 和 Y 值均改为 5，如图 11-65 所示。

添加 Ground_03 贴图后，再次单击 Textures 面板上的 Edit Textures → Add Texture，添加新的贴图。在弹出的窗口中，添加名为 Ground_05 的贴图，并将 Size 的 X 和 Y 值均改为 5，如图 11-66 所示。

(4) 修改地形的位置。如图 11-67 所示，在 Inspector 视图中，修改 Transform 面板中的 Position 的属性。

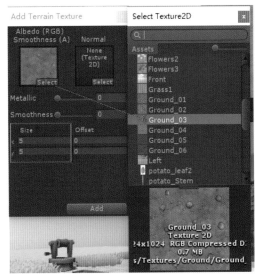

图 11-65　添加设置贴图

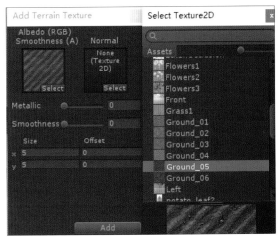

图 11-66　添加设置贴图

图 11-67　地形位置参数

（5）修改地形贴图的材质。为了区别于 Ground 地形，需要修改该地形的贴图材质类型。单击创建好的 Terrain，在 Inspector 视图中的 Terrain 面板单击设置图标，再单击 Material → Built in Legacy Diffuse，如图 11-68 所示。图 11-69 所示为效果图。

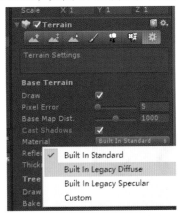

图 11-68　修改地形贴图材质

图 11-69　效果图

（6）添加地形贴图的标签和层级。选中 Terrain，在 Inspector 视图中选中 Tag 右侧的下拉菜单栏，选择 Add Tag 选项。在弹出的视图中将 Tag 0 的名称改为 Operation Terrain 后单击"＋"

即添加成功，如图 11-70 所示。

图 11-70　添加地形贴图的标签

选中 Terrain，在 Inspector 视图中选中 Layer 右侧的下拉菜单栏，选择 Add Layer 选项。在弹出的视图中将 User Layer 8 的名称改为 Terrain 后按 Enter 键即添加成功，如图 11-71 所示。

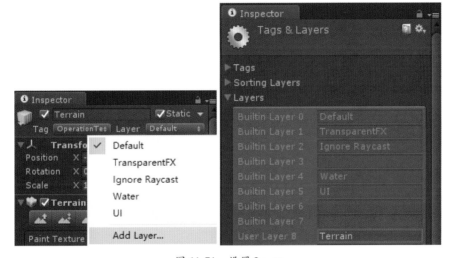

图 11-71　设置 Layer

最后，选中 Terrain，在 Inspector 视图中将 Tag 和 Layer 分别改为 OperationTerrain 和 Terrain，如图 11-72 所示。

图 11-72　Terrain 的参数设置

(7) 为要操作的地形添加植物。在为地形添加植物之前先修改植物模型的属性。在 Model/

happyfarm 目录下找到 potato2.0 模型，并在 Inspector 视图中单击 Rig 选项卡，将 Animation Type 改为 Legacy 后单击 Apply 按钮，如图 11-73 所示。

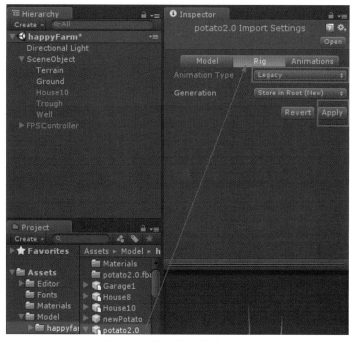

图 11-73　修改植物模型的属性

　　由于在后续的操作中，本项目在播种后进行某种操作，植物才可以生长发芽。而模型本身在场景实例化后动画会自动播放，所以在这里需要为模型添加一个预制体 (Prefab)。

　　首先第一步，将 potato2.0 拖至 Hierarchy 视图中，并在 Inspector 视图中的 Animation 面板将 Play Automatically 取消勾选，如图 11-74 所示。

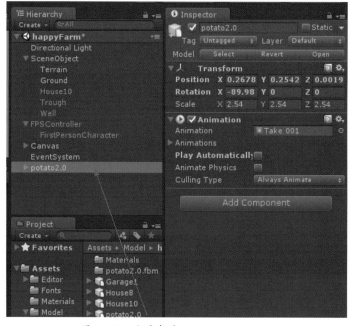

图 11-74　取消勾选 Play Automatically

其次，将 potato2.0 名称改为 newPotato 后，拖到 Project 视图中 Model/happyfarm 文件夹中，如图 11-75 所示。而后，在 Hierarchy 视图中将 newPotato 删除掉。

模型的准备工作做完后，选中 Terrain，并在 Inspector 视图中选中倒数第二个选项卡。首先单击 Edit Trees → Add Tree，其次在弹出窗口中的 Tree Prefab 选项卡中选中新建的 newPotato 预制体，选择完毕后单击 Add 按钮，如图 11-76 所示。

图 11-75　修改名称

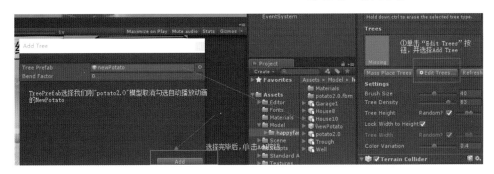

图 11-76　添加植物步骤

4. 烘焙场景

在运行场景的时候总会发现 Unity 界面右下角会有一个进度条，如图 11-77 所示。

图 11-77　进度条

这个进度条的影响是：在游戏未打包成 exe 文件的前提下，在进行不同场景的跳转切换的时候，进入不同场景会发现灯光并未渲染完成（打包输出则不会有该情况），如图 11-78 所示。

图 11-78　灯光未渲染完成效果图

这时需要烘焙场景，在 Unity 界面上选择菜单栏上的 Window→Lighting，如图 11-79 所示。

在弹出的 Lighting 窗口选中 Scene 选项卡，将 Ambient GI 改为 Baked，窗口右下角的 Auto 取消勾选后单击 Build 按钮，如图 11-80 所示。

等待一段时间过后，烘焙的场景会出现在 Scene 文件夹内，如图 11-81 所示。

图 11-80　Lighting 窗口

图 11-79　选择 Lighting

图 11-81　烘焙场景文件

11.2.4 游戏界面设计

1. 更改图片类型

将 Textures/UI 文件夹内的图片类型从 Textures 转为 Sprite。

(1) 打开 Textures/UI 文件夹，按住 Shift 键不放，单击文件夹内的第一张图片和最后一张图片，即可全部选中文件夹内的图片，如图 11-82 所示。

(2) 在 Inspector 视图中，将 Texture Type 改为 Sprite(2D and UI) 后，单击右下方的 Apply 按钮即完成，如图 11-83 所示。

图 11-82 全选 UI 文件夹内的图片

图 11-83 将图片改为 Sprite 类型

2. 添加各种操作的按钮

(1) 在 Hierarchy 视图中，单击 Create → UI → Button 创建按钮，如图 11-84 所示。

(2) 在 Hierarchy 视图中，展开刚创建的 Button 对象，删除其子挂点 Text，如图 11-85 所示。

(3) 更改按钮名称为 LoosenSoilBtn，代表该按钮对应的操作为松土操作。展开 Rect Transform 面板，首先更改该按钮对齐方式为 button center，这样确保该按钮在不同大小的屏幕都可以对准底部中间的位置；其次修改 Width 和 Height 为 100(根据按钮大小设置宽度和高度)；最后修改 Pox Y 的值为 50(该值根据图片大小位置而改变：这里的 Height 为 100，而图片对齐点在图片正中央，若要将图片刚

图 11-84 创建按钮

图 11-85 删除 Text

刚好坐落在屏幕底部位置，则需将图片往上移 50 个单位)。参数设置如图 11-86 所示。

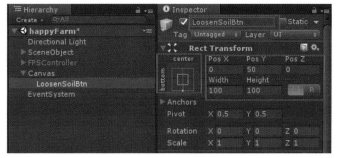

图 11-86 松土按钮参数设置

(4) 为按钮添加图片。选中 LoosenSoilBtn 对象，在 Inspector 视图中，展开 Image 面板，在 Textures/UI 文件夹中找到名为"松土"的图片，放置在 Image 面板的 Source Image 内，如图 11-87 所示。

图 11-87　添加"松土"按钮图片

可以发现在不同屏幕，该按钮都是位于屏幕底下中央的位置，如图 11-88 所示。

图 11-88　不同尺寸屏幕下按钮的位置

(5) 添加其他按钮。由于其他按钮和"松土"按钮的样式大小相同，故选中 LoosenSoilBtn 后，按 Ctrl+D 键复制一个相同的按钮。并将其名称改为 WaterBtn，Pos X 的位置改为 −110(按钮宽度为 100，按钮间需要有间隔 10，故为 100+10，负数代表该按钮在 LoosenSoilBtn 左边)。参数设置如图 11-89 所示。为 WaterBtn 按钮更换图片为"浇水"，如图 11-90 所示。

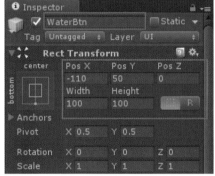

图 11-89　"浇水"按钮参数设置

图 11-90　更改按钮图片

其他按钮也如 WaterBtn 按钮创建方法一样。图 11-91 所示为"施肥"按钮。"播种"按钮参数设置如图 11-92 所示。

图 11-91　"施肥"按钮参数设置

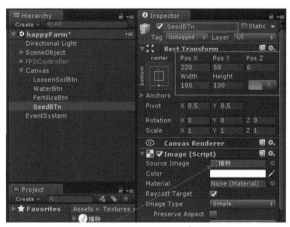

图 11-92　"播种"按钮参数设置

"收菜"按钮参数设置如图 11-93 所示。

(6) 创建一个空挂点管理以上按钮。首先单击 Canvas，右击选择 Create Empty，如图 11-94 所示。其次更改该空挂点名称为 ButtonObject。同时，更改其对齐方式为 button center；更改该空挂点的 Width 和 Height 的值分别改为 600 和 100；最后更改 Pos Y 的值为 50，如图 11-95 所示。

图 11-93 "收菜"按钮参数设置

图 11-94 创建空挂点

图 11-95 空挂点参数设置

将所有按钮放置在 ButtonObject 下后，再更改 Pos Y 的值为 53(所有按钮离屏幕底部还有一段距离)。步骤如图 11-96 所示。按钮效果图如图 11-97 所示。

图 11-96 设置步骤

图 11-97 按钮效果图

3. 添加提示板

该提示板上的内容将提示每一步完成的步骤。

（1）添加告示牌图片。选中 Canvas 挂点，单击右键，选择 UI → Image 创建告示牌的图片，如图 11-98 所示。

（2）更改告示牌图片的属性。将新创建的 Image 的名称改为 Notice，并将其对齐方式改为 top right：向屏幕右上方看齐。更改 Image 的 Width 和 Height 的值为 200 和 100，Pos X 和 Pos Y 的值改为 -100 和 -50，并将名为"木牌 1"的图片赋给 Notice。具体设置如图 11-99 所示。告示牌效果图如图 11-100 所示。

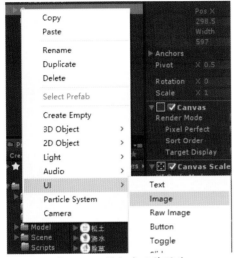

图 11-98　添加告示牌图片

图 11-99　更改告示牌图片的属性

图 11-100　告示牌效果图

（3）添加告示牌提示文本。选中 Canvas 挂点，单击右键，选择 UI → Text 创建告示牌的提示文本，如图 11-101 所示。

（4）更改告示牌文本的属性。将新创建的 Text 的名称改为 NoticeText，并将其对齐方式改为 top right：向屏幕右上方看齐。更改 Notice 的 Width 和 Height 的值为 180 和 80，Pos X 和 Pos Y 的值改为 -100 和 -50。并将 Fonts 文件夹内的"腾祥智黑简"赋值给 Text 面板的 Font 属性；将字体大小改为 18；字体对齐方式都选择为居中对齐。设置参数如图 11-102 所示。

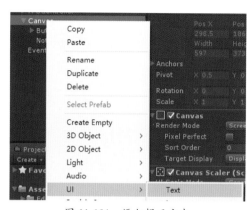

图 11-101　添加提示文本

图 11-102　更改告示牌文本的属性

(5) 更改告示牌文本的颜色。将颜色改为白色，如图 11-103 所示。

4. 添加分数和等级牌

(1) 添加分数牌。选中 Canvas 挂点，单击右键，选择 UI → Image 创建分数牌的图片，如图 11-104 所示。

图 11-103　更改告示牌文本的颜色

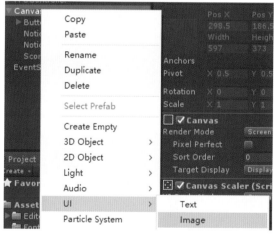

图 11-104　创建分数牌的图片

(2) 更改分数牌的图片属性。将该图片名字命名为 Score，Width 和 Height 改为 150 和 50，对齐方式改为 top left，Pos X 和 Pos Y 的值改为 85 和 -25。图片为 Textures 文件夹内的 "木牌 3"。参数设置如图 11-105 所示。

(3) 添加分数牌文本。选中 Canvas 挂点，单击右键，选择 UI → Text 创建分数牌的文本，如图 11-106 所示。

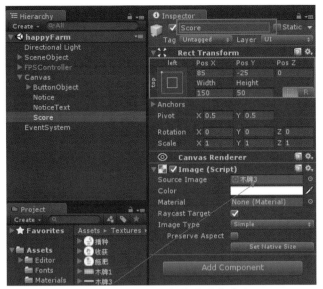

图 11-105　更改分数牌的图片属性　　　　　　图 11-106　添加分数牌文本

(4) 更改分数牌的文本属性。将该文本名字命名为 ScoreText，Width 和 Height 改为 150 和 50，对齐方式改为 top left，Pos X 和 Pos Y 的值改为 75 和 -25。字体为 Fonts 文件夹内的"腾祥智黑简"；文本内容改为"分数：0"；字体大小改为 30；字体对齐方式均为居中。参数设置如图 11-107 所示。

字体颜色改为黑色，如图 11-108 所示。

图 11-107　分数牌的文本参数　　　　　　　　图 11-108　字体颜色

(5) 添加等级牌。创建方式与分数牌一样，等级牌图片参数如图 11-109 所示。

等级牌文本参数如图 11-110 所示。

图 11-109 等级牌图片参数

图 11-110 等级牌文本参数

11.2.5 游戏逻辑设计

(1) 本项目中共有播种、松土、浇水、施肥和收菜五个状态，因此在这里使用状态机，创建一个名称为 ConfigCS.cs 的脚本来掌管游戏中的这几个状态。

代码清单：ConfigCS.cs 文件

```
using UnityEngine;
using System.Collections;

public class ConfigCS : MonoBehaviour {
    public enum STATES
    {
        LoosenSoil,// 松土
        Water,// 浇水
        Fertilize,// 施肥
        Seed,// 播种
        Harvest,// 收菜
        None// 无状态
    }
```

(2) 添加 showText.cs 脚本，如图 11-111 所示，控制场景内的提示文本的实时变化。

图 11-111 showText.cs 脚本

代码清单：showText.cs 文件

```
using UnityEngine;
using System.Collections;
using UnityEngine.UI;

public class showText : MonoBehaviour {

    Text _text;

    public static string changeText;
```

```
void Start()
{
    _text = gameObject.GetComponent<Text>();
    changeText = "欢迎来到开心农场!";
}
// 每帧调用一次更新
void Update () {
    string str = _text.name;
    switch (str){
        case "NoticeText" :
            _text.GetComponent<Text>().text = changeText;
            break;
        case "ScoreText" :
            _text.GetComponent<Text>().text = "分数：0";
            break;
        case "LevelText" :
            _text.GetComponent<Text>().text = "等级：0";
            break;
    }
}
}
```

将 showText.cs 脚本赋给 NoticeText、ScoreText 和 LevelText，如图 11-112 所示。

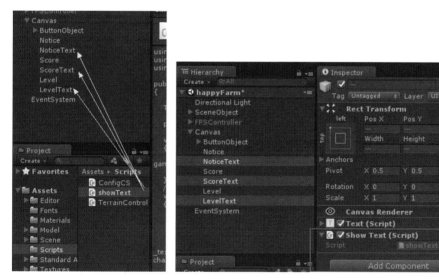

图 11-112   为游戏物体添加 showText.cs 脚本

(3) 添加 TerrainControl.cs 脚本，这里实现对地形的所有操作，如图 11-113 所示。

代码清单：TerrainControl.cs 文件

```
using UnityEngine;
using System.Collections;
using System.Timers;
/// <summary>
/// 对地形操作
/// </summary>
public class TerrainControl : MonoBehaviour
{
// 每行每列的植株
private const int TREESIZE = 5;
```

图 11-113   添加 TerrainControl.cs 脚本

```
// 地形和地形数据
public Terrain myTerrain;
private TerrainData myTerrainData;

// 记录物体的位置
public GameObject[,] tree = new GameObject[TREESIZE, TREESIZE];

// 是否空闲
public bool[,] isEmpty = new bool[TREESIZE, TREESIZE];
// 是否松土
public bool[,] isLoosenSoil = new bool[TREESIZE, TREESIZE];
// 是否已经长大
public bool[,] plantAnimInitialPlay = new bool[TREESIZE, TREESIZE];
public Vector3[,] plantAnimInitialPlayPos = new Vector3[TREESIZE, TREESIZE];

// 绘制的小地图
float[,,] map;

int[,] increaseNum = new int[TREESIZE, TREESIZE];
public TerrainControl(Terrain terrain)
{
myTerrain = terrain;
myTerrainData = terrain.terrainData;

// 绘制贴图（贴图宽、贴图高、贴图通道的贴图数目）
map = new float[myTerrainData.alphamapWidth, myTerrainData.alphamapHeight,
myTerrainData.splatPrototypes.Length];

// 地形上每行每列的树木个数
for (int i = 0; i < TREESIZE; i++)
{
for (int j = 0; j < TREESIZE; j++)
{
isEmpty[i, j] = true;
isLoosenSoil[i, j] = false;
}
}
InitializeTerrain();
}
#region 世界坐标系转化为地形坐标系
/// <summary>
/// 获得相对于地形的标准化位置
/// </summary>
/// <param name="pos">碰撞点的位置</param>
/// <param name="terrain">当前地形</param>
/// <returns>返回位置</returns>
public static Vector3 GetNormalizedPositionRelativeToTerrain(Vector3 pos, Terrain
terrain)// 计算相对位置（百分比）
{
Vector3 tempCoord = (pos - terrain.gameObject.transform.position);
Vector3 coord;
coord.x = tempCoord.x / terrain.terrainData.size.x;
coord.y = tempCoord.y / terrain.terrainData.size.y;
coord.z = tempCoord.z / terrain.terrainData.size.z;
return coord;
}
/// <summary>
/// 获得某点相对于地形高度图的坐标——> 像素
/// </summary>
/// <param name="pos">世界坐标系中的某点</param>
/// <param name="terrain">当前地形</param>
```

```
/// <param name="mapWidth">heightmapWidth</param>
/// <param name="mapHeight">heightMapHeight</param>
/// <returns></returns>
public static Vector3 GetRelativeTerrainPositionFromPos(Vector3 pos, Terrain terrain,
int mapWidth, int mapHeight)
{
Vector3 coord = GetNormalizedPositionRelativeToTerrain(pos, terrain);
return new Vector3((coord.x * mapWidth), 0, (coord.z * mapHeight));
}
/// <summary>
/// 获得某点相对于地形高度图的位置坐标——> 基本单位
/// </summary>
/// <param name="pos">世界坐标系中的某点</param>
/// <param name="terrain">当前地形</param>
/// <param name="mapWidth">heightmapWidth</param>
/// <param name="mapHeight">heightMapHeight</param>
/// <returns></returns>
public Vector3 GetRelativeTerrainPositionFromPos(Vector3 pos, Terrain terrain, float
mapWidth, float mapHeight)
{
Vector3 coord = GetNormalizedPositionRelativeToTerrain(pos, terrain);
int x = (int)(coord.x * 10);
int z = (int)(coord.z * 10);
coord = new Vector3(0.1f * x + 0.05f, 0, 0.1f * z + 0.05f);
return new Vector3((coord.x * mapWidth), 0, (coord.z * mapHeight));
}
#endregion
#region 松土函数
public void LoosenSoil(Vector3 position, Terrain terrain)
{
// 获取地形的高度和宽度
int alphamapWidth = terrain.terrainData.alphamapWidth;
int alphamapHeight = terrain.terrainData.alphamapHeight;
// 获取地形刷子的贴图数目
int length = terrain.terrainData.splatPrototypes.Length;
// 地形的高度和宽度 除要求的每行每列的树木 ——————> 对地形分块
float Xvector = terrain.terrainData.alphamapWidth / TREESIZE;
float Zvector = terrain.terrainData.alphamapHeight / TREESIZE;

position = TerrainControl.GetRelativeTerrainPositionFromPos(position, terrain,
alphamapWidth, alphamapHeight);

int xx = (int)(position.x / Xvector);
int zz = (int)(position.z / Zvector);
// 给地形上的每一个小块重新制定一个坐标
position = new Vector3(Xvector * xx, 0, Zvector * zz);
for (float z = position.z; z < position.z + Zvector; z++)
{
for (float x = position.x; x < position.x + Xvector; x++)
{
// 得到对应的归一化地形坐标点。
float normX = x * 1.0f / (alphamapWidth - 1);
float normZ = z * 1.0f / (alphamapHeight - 1);
// 在地形上获取点 x,y 处的陡度。
float angle = terrain.terrainData.GetSteepness(normX, normZ);

// 陡度是作为一个角 ,0 . .90 度。除以 90, 得到一个 alpha 混合值范围在 0 . . 1。
float frac = angle / 90.0f;
map[(int)z, (int)x, 0] = frac;

// 在地形范围内
```

```
if (xx > -1 & xx < TREESIZE & zz > -1 & zz < TREESIZE)
{
map[(int)z, (int)x, 1] = 1 - frac;
}
}
}
// 在地形范围内
if (xx > -1 & xx < TREESIZE & zz > -1 & zz < TREESIZE)
{
if (!isLoosenSoil[xx, zz])
{
// 在给定的 map 区域，设置通道贴图
terrain.terrainData.SetAlphamaps(0, 0, map);
// 已经松土
isLoosenSoil[xx, zz] = true;
// 还没施肥
plantAnimInitialPlay[xx, zz] = false;

// 在地形上刷新任何的变化使它能生效
myTerrain.Flush();

Debug.Log("松土成功，位置是：（" + xx + "," + zz + "）。");
showText.changeText = "松土成功! 位置是：（" + xx + "," + zz + "）。";
}

else
{
showText.changeText = "你点击的田地已经松土了。";
Debug.Log("你点击的田地已经松土了。");
}
}
else
{
Debug.Log("不能在田地外进行操作！");
showText.changeText = "不能在田地外进行操作！";
}
}
#endregion
#region 获取数字
public int getNum(Vector3 position)
{
Vector3 indexposition = GetNormalizedPositionRelativeToTerrain(position, myTerrain);
int x = (int)(indexposition.x * TREESIZE);
int z = (int)(indexposition.z * TREESIZE);

if (x > -1 & x < TREESIZE & z > -1 & z < TREESIZE)
{
if (!isLoosenSoil[x, z])
{
return 0;
}
else if (isEmpty[x, z])
{
return 0;
}
else
{
increaseNum[x, z] = increaseNum[x, z] + 1;
return increaseNum[x, z];
}
}
```

```
else
{
return 0;
}
}
#endregion
#region 种树
public GameObject PlantTrees(Vector3 position)
{
Vector3 indexposition = GetNormalizedPositionRelativeToTerrain(position, myTerrain);
int x = (int)(indexposition.x * TREESIZE);
int z = (int)(indexposition.z * TREESIZE);

Vector3 newPos = new Vector3(0, 0.53f, 0);
position = newPos + position;
// 在地形范围内
if (x > -1 & x < TREESIZE & z > -1 & z < TREESIZE)
{
if (isLoosenSoil[x, z] && isEmpty[x, z])
{
// 在鼠标点击的位置，对应的田地的位置————长出植物模型
tree[x, z] = (GameObject)Instantiate(myTerrain.terrainData.treePrototypes[0].prefab,
position, myTerrain.terrainData.treePrototypes[0].prefab.transform.rotation);

showText.changeText = "成功种植植物！";
isEmpty[x, z] = false;
plantAnimInitialPlay[x, z] = false;
plantAnimInitialPlayPos[x, z] = position;
return tree[x, z];
}
else
{
if (!isLoosenSoil[x, z])
{
showText.changeText = "该土地还没松土";
Debug.Log("该土地还没松土");
}
if (!isEmpty[x, z])
{
Debug.Log("该土地已经种植植物");
showText.changeText = "该土地已经种植植物";
}
return null;
}
}
else
{
Debug.Log("不能在田地外进行操作！");
showText.changeText = "不能在田地外进行操作！";
return null;
}
}
#endregion
#region 获取地形上的树
public GameObject getTree(Vector3 position)
{
Vector3 indexposition = GetNormalizedPositionRelativeToTerrain(position, myTerrain);
int x = (int)(indexposition.x * TREESIZE);
int z = (int)(indexposition.z * TREESIZE);

if (x > -1 & x < TREESIZE & z > -1 & z < TREESIZE)
```

```
{
if (!isLoosenSoil[x, z])
{
Debug.Log("该土地还没松土");
showText.changeText = "该土地还没松土";
return null;
}
else if (isEmpty[x, z])
{
Debug.Log("该土地还没有种植植物");
showText.changeText = "该土地还没有种植植物";
return null;
}
else
{
return tree[x, z];
}
}
else
{
Debug.Log("不能在田地外进行操作！");
showText.changeText = "不能在田地外进行操作！";
return null;
}
}
#endregion
#region  植物生长函数
public IEnumerator GrowUp(GameObject gobj, float speed, float increment, Vector3
position)
{
// 动画剪辑的长度，单位是秒
AnimationState animState = gobj.GetComponent<Animation>()["Take 001"];
animState.speed = speed + increment;
if (!gobj.GetComponent<Animation>().isPlaying)
{
Vector3 indexposition = GetNormalizedPositionRelativeToTerrain(position, myTerrain);
int x = (int)(indexposition.x * TREESIZE);
int z = (int)(indexposition.z * TREESIZE);

if (x > -1 & x < TREESIZE & z > -1 & z < TREESIZE)
{
if (increaseNum[x, z] < 2)
{
gobj.GetComponent<Animation>().Play("Take 001");
animState.wrapMode = WrapMode.Once;
}
}
}
yield return new WaitForEndOfFrame();
}
#region 施肥
public void Fertilize(Vector3 position)
{
Vector3 indexposition = GetNormalizedPositionRelativeToTerrain(position, myTerrain);
int x = (int)(indexposition.x * TREESIZE);
int z = (int)(indexposition.z * TREESIZE);

if (x > -1 & x < TREESIZE & z > -1 & z < TREESIZE)
{
if (!isLoosenSoil[x, z])
{
```

```
plantAnimInitialPlay[x, z] = false;
}
else if (isEmpty[x, z])
{
plantAnimInitialPlay[x, z] = false;
}
else
{
plantAnimInitialPlay[x, z] = true;
}
}
else
{
plantAnimInitialPlay[x, z] = false;
}
}
#endregion
#region 收获
public bool Harvest(Vector3 position, Terrain terrain) // 收获（贴图）
{
// 获取地形的高度和宽度
int alphamapWidth = terrain.terrainData.alphamapWidth;
int alphamapHeight = terrain.terrainData.alphamapWidth;

// 地形的高度和宽度 除要求的每行每列的树木 ——————> 对地形分块
float Xvector = terrain.terrainData.alphamapWidth / TREESIZE;
float Yvector = terrain.terrainData.alphamapHeight / TREESIZE;

position = GetRelativeTerrainPositionFromPos(position, terrain, alphamapWidth,
alphamapHeight);

int xx = (int)(position.x / Xvector);
int zz = (int)(position.z / Yvector);

position = new Vector3(Xvector * xx, 0, Yvector * zz);
for (float y = position.z; y < position.z + Yvector; y++)
{
for (float x = position.x; x < position.x + Xvector; x++)
{
// 得到对应的归一化地形坐标点
float normX = x * 1.0f / (alphamapWidth - 1);
float normY = y * 1.0f / (alphamapHeight - 1);

// 在地形上获取点 x,y 处的陡度
float angle = terrain.terrainData.GetSteepness(normX, normY);

// 陡度是作为一个角 ,0 . .90 度。除以 90, 得到一个 alpha 混合值范围在 0 . . 1
float frac = angle / 90.0f;

// 在地形范围内
if (xx > -1 & xx < TREESIZE & zz > -1 & zz < TREESIZE)
{
map[(int)y, (int)x, 1] = frac;
map[(int)y, (int)x, 0] = 1 - frac;
}
}
}
// 在地形范围内
if (xx > -1 & xx < TREESIZE & zz > -1 & zz < TREESIZE)
{
// 如果已经松土，并已经种植植物
```

```
if (isLoosenSoil[xx, zz] && !isEmpty[xx, zz])
{
// 如果植物已经施肥
if (plantAnimInitialPlay[xx, zz])
{
terrain.terrainData.SetAlphamaps(0, 0, map);
isLoosenSoil[xx, zz] = false;
isEmpty[xx, zz] = true;
Destroy(tree[xx, zz]);
plantAnimInitialPlay[xx, zz] = false;
increaseNum[xx, zz] = 0;
myTerrain.Flush();
Debug.Log("收获食物成功！");
showText.changeText = "收获食物成功！";
return true;
}
else
{
showText.changeText = "植物还没长大！";
return false;
}
}
else
{
Debug.Log("这里什么都没有");
showText.changeText = "这里什么都没有";
return false;
}
}
else
{
Debug.Log("不能在田地外进行操作！");
showText.changeText = "不能在田地外进行操作！";
return false;
}
}
#endregion
#region 初始化地形
public void InitializeTerrain()
{
// 地形贴图大小、宽和高
int alphamapWidth = myTerrain.terrainData.alphamapWidth;
int alphamapHeight = myTerrain.terrainData.alphamapWidth;

for (int y = 0; y < alphamapWidth; y++)
{
for (int x = 0; x < alphamapHeight; x++)
{
float normX = x * 1.0f / (alphamapWidth - 1);
float normY = y * 1.0f / (alphamapHeight - 1);

float angle = myTerrainData.GetSteepness(normX, normY);
float frac = angle / 90.0f;
map[x, y, 0] = 1 - frac;
}
}
myTerrainData.SetAlphamaps(0, 0, map);
myTerrain.Flush();
}
#endregion
}
```

(4) 添加 BtnController.cs 脚本，实现按钮的单击事件，如图 11-114 所示。

代码清单：BtnController.cs 文件

```csharp
using UnityEngine;
using System.Collections;

public class BtnController : MonoBehaviour {

    public static string operation;

    public void LoosenSoil()
    {
        operation = ConfigCS.STATES.LoosenSoil.ToString();
    }

    public void Water()
    {
        operation = ConfigCS.STATES.Water.ToString();
    }
    public void Fertilize()
    {
        operation = ConfigCS.STATES.Fertilize.ToString();
    }

    public void Harvest()
    {
        operation = ConfigCS.STATES.Harvest.ToString();
    }
    public void Seed()
    {
        operation = ConfigCS.STATES.Seed.ToString();
    }
}
```

图 11-114　添加 BtnController.cs 脚本

将 BtnController.cs 脚本赋给 ButtonObject，如图 11-115 所示。

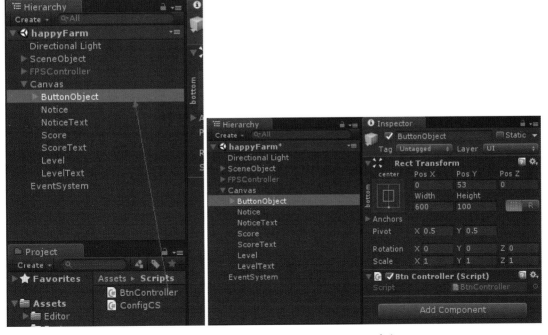

图 11-115　为游戏物体添加 BtnController.cs 脚本

选中 LoosenSoilBtn 后，在 Inspector 视图中展开 Button 面板，用鼠标中键拖到底下，在 Onclick 栏中，单击 +。将 ButtonObject 放置到 GameObject 处。具体步骤如图 11-116 所示。

选中 No Function 后，单击 BtnController → LoosenSoil()，如图 11-117 所示。

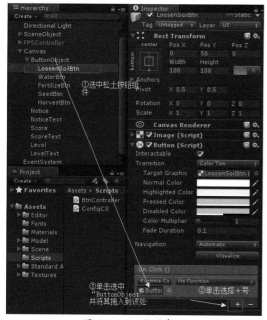

图 11-116　设置步骤

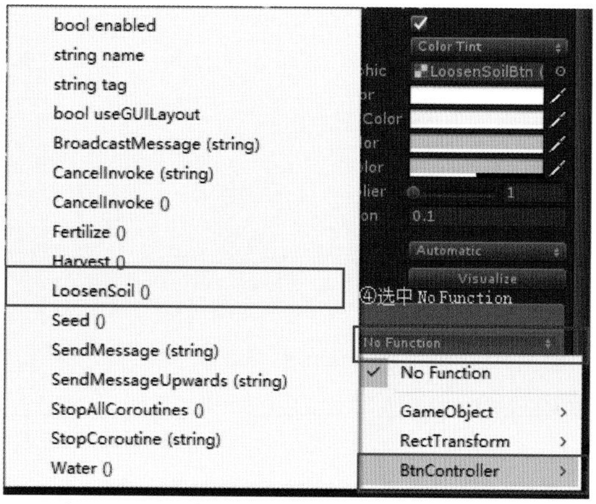

图 11-117　为 LoosenSoilBtn 添加单击事件

其他步骤和 LoosenBtn 步骤一样。图 11-118 所示为 WaterBtn 单击事件的设置。

FertilizeBtn 单击事件的设置如图 11-119 所示。

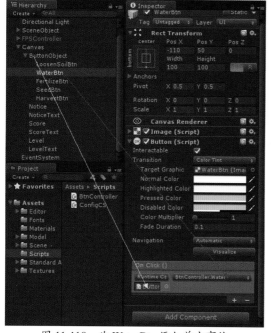

图 11-118　为 WaterBtn 添加单击事件

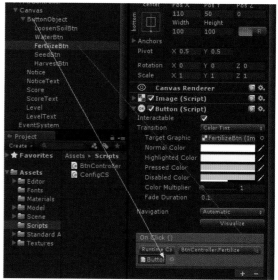

图 11-119　为 FertilizeBtn 添加单击事件

SeedBtn 单击事件的设置如图 11-120 所示。

HarvestBtn 单击事件的设置如图 11-121 所示。

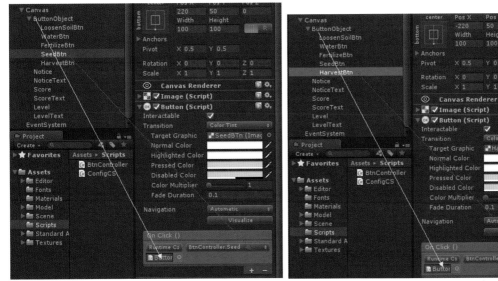

图 11-120　为 SeedBtn 添加单击事件　　　图 11-121　为 HarvestBtn 添加单击事件

(5) 添加 SceneController.cs 脚本，整个场景的操作都在这个脚本中，如图 11-122 所示。其中，分数和等级的定义方式可以根据个人喜好定制，对应等级的操作也可根据自己的设定而改变。

代码清单：SceneController.cs 文件

```csharp
using UnityEngine;
using System.Collections;

public class SceneController : MonoBehaviour
{
    // 地形的通道数据信息数组
    float[,,] map;
    // 发射射线
    private RaycastHit hit;
    // 场景中所有的地形——如果后续要存储场景，就无法从外部
    //   直接赋值获得 Terrain
    Terrain[] terrains;
    Terrain terrain;
    public TerrainControl terrainC;
    // 当前状态：播种、松土、浇水等
    private string currentState;
    // 成长增量
    int increment;
    // 分数和等级——static 的缘由是方便 showText 调用
    public static int countSum=0;
    public static int levelCount =1;

    // 根据玩家的状态选择不同的鼠标按钮以及功能
    private enum STATES
    {
        LoosenSoil,// 松土
        Water,// 浇水
        Fertilize,// 施肥
        Seed,// 播种
        Harvest,// 收获
        None// 无状态
    }
    // Use this for initialization
    void Start()
```

图 11-122　添加 SceneController.cs
脚本

```
        {
            //0 表示没有增量, 这样植物的成长速度和之前的随机值一致
            increment = 1;
            currentState = STATES.None.ToString();

            terrains = FindObjectsOfType<Terrain>();

            if (terrains != null)
            {
                for(int i = 0; i < terrains.Length; i++)
                {
                    if (terrains[i].tag == "OperationTerrain")
                    {
                        terrain = terrains[i];
                        terrainC = new TerrainControl(terrain);
                    }
                }
            }
        }
        private void LevelCount()
        {
            if (countSum > 20)
            {
                levelCount = 2;
            }
            if (countSum > 50)
            {
                levelCount = 3;
            }
        }
        // 每帧调用一次更新
        void Update()
        {
            LevelCount();
            // 当前状态
            currentState = BtnController.operation;
            switch (currentState)
            {
                case "LoosenSoil" :
                    if (Input.GetButtonUp("Fire1"))
                    {
                        Ray ray = Camera.main.ScreenPointToRay(Input.mousePosition);
                        LayerMask mask = -1;
                        mask.value = LayerMask.NameToLayer("Terrain");
                        if (Physics.Raycast(ray, out hit, mask.value))
                        {
                            if (hit.transform.gameObject.tag == "OperationTerrain")
                            {
                                terrainC.LoosenSoil(hit.point, terrain);
                                countSum = countSum + 5;
                            }
                        }
                    }
                    break;
                case "Seed" :
                    if (Input.GetButtonUp("Fire1"))
                    {
                        Ray ray = Camera.main.ScreenPointToRay(Input.mousePosition);
                        LayerMask mask = -1;
                        mask.value = LayerMask.NameToLayer("Terrain");
                        if (Physics.Raycast(ray, out hit, mask.value))
                        {
                            if (hit.transform.gameObject.tag == "OperationTerrain")
```

```
                            {
                                GameObject gobj = terrainC.PlantTrees(hit.point);
                                countSum = countSum + 5;
                            }
                        }
                    }
                break;
        case "Water" :
        case "Fertilize" :
            if (Input.GetButtonUp("Fire1"))
            {
                Ray ray = Camera.main.ScreenPointToRay(Input.mousePosition);
                LayerMask mask = -1;
                mask.value = LayerMask.NameToLayer("Terrain");
                if (Physics.Raycast(ray, out hit, mask.value))
                {
                    if (hit.transform.gameObject.tag == "OperationTerrain")
                    {
                        int i = terrainC.getNum(hit.point);
                        Debug.Log(i);

                        if (i < 2)
                        {
                            GameObject tree = terrainC.getTree(hit.point);
                            if (tree != null)
                            {
                                float speed = Random.Range(0.001f, 0.005f);
                                StartCoroutine(terrainC.GrowUp(tree, speed, increment,
                                hit.point));
                                terrainC.Fertilize(hit.point);
                                countSum = countSum + 5;
                            }
                        }
                    }
                }
            }
                break;
        case "Harvest" :
            if (Input.GetButtonUp("Fire1"))
            {
                Ray ray = Camera.main.ScreenPointToRay(Input.mousePosition);
                LayerMask mask = -1;
                mask.value = LayerMask.NameToLayer("Terrain");
                if (Physics.Raycast(ray, out hit, mask.value))
                {
                    if (hit.transform.gameObject.tag == "OperationTerrain")
                    {
                        GameObject tree= terrainC.getTree(hit.point);
                        // 若该土地上有树，并且树没有在生长中
                        if (tree != null && !tree.GetComponent<Animation>().isPlaying)
                        {
                            bool isHarvest = terrainC.Harvest(hit.point, terrain);
                            if (isHarvest)
                            {
                                float i = Random.Range(0.1f, 2);
                                if (i >= 1.5f)
                                {
                                    showText.changeText = " 这次大丰收，收获了：" + System.
                                    Math.Round(i,2) + "斤农作物! 恭喜!";
                                    countSum = countSum + 15;
                                }
                                else
                                {
```

```
                        if (i <= 0.5f)
                        {
                            showText.changeText = "这次收获比较少哦，仅" + System.
                            Math.Round(i, 2) + "斤农作物，但种植本来就不是简单的
                            活儿";
                            countSum = countSum + 5;
                        }
                        else
                        {
                            showText.changeText = "恭喜! 你收获了：" + System.
                            Math.Round(i, 2) + "斤农作物！";
                            countSum = countSum + 10;
                        }
                        countSum = countSum + 5;
                    }
                    else if (tree!=null && tree.GetComponent<Animation>().isPlaying)
                    {
                        showText.changeText = "植物还在生长哦！";
                    }
                }
            }
        }
        break;
    case "None":
    default:
        break;
    }
}
}
```

编辑完脚本后，将 SceneController 赋值给 FPSController 下的 FirstPersonCharacter，如图 11-123 所示。

(6) 修改 showText.cs 脚本，方便"分数"和"等级"的数字在游戏中显示，如图 11-124 所示。

图 11-123 添加 SceneController 脚本

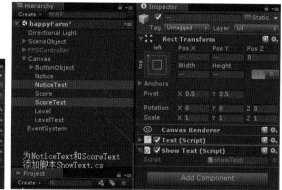

图 11-124 添加 showText.cs 脚本

修改代码：showText.cs 文件

```
case "ScoreText":
_text.GetComponent<Text>().text = "分数：" + SceneController.countSum;
break;
 case "LevelText":
   _text.GetComponent<Text>().text = "等级：" + SceneController.levelCount;
break;
```

11.2.6　本地化存储

(1) 在 TerrainControl 添加以下代码：

修改代码：TerrainControl.cs 文件

```csharp
public void DestroyData()
{
    for (int i = 0; i < TREESIZE; i++)
    {
        for (int j = 0; j < TREESIZE; j++)
        {
            if (tree[i, j] != null)
            {
                Destroy(tree[i, j]);
                tree[i, j] = null;
            }
        }
    }
}
public void ReloadData()
{
    float Xvector = _terrain.terrainData.alphamapWidth / TREESIZE;
    float Zvector = _terrain.terrainData.alphamapHeight / TREESIZE;
    int alphamapWidth = _terrain.terrainData.alphamapWidth;
    int alphamapHeight = _terrain.terrainData.alphamapHeight;

    //清除
    for (int y = 0; y < alphamapWidth; y++)
    {
        for (int x = 0; x < alphamapHeight; x++)
        {
            float normX = x * 1.0f / (alphamapWidth - 1);
            float normY = y * 1.0f / (alphamapHeight - 1);

            float angle = _terrainData.GetSteepness(normX, normY);

            float frac = angle / 90.0f;
            // map[x, y, 0] = frac;
            map[x, y, 0] = 1;
            map[x, y, 1] = 0;
        }
    }

    for (int i = 0; i < TREESIZE; i++)
    {
        for (int j = 0; j < TREESIZE; j++)
        {
            if (isLoosenSoil[i, j] == true)
            {
                float position_x = i * Xvector;
                float position_z = j * Zvector;

                for (float z = position_z; z < position_z + Zvector; z++)
                {
                    for (float x = position_x; x < position_x + Xvector; x++)
                    {
                        float normX = x * 1.0f / (alphamapWidth - 1);
                        float normZ = z * 1.0f / (alphamapHeight - 1);

                        float angle = _terrain.terrainData.GetSteepness(normX, normZ);
                        float frac = angle / 90.0f;
```

```
                        map[(int)z, (int)x, 0] = frac;

                        // 在地形范围内
                        if (i > -1 & i < TREESIZE & j > -1 & j < TREESIZE)
                        {
                            map[(int)z, (int)x, 1] = 1 - frac;
                        }
                    }
                }

            }
        }
        _terrain.terrainData.SetAlphamaps(0, 0, map);
        _terrain.Flush();

        for (int i = 0; i < TREESIZE; i++)
        {
            for (int j = 0; j < TREESIZE; j++)
            {
                if (isEmpty[i, j] == false)
                {

                    tree[i, j] = (GameObject)Instantiate(_terrain.terrainData.
                    treePrototypes[0].prefab,plantAnimInitialPlayPos[i, j],
                    _terrain.terrainData.treePrototypes[0].prefab.transform.rotation);

                    if (plantAnimInitialPlay[i, j])
                    {
                        tree[i, j].GetComponent<Animation>().Play("Take 001");
                        AnimationState animState = tree[i, j].
                        GetComponent<Animation>()["Take 001"];
                        animState.speed = 7.0f;
                    }

                }
            }
        }
    }
}
```

(2) 在 Project 视图添加 WriteReadTxt，如图 11-125 所示。

代码清单：WriteReadTxt.cs 文件

```
using UnityEngine;
using System;
using System.Collections;
using System.Collections.Generic;
using System.IO;
using System.Xml;
using System.Xml.Serialization;
using System.Text;

public class DataBaseManager
{
    // 分数
    public int countSum = 0;
    // 等级
    public int levelCount = 0;

    // 每行每列的植株
```

图 11-125　添加 WriteReadTxt 脚本

```
public const int TREESIZE = 5;
// 是否空闲
public bool[] isEmpty;
// 是否松土
public bool[] isLoosenSoil;
// 是否已经长大
public bool[] plantAnimInitialPlay;

public bool[] isWaterSoil;
public float[] map;

public int mapIndex0 = 0, mapIndex1 = 0, mapIndex2 = 0;

public Vector3[] plantAnimInitialPos;

public List<T> DoubelArrayToSingleArray<T>(T[,] inputArray)
{

    List<T> res = new List<T>();
    for (int i = 0; i < TREESIZE; i++)
    {
        for (int j = 0; j < TREESIZE; j++)
        {
            res.Add(inputArray[i, j]);
        }
    }
    return res;
}

public T[,] SingleArrayToDoubleArray<T>(T[] inputArray)
{

    T[,] res = new T[TREESIZE, TREESIZE];
    int m = 0, n = 0;
    for (int i = 0; i < inputArray.Length; i++)
    {
        res[m, n] = inputArray[i];
        n++;
        if (n >= TREESIZE)
        {
            m++;
            n = 0;
        }

    }
    return res;
}


public List<T> TrebleArrayToSingleArray<T>(T[,,] inputArray, int index0, int
index1, int index2)
{

    List<T> res = new List<T>();
    for (int i = 0; i < index0; i++)
    {
        for (int j = 0; j < index1; j++)
        {
            for (int k = 0; k < index2; k++)
            {
                res.Add(inputArray[i, j, k]);
            }
        }
    }
    return res;
```

```
    }

    public T[,,] SingleArrayToTrebleArray<T>(T[] inputArray, int index0, int index1,
    int index2)
    {

        T[,,] res = new T[index0, index1, index2];
        int m = 0, n = 0, o = 0;
        for (int i = 0; i < inputArray.Length; i++)
        {
            res[m, n, o] = inputArray[i];
            o++;
            if (o >= index2)
            {
                o = 0;
                n++;
            }
            if (n >= index1)
            {
                m++;
                n = 0;
            }
        }
        return res;
    }

    public void GetDataFromGame()
    {
        countSum = SceneController.countSum;
        levelCount = SceneController.levelCount;

        TerrainControl terrainC = GameObject.FindGameObjectWithTag("MainCamera").
        GetComponent<SceneController>().terrainC;

        isEmpty = DoubelArrayToSingleArray<bool>(terrainC.isEmpty).ToArray();
        isLoosenSoil =
        DoubelArrayToSingleArray<bool>(terrainC.isLoosenSoil).ToArray();

        plantAnimInitialPlay = DoubelArrayToSingleArray<bool>(terrainC.
        plantAnimInitialPlay).
        ToArray();

        plantAnimInitialPos = DoubelArrayToSingleArray<Vector3>(terrainC.
        plantAnimInitialPlayPos).ToArray();

}

    public void PushDataToGame()
    {
        TerrainControl terrainC= GameObject.FindGameObjectWithTag("MainCamera").
        GetComponent<SceneController>().terrainC;

        terrainC.DestroyData();

        SceneController.countSum = countSum;
        SceneController.levelCount = levelCount;

        terrainC.isEmpty = SingleArrayToDoubleArray<bool>(isEmpty);
        terrainC.isLoosenSoil = SingleArrayToDoubleArray<bool>(isLoosenSoil);

        terrainC.plantAnimInitialPlay = SingleArrayToDoubleArray<bool>(plantAnimInitia
        lPlay);

terrainC.plantAnimInitialPlayPos =
```

```
SingleArrayToDoubleArray<Vector3>(plantAnimInitialPos);

        terrainC.ReloadData();
    }
}


// 将类对象保存为 XML，将 XML 读取为类对象
public class WriteReadTxt : MonoBehaviour
{

    string path = "";

    void Start()
    {
        path = Application.dataPath + "/datasave.xml";
        Debug.Log(path);
    }


    void Update()
    {
        if (Input.GetKeyDown(KeyCode.P))  // 保存对象
        {
            DataBaseManager db = new DataBaseManager();
            db.GetDataFromGame();
            CreateWriteXML<DataBaseManager>(path, db, true);  // 将类直接保存为 XML 文件
            Debug.Log("保存完成！");
        }

        if (Input.GetKeyDown(KeyCode.O))   // 读取对象
        {
            DataBaseManager db = new DataBaseManager();
            db = ReadXmlFile<DataBaseManager>(path);  // 将读取的 XML 文件转换为类
            db.PushDataToGame();
            Debug.Log("加载完成！");
        }
    }

    // 创建写入文件，参数 1 文件路径，参数 2 写入信息，参数 3 是否删除之前的重新创建
    public void CreateWriteFile(string path, string info, bool isRelace)
    {
        StreamWriter sw;
        FileInfo t = new FileInfo(path); // 获取路径下文件信息

        if (t.Exists && isRelace)  // 如果存在则删除
        {
            File.Delete(path);
        }

        if (!t.Exists)         // 如果文件不存在则创建一个
        {
            sw = t.CreateText();
        }
        else
        {
            sw = t.AppendText();
        }
        sw.WriteLine(info);   // 写入信息
        sw.Close();
        sw.Dispose();
    }
    // 读取文件，参数 1 文件路径，参数 2 保存路径的集合
    public List<string> ReadTxtFile(string path, List<string> saveList)
    {
```

```
        FileInfo info = new FileInfo(path);   // 获取路径下文件信息
        if (!info.Exists)    // 如果不存在返回
        {
            Debug.Log( "!exist      " + path);
            return saveList;
        }

        StreamReader sr = null;
        sr = File.OpenText(path);   // 存在则打开文件

        string line;
        while ((line = sr.ReadLine()) != null)   // 一行一行读取文件
        {
            saveList.Add(line);       // 向保存文件集合添加路径字符串
        }

        sr.Close();
        sr.Dispose();

        return saveList;
    }
    // 参数 1 路径，参数 2 需要保存的类，参数 3 是否需要替换
    public void CreateWriteXML<T>(string path, T t, bool isRelace)
    {
        string data = SerializeObject<T>(t);   // 将类对象转换为字符串
        CreateWriteFile(path, data, isRelace);
    }

    public T ReadXmlFile<T>(string path)
    {
        List<string> dataList = new List<string>();
        string data = "";
        dataList = ReadTxtFile(path, dataList);

        foreach (string str in dataList)
        {
            data += str;
        }

        T t = (T)DeserializeObject<T>(data);

        return t;
    }

    private string UTF8ByteArrayToString(byte[] characters)
    {
        UTF8Encoding encoding = new UTF8Encoding();
        string constructedString = encoding.GetString(characters);
        return (constructedString);
    }

    private byte[] StringToUTF8ByteArray(string pXmlString)
    {
        UTF8Encoding encoding = new UTF8Encoding();
        byte[] byteArray = encoding.GetBytes(pXmlString);
        return byteArray;
    }
    // 保存 xml 前先将类对象转换为字符串
    private string SerializeObject<T>(object pObject)
    {
        string XmlizedString = null;
        MemoryStream memoryStream = new MemoryStream();
        XmlSerializer xs = new XmlSerializer(typeof(T));
```

```
    XmlTextWriter xmlTextWriter = new XmlTextWriter(memoryStream,
    Encoding.UTF8);
    xs.Serialize(xmlTextWriter, pObject);
    memoryStream = (MemoryStream)xmlTextWriter.BaseStream;
    XmlizedString = UTF8ByteArrayToString(memoryStream.ToArray());
    return XmlizedString;
}
// 将读取的 xml 字符串转换为类对象
private object DeserializeObject<T>(string pXmlizedString)
{
    XmlSerializer xs = new XmlSerializer(typeof(T));

    MemoryStream memoryStream = new MemoryStream(StringToUTF8ByteArray(pXmlizedString));

    XmlTextWriter xmlTextWriter = new XmlTextWriter(memoryStream, Encoding.UTF8);
    return xs.Deserialize(memoryStream);
}
}
```

在 Hierarchy 视图中创建一个空挂点，如图 11-126 所示。

将创建的该空挂点命名为DataManager，并将新创建的 WriteReadTxt.cs 赋值给它，如图 11-127 所示。

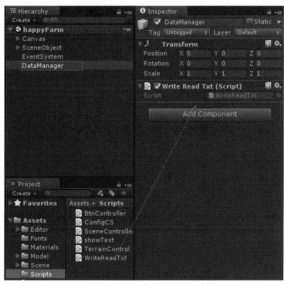

图 11-126　创建空挂点　　　　　　图 11-127　为空挂点添加脚本

(3) 修改 showText.cs，提示玩家保存场景和加载场景的方法。

在 void Start 方法内，将 changeText 的值更改为："欢迎来到开心农场！按 P 键可以存储场景，按 O 键可以加载本地存储的场景！"。最终效果图如图 11-128 所示。

图 11-128　最终效果图

修改代码：showText.cs 文件

```
void Start()
    {
        _text = gameObject.GetComponent<Text>();
        changeText = "欢迎来到开心农场! 按 P 键可以存储场景, 按 O 键可以加载本地存储的场景! ";
    }
```

11.2.7 项目输出与测试

(1) 选择 File → Build Settings, 打开 Build Settings 窗口, 单击 Player Settings 按钮, 如图 11-129 所示。

图 11-129　Build Settings 窗口

(2) 在 PlayerSettings 窗口, 填入 Company Name 和 Product Name。在 Default Icon 属性栏单击 Select 按钮, 选择一张播种图片作为这个游戏的 icon, 如图 11-130 所示。

(3) 展开 Other Settings 选项卡, 修改 Bundle Identifier, 分别将第 2 步的 Company Name 和 Product Name 填到相应位置, 如图 11-131 所示。

图 11-130　设置游戏 icon

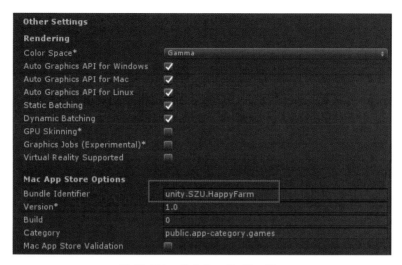

图 11-131　修改 Bundle Identifier

(4) 设置完毕，单击 Build Settings 里的 Build 按钮，弹出 Build PC,Mac & Standalone 窗口，选择保存路径并填写文件名，如图 11-132 所示。

(5) 等待一会即可输出 HappyFarm.exe 文件 (如图 11-133 所示) 以及 HappyFarm_Data 文件夹。

HappyFarm.exe

图 11-132　填写文件名

图 11-133　HappyFarm.exe 文件

第 12 章

AR(Augmented Reality，增强现实) 游戏就是指将真实的环境和虚拟的物体实时叠加到同一个画面或空间，可以令使用者充分感知和操控虚拟的立体图像。此类游戏需要摄像头的支持。

市面上最多的玩法是在桌面上摆放识别卡，识别卡片后通过手机屏幕与识别出来的内容进行交互。

本游戏在识别卡片的基础上，设置了关卡，同时识别出来的内容不仅有 3D 模型，还有视频。

将素材文件夹 Part2/Chapter 12 AREarth/OutPut 下的 AREarth.apk 文件安装在安卓手机内，预览游戏。

(1) 进入游戏，显示主界面，如图 12-1 所示。单击 Start(开始) 按钮，进入游戏介绍界面，如图 12-2 所示。

图 12-1　主界面

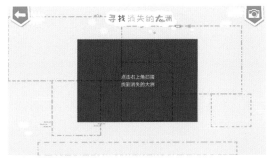

图 12-2　游戏介绍界面

(2) 游戏介绍界面中会出现提示框，3 秒后消失。背景图片是七大洲的位置，玩家需要扫描对应的大洲，虚线框起来的区域就会显示该大洲。

(3) 扫描大洲识别图，出现该大洲的动物模型，如图 12-3 所示。

(4) 单击 "详细介绍" 按钮，显示该大洲的简介，如图 12-4 所示。

图 12-3　动 物 模 型

图 12-4　大洲简介

(5) 单击"查看拼图"按钮，可以看到该大洲与其动植物都出现在地图上，如图 12-5 所示。继续单击右上角的拍摄按钮，继续识别大洲。

(6) 当所有大洲都识别完，再单击"查看拼图"按钮，显示提示框，如图 12-6 所示。单击拍摄按钮可识别图片，如图 12-7 所示。

图 12-5　大洲拼图

图 12-6　显示提示框

(7) 识别这张图片，可播放视频。效果如图 12-8 所示。

图 12-7　识别图片

图 12-8　播 放 视 频

12.1　游戏构思与设计

12.1.1　游戏流程分析

(1) 游戏开始，扫描识别图。

(2) 根据识别到的图片显示对应的模型。

(3) 根据识别到的图片，单击"详细介绍"按钮，显示对应的文字介绍。

(4) 根据识别到的图片，单击"查看拼图"按钮，显示出对应的大洲的图片。

(5) 所有大洲都识别出来后，扫描总地图的识别图，显示视频。

12.1.2 游戏脚本

游戏功能所需要的脚本如表 12-1 所示。

表 12-1 游戏脚本

分类	脚本名称	功能
识别图片 相关脚本	ImageTargetBehaviour.cs	定义识别图片后的操作
UI 显示 相关脚本	UIStart.cs	开始场景的 UI 处理脚本
	UIMenu.cs	菜单场景的 UI 处理脚本
	UIDescripts.cs	大洲描述 UI 的处理脚本
	UIMap.cs	控制识别到的大洲的显示脚本

12.1.3 知识点分析

知识点思维导图如图 12-9 所示。

图 12-9　知识点思维导图

12.1.4 游戏流程设计

游戏流程如图 12-10 所示。

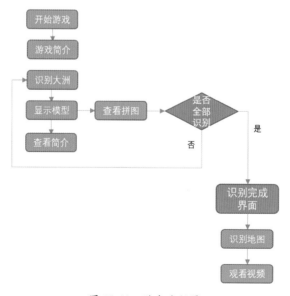

图 12-10　游戏流程图

12.1.5　游戏元素及场景设计

1. 角色

(1) 蝴蝶 (大洋洲)。蝴蝶如图 12-11 所示。

(2) 美洲鹤 (北美洲)。美洲鹤如图 12-12 所示。

(3) 美洲虎 (南美洲)。美洲虎如图 12-13 所示。

图 12-11　蝴蝶　　　　　　　图 12-12　美洲鹤　　　　　　图 12-13　美洲虎

(4) 企鹅 (南极洲)。企鹅如图 12-14 所示。

(5) 熊猫 (亚欧大陆)。熊猫如图 12-15 所示。

(6) 犀牛 (非洲)。犀牛如图 12-16 所示。

图 12-14　企鹅　　　　　　　图 12-15　熊猫　　　　　　　图 12-16　犀牛

2. 场景

场景如图 12-17 所示。

图 12-17　大洲图

12.2 游戏开发过程

12.2.1 资源准备

(1) 新建 Unity 3D 工程 AREarth。

(2) 导入项目资源。在 Project 面板的 Assets 目录下，右键选择 Import Package → Custom Package，找到素材文件夹 Part2/Chapter 12 AREarth/Resource，双击 AREarth.unitypackage，将该包导入项目中。

(3) 使用相同方法，将插件 EasyAR 的包 EasyAR_SDK_2.1.0_Basic.unitypackage 导入项目中。(EasyAR 的用法请查看附录)

(4) 新建几个文件夹备用。在 Assets 文件夹里，新建 Scripts 文件夹。最后如图 12-18 所示。

12.2.2 搭建 Start 场景

Start 场景界面如图 12-19 所示。

图 12-18　创建文件夹

图 12-19　Start 场景界面

1. 设置安卓平台

(1) 切换平台。选择 File → Build Settings，打开发布设置窗口。选择 Android，单击 Switch Platform 按钮，等待切换完成，如图 12-20 所示。

图 12-20　切换安卓平台

（2）选择 Game 视图比例。在 Game 面板中单击 Free Aspect，选择 16:10 横向屏幕的比例，如图 12-21 所示。

（3）在 Hierarchy 面板新建 Canvas。将 Canvas 的 UI Scale Mode 设置为 Scale With Screen Size，并设置参考分辨率为 1280×768，如图 12-22 所示。

图 12-21　选择 Game 视图比例

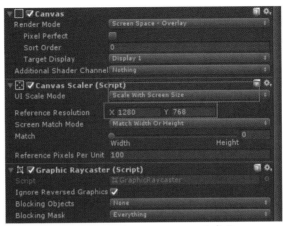

图 12-22　设置 Canvas Scaler 的参数

2. 添加背景和开始按钮

（1）背景图片。在 Canvas 上右键选择 Canvas → UI → Image，命名为 BG。将 Assets/Textures/BigMap 拖到 BG 的 SourceImage 里。将 BG 的锚点设置为 stretch-stretch，并将上下左右设置为 0，使图片布满整个屏幕，如图 12-23 所示。

（2）开始按钮。在 Canvas 上右键选择 Canvas → UI → Button，命名为 BtnStart。调整按钮的宽和高，将按钮的文字改为 Start。

（3）编写程序 UIStart 控制场景跳转。先导入命名空间 UnityEngine.UI 和 UnityEngine.SceneManagement，否则无法使用 UGUI 和场景管理类。在 Scripts 文件夹下新建名为 UIStart 的脚本，具体脚本如下：

图 12-23　添加和设置背景

```
using System.Collections;
using System.Collections.Generic;
using UnityEngine;
using UnityEngine.UI;                    //UI 命名空间
using UnityEngine.SceneManagement;       // 场景管理命名空间

public class UIStart : MonoBehaviour
{
    public Button BtnStart;

    public void Awake()
```

```
    {
        // 注册单击事件
        BtnStart.onClick.AddListener(OnBtnStartClicked);
    }

    /// <summary>
    /// 开始按钮单击事件
    /// </summary>
    private void OnBtnStartClicked()
    {
        // 使用场景名字加载，跳转到 Menu 场景
        SceneManager.LoadScene("Menu");
    }
}
```

将 UIStart 脚本赋给 Canvas，然后将 BtnStart 游戏物体拖到 UIStart 的 BtnStart 中，如图 12-24 所示。

(4) 保存场景。按 Ctrl+S 键保存本场景到 Scenes 文件夹中，命名为 Start。然后新建场景 Menu，这是菜单场景，接下来将会用到。

选择 File → Build Settings，打开发布设置窗口，将 Start 和 Menu 场景都拖到 Scenes In Build 里面，注意 Start 排在最前，如图 12-25 所示。

图 12-24　UIStart 脚本设置　　　　　　　　图 12-25　发布设置窗口的场景

运行游戏，单击 Start(开始) 按钮，可以跳转到 Menu 场景。

12.2.3　搭建 Menu 场景

Menu 场景如图 12-26 所示。该界面组成部分：背景图 BG、上面的标题 Title、中间的提示框 Message、左边的返回按钮 BtnBack、右边的拍照按钮 BtnShot。

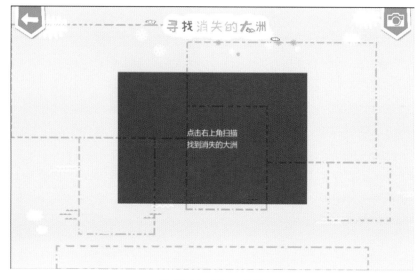

图 12-26　Menu 场景

1. 制作界面

（1）背景 BG。在 Hierarchy 面板右击，选择 UI → Canvas → Image，创建一个 Image。将 Assets/Textures/BigMap_null 拖入 Image 的 SourceImage 中。设置锚点使它布满整个屏幕，如图 12-27(a) 所示。

（2）标题 Title。在 BG 里创建一个 Image，重命名为 Title。将 Assets/Textures/title 拖入 SourceImage 中，设置锚点，使它固定在 BG 的上方，其参数设置如图 12-27(b) 所示。

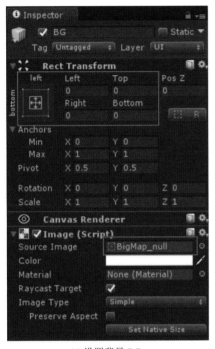

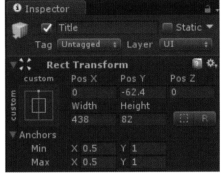

(a) 设置背景 BG　　　　　　　　(b) 设置标是 Title

图 12-27　设置界面锚点和位置参数

（3）提示框 Message。在 Canvas 里创建 Image，重命名为 Message。设置宽为 600，高为 400，设置颜色为黑色，透明度为 150，如图 12-28 所示。

在 Message 下创建 Text，输入文字为"点击右上角扫描，找到消失的大洲"。文字显示不完全，则设置其宽为 300，高为 200 即可。设置颜色为白色，调节字体大小为 24，行间距为 1.31，设置水平居中和垂直居中，如图 12-29 所示。

（4）返回按钮 BtnBack。在 Canvas 里新建 Button，重命名为 BtnBack，设置其 Image 组件的 SourceImage 为 Assets/Textures/Button 的 Btn_Back。设置其位置固定在左上角，位置参数设置如图 12-30(a) 所示。

（5）拍照按钮 BtnShot。复制一个 BtnBack，重命名为 BtnShot，设置其 Image 组件的 SourceImage 为 Assets/Textures/Button 的 Btn_Shot。设置其位置固定在右上角，位置参数设置如图 12-30(b) 所示。

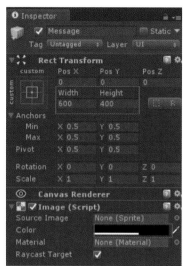

图 12-28 设置提示框背景

图 12-29 设置提示框内容

(a) 设置返回按钮

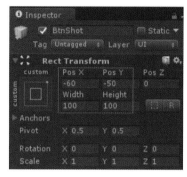

(b) 设置拍照按钮

图 12-30 设置按钮位置参数

2. 编写程序 UIMenu 控制该场景

(1) 在 Scripts 里新建名为 UIMenu 的 C# 脚本：

```csharp
using System.Collections;
using System.Collections.Generic;
using UnityEngine;
using UnityEngine.UI;
using UnityEngine.SceneManagement;

public class UIMenu : MonoBehaviour
{
    public Button BtnBack;          // 返回按钮
    public Button BtnStot;          // 拍照按钮
public GameObject UITip;            // 提示框 (3s 之后消失，这里使用协程控制 )

    public void Awake()
    {
        // 注册返回按钮单击事件
        BtnBack.onClick.AddListener(OnBtnBackClicked);
        // 注册拍照按钮单击事件
        BtnStot.onClick.AddListener(OnBtnShotClicked);

        // 开启协程
        StartCoroutine(WaitForHide());
    }
    /// <summary>
    /// OnDestroy,
    ///     Unity 脚本生命周期里面的函数，销毁的时候调用
    /// </summary>
```

```
public void OnDestroy()
{
    // 脚本销毁（跳转场景也会销毁）的时候，关闭所有协程
    StopAllCoroutines();
}
/// <summary>
/// 协程
///     执行过程中会在 yield return 中等待对应的时间，然后再执行下一步
/// </summary>
/// <returns></returns>
private IEnumerator WaitForHide()
{
    // 等待 3s
    yield return new WaitForSeconds(3);
    UITip.SetActive(false); // 隐藏提示框
}

/// <summary>
/// 返回按钮单击事件
/// </summary>
private void OnBtnBackClicked()
{
    SceneManager.LoadScene("Start");      // 跳转到 Start 场景
}

/// <summary>
/// 拍照按钮单击事件
/// </summary>
private void OnBtnShotClicked()
{
    SceneManager.LoadScene("Game");       // 跳转到游戏场景
}
}
```

(2) 将该脚本赋给 Canvas，然后将 BtnBack 和 BtnShot 和 Message 拖到 UIMenu 对应的参数中，如图 12-31 所示。运行可看到 Message 提示框先显示 3s 后消失，单击拍照按钮，报错。这是因为还没有建立 Game 场景。

(3) 新建名为 Game 的场景。将它拖到 Build Settings 的 Scenes In Build 里。再次运行游戏，单击拍照按钮，进入 Game 场景。

12.2.4　设置识别图和对应显示的物体

(1) 将 Assets/EasyAR/Prefabs 里 的 预 制 体 EasyAR_ Startup 拖到场景中，将从 EasyAR 官网获得的 key 粘贴进去，如图 12-32 所示。

图 12-31　UIMenu 脚本设置

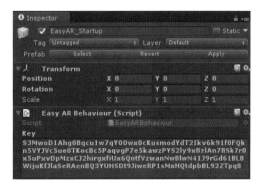

图 12-32　粘贴 key

(2) 新建空物体，重命名为 ImageTarget，重置位置。

将 Assets/EasyAR/Prefabs/Primitives 里的预制体 ImageTarget 拖到 ImageTarget 游戏物体下，

重命名为 ImageTarget_Eurasia。将 Assets/Prefabs 里的 Panda 预制体拖到 ImageTarget_Eurasia 下，这就是亚欧大陆的识别对象。

复制 6 个 ImageTarget_Eurasia，分别重命名，作为其他及各大洲和总地图的识别对象，最终如图 12-33 所示。

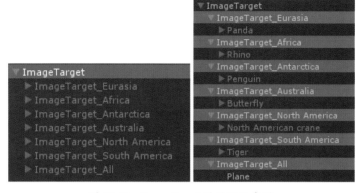

图 12-33　ImageTarget 的层级示意图

将子物体更改为不同的模型。其中最后一个 ImageTarget_All 是识别整个地图，播放视频的游戏物体。Plane 是在 ImageTarget_All 右键选择 3D Object → Plane 生成的。为 Plane 附上 VideoPlayerBehaviour 脚本，添加参数。其中，Path 是 StreamingAssets 里的视频路径。

将 Video Scale Mode 设置为 Fill，即全屏播放，视频会布满整个识别图。设置如图 12-34 所示。

(3) 为每个 ImageTarget 下的参数赋值，如图 12-35 所示。

图 12-34　VideoPlayerBehaviour 脚本设置

图 12-35　ImageTarget 的参数

选择 ImageTarget_All，按照图片方式设置参数。

① Path：对应的是 StreamingAssets 下的图片，即识别图。

② Name：根据需要取个名字。

③ Size：这个数值会影响识别后显示物体的尺寸。

同理，ImageTarget_Eurasia 的 Path 为 Eurasia.jpg，Name 为 eurasia，size 为 1×1。逐一设置其他 ImageTarget 即可。运行游戏，识别不同的图片，会显示对应的模型或视频。

12.2.5　显示大洲简介

1. 制作界面

(1) 在 Canvas 下新建空物体，命名为 UIDescripts，用来存放介绍框和介绍按钮，如图 12-36

所示。设置锚点为拉伸且上下左右值为 0。介绍框里新建名为 BG 的 Image，将颜色改为黑色并设置透明度，调节宽和高，如图 12-37 所示。

图 12-36　大洲简介

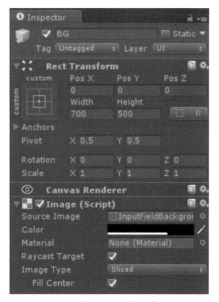

图 12-37　介绍框背景的参数设置

(2) 在 BG 里新建 Text，命名为 TxTTitle，用来显示大洲的名字，调整参数如图 12-38(a) 所示。继续在 BG 里新建 Text，重命名为 TxTDescripts 并调整参数，参数如图 12-38(b) 所示。

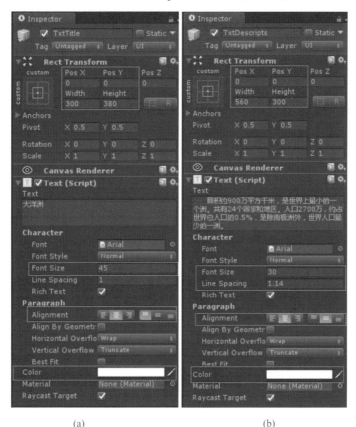

(a)　　　　　　　　　　　　　　　(b)

图 12-38　介绍文本参数设置

在 BG 里新建 Button，命名为 BtnClose，作为这个介绍框的关闭按钮。调节参数使其固定于介绍框的右上角，如图 12-39 所示。

(3) 在最外层的 UIDescripts 下新建 Button，命名为 BtnDescript，作为显示介绍框的触发按钮。层级关系如图 12-40 所示。

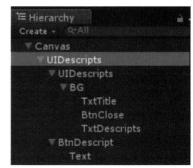

图 12-39　关闭按钮的参数设置　　　　图 12-40　UIDescripts 层级关系示意图

2. 编写 UIDescripts 脚本，控制介绍框 UI 的显示

```csharp
using System.Collections;
using System.Collections.Generic;
using UnityEngine;
using UnityEngine.UI;

public class UIDescripts : MonoBehaviour
{
    public GameObject UIDescript;
    public Text TxtTitle;
    public Text TxtDescripts;
    public Button BtnDescripts;
public Button BtnClose;

public void Awake()
    {
        BtnDescripts.onClick.AddListener(OnBtnDescriptClicked);
        BtnClose.onClick.AddListener(OnBtnCloseClicked);
        this.gameObject.SetActive(false);
    }
/// <summary>
    /// 识别到的时候调用，设置描述的标题与内容
    /// </summary>
    /// <param name="title"></param>
    /// <param name="descripts"></param>
    public void SetDescripts(string title, string descripts)
    {
        if (null != TxtTitle) TxtTitle.text = title;
        if (null != TxtDescripts) TxtDescripts.text = descripts;
    }
/// <summary>
    /// 关闭按钮单击事件
    /// </summary>
    private void OnBtnCloseClicked()
    {
        if (null != UIDescript) UIDescript.SetActive(false);
    }

    /// <summary>
```

```
/// 显示介绍按钮的单击事件
/// </summary>
private void OnBtnDescriptClicked()
{
    if (null != UIDescript) UIDescript.SetActive(true);
}

public void Show()
{
    this.gameObject.SetActive(true);
}

public void Close()
{
    UIDescript.SetActive(false);
    this.gameObject.SetActive(false);
}
}
```

将该脚本赋给最外层 UIDescripts，并将其下方游戏物体拖到对应的参数里，如图 12-41
所示。

图 12-41　UIDescripts 脚本设置

3. 修改 ImageTargetBehaviour 脚本

每个 ImageTarget 里都有 ImageTargetBehaviour 脚本，这是识别的关键。

```
using UnityEngine;
namespace EasyAR
{
    public class ImageTargetBehaviour : ImageTargetBaseBehaviour
{
public string MapName;       // 大洲名称
    public string MapDescripts; // 大洲文字介绍
public UIDescripts Descripts;
        protected override void Awake()
        {
            base.Awake();
            TargetFound += OnTargetFound;
            TargetLost += OnTargetLost;
        }
        /// <summary>
        /// 识别图丢失时 隐藏所有识别到的物体
```

```
/// </summary>
/// <param name="obj"></param>
public virtual void OnTargetLost(TargetAbstractBehaviour obj)
{
if (null != Descripts)
    {
        Descripts.Close();
    }
    foreach (Transform item in this.transform)
    {
        item.gameObject.SetActive(false);
    }
}
/// <summary>
/// 识别图识别到时  显示所有识别到的物体
/// </summary>
/// <param name="obj"></param>
public virtual void OnTargetFound(TargetAbstractBehaviour obj)
{
if (null != Descripts)
    {
        Descripts.SetDescripts(MapName, MapDescripts);
        Descripts.Show();

        foreach (Transform item in this.transform)
        {

        item.gameObject.SetActive(true);
        }
    }
}
}
```

这个脚本将大洲的名称和介绍文字传给 UIDescripts 的 SetDescripts 函数，来实现同一个 UI 根据不同的识别图显示不同的描述文字。

将该脚本赋给 ImageTarget_Eurasia 游戏物体，填写其 Path、Name，设置 Size 为 1×1，填写相应 Map Name 和 Map Descripts，将 Storage 改为 Assets 即可，如图 12-42 所示。

其他大洲同理。运行游戏，识别不同的大洲，单击介绍按钮，就可以看到不同的大洲的介绍。

图 12-42　ImageTargetBehaviour 脚本设置

12.2.6　在拼图里显示不同大洲的动植物图片

显示提示框如图 12-43 所示。

1. 制作界面

(1) 在 Canvas 下新建空物体，命名为 UIMap，设置锚点为拉伸且上下左右值为 0。在里面存放的 UI 有背景 BG、各个大洲带有动植物的图片、成功提示框 UISuccessful、右上角的拍照按钮 BtnShot。新建 Image，命名为 BG，设置锚点使它布满屏幕，将 BigMap_Simple 赋给它的 SourceImage。

图 12-43　显示提示框

(2) 在 UIMap 下新建 Image，命名为 Eurasia，将 Textures 里的 Eurasia 赋给它的 SourceImage。调整 Eurasia 的大小和位置，使其刚好覆盖 BG 中亚欧大陆所在的位置。其他大洲同理。

(3) 在 UIMap 下新建 Image，命名为 UISuccessful，设置宽为 600，高为 400，颜色是透明度为 190 的黄色。在 UISuccessful 下新建 Text，参数设置如图 12-44 所示。

(4) 在 UIMap 下新建 Button，命名为 BtnShot，将其位置固定在左上角，SourceImage 为 Textures/Button 里的 Btn_Shot。UIMap 的层级关系如图 12-45 所示。

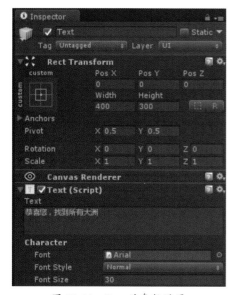

图 12-44　Text 的参数设置　　　　图 12-45　UIMap 的层级关系示意图

2. 编写程序 UIMap，控制各大洲的显示情况

```
using System.Collections;
using System.Collections.Generic;
using UnityEngine;
using UnityEngine.UI;
public class UIMap : MonoBehaviour
{
// 是否已识别到大洲
    public static bool FindEurasia      = false;
    public static bool FindAfrica     = false;
    public static bool FindAntarctica   = false;
    public static bool FindAustralia    = false;
    public static bool FindNorthAmerica = false;
    public static bool FindSouthAmerica = false;
    public Button BtnMap;
    public Button BtnShot;

    public GameObject UISuccessfull;
    public GameObject Eurasia;
    public GameObject Africa;
    public GameObject Antarctica;
    public GameObject Australia;
    public GameObject NorthAmerica;
    public GameObject SouthAmerica;
    public GameObject ImageTargetAll;    // 识别整幅地图的，默认隐藏，全部版块识别完成才开启
```

```
public static UIMap Instance;

public void Awake()
{
    Instance = this;

    ImageTargetAll.gameObject.SetActive(false);

    BtnShot.onClick.AddListener(OnBtnShotClicked);
    BtnMap.onClick.AddListener(Show);

    this.gameObject.SetActive(false);
}

public void Show()
{
    if (FindEurasia) Eurasia.SetActive(true);
    if (FindAfrica) Africa.SetActive(true);
    if (FindAntarctica) Antarctica.SetActive(true);
    if (FindAustralia) Australia.SetActive(true);
    if (FindNorthAmerica) NorthAmerica.SetActive(true);
    if (FindSouthAmerica) SouthAmerica.SetActive(true);

    // 如果全部都找到了
    // 显示成功界面
    if (FindEurasia && FindAfrica && FindAntarctica && FindAustralia && FindNorthAmerica
    && FindSouthAmerica)
    {
        UISuccessfull.SetActive(true);
        ImageTargetAll.SetActive(true);
    }
    this.gameObject.SetActive(true);
}
private void OnBtnShotClicked()
{
    this.gameObject.SetActive(false);
}
}
```

将游戏物体赋给相应的参数，如图 12-46 所示。

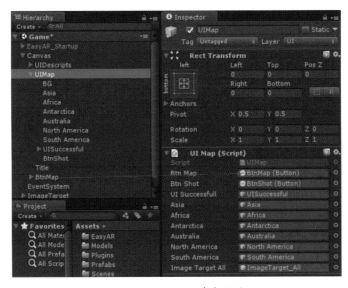

图 12-46　UIMap 脚本设置

修改各个大洲的 ImageTarget 脚本。如非洲的 ImageTargetAfrica 如下:

```
using System.Collections;
using System.Collections.Generic;
using UnityEngine;
using EasyAR;

/// <summary>
/// 1. 引入命名空间 EasyAR
/// 2. 继承 ImageTargetBehaviour
/// 3. 重写 OnTargetFound    识别到图片时调用
/// </summary>
public class ImageTargetAfrica : ImageTargetBehaviour
{
    public override void OnTargetFound(TargetAbstractBehaviour obj)
    {
        base.OnTargetFound(obj);

        UIMap.FindAfrica = true;
    }
}
```

一旦识别到该大洲,就将这个大洲的 UIMap.FindAfrica 设为 true,这样就会在拼图里显示这个大洲带有动植物的图片。其他大洲同理。

12.2.7　项目输出与测试

(1) 选择 File → Build Settings,打开 Build Settings 窗口,如图 12-47 所示。在保证所有场景都添加到 Scenes In Build 的情况下,单击 Player Settings 按钮。

图 12-47　Build Settings 窗口

(2) 在 Company Name 文本框输入公司名称,在 Product Name 文本框输入游戏名称。由于这里的游戏是横屏，所以设置游戏显示的默认方向为 Landscape Right 或 Landscape Left，如图 12-48 所示。

(3) 修改 Other Settings 里面的配置信息，由于只发布到安卓系统，这里选择 Device Filter 为 ARMv7，如图 12-49 所示。

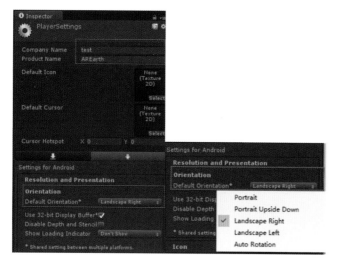

图 12-48　游戏输出相关设置

图 12-49　设置 Device Filter

(4) 单击 Build Settings 里的 Build 按钮，即可发布。

第 13 章

🎮 **塔防游戏——保卫碉楼**

塔防游戏指通过在地图上建造炮塔或类似建筑物，以阻止游戏中敌人进攻的策略型游戏，如《植物大战僵尸》等。

本章的游戏阻止敌人进攻的方式是通过射击消灭敌人，而不是建造炮塔等。运行素材文件夹 Part2/Chapter 13 Defend Tower/Output 文件夹下的 Tower.exe 文件，可以预览游戏。

(1) 进入游戏，显示游戏背景故事和游戏规则。单击"开始战斗"按钮，开始游戏，如图 13-1 所示。

图 13-1　显示信息提示界面

(2) 敌人分三路进攻碉楼，玩家通过控制键盘进行移动。当玩家靠近敌人时会受到攻击，如图 13-2 所示。

图 13-2　玩家受到攻击

(3) 玩家可以通过单击鼠标发射弓箭击倒敌人，如图 13-3 所示。

图 13-3　玩家发射弓箭

(4) 当敌人到达碉楼或者玩家血条为零时，判定游戏失败，如图 13-4 所示。

图 13-4　游戏失败

(5) 在规定时间内，玩家成功阻止三条路的敌人进入碉楼，判定游戏成功，如图 13-5 所示。

图 13-5　游戏成功

13.1 游戏构思与设计

13.1.1 游戏流程分析

(1) 游戏开始，倒计时开始。

(2) 键盘 W/S/A/D 控制角色移动与转向。

(3) 单击鼠标发射弓箭击杀敌人。

(4) 玩家在规定时间内阻止敌人进攻。

(5) 游戏结束。

13.1.2 游戏脚本

游戏功能所需要的脚本如表 13-1 所示。

表 13-1　游戏脚本

脚本名称	功能
GameManager.cs	游戏管理器，功能：UI 管理，游戏逻辑，游戏时间，敌人产生器
Player_control.cs	控制器，功能：玩家移动，玩家血条，血条 UI
Shoot.cs	控制器，功能：进行射击
Enemy.cs	敌人控制器，功能：敌人寻路移动，追踪，动画
route.cs	路线管理器，功能：记录路径节点

13.1.3 知识点分析

游戏涉及知识点的思维导图如图 13-6 所示。

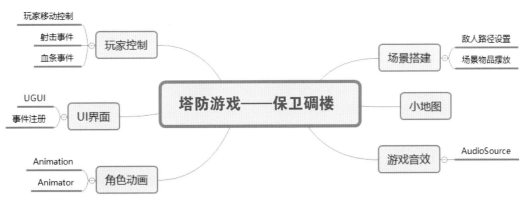

图 13-6　知识点思维导图

13.1.4 游戏流程设计

游戏流程图如图 13-7 所示。

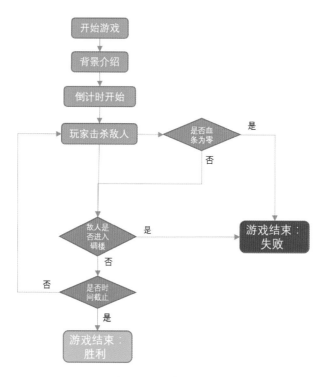

图 13-7　游戏流程图

13.1.5　游戏元素及场景设计

1. 角色
角色如图 13-8 所示。

2. 场景
场景如图 13-9 所示。

图 13-8　角色

图 13-9　场景

13.2　游戏开发过程

13.2.1　资源准备

(1) 新建 Unity 3D 工程 Defence_Tower。

(2) 导入素材文件夹 Part2/Chapter 13 Defend Tower/Resource 里的资源包。在 Project 面板右击，选择 Import Package → Custom Package，导入资源包。

(3) 创建项目资源包内文件。资源包内包括 3D 模型文件、环境资源文件、UI 贴图文件及音效文件。同时在 Assets 文件夹里，新建 Scripts、Animation、Prefab、Scenes、Material 文件夹。最后如图 13-10 所示。

图 13-10　创建文件夹

13.2.2　搭建场景

1. 创建地形

在 Hierarchy 面板空白处右击，选择 3D Object → Terrain，取名为 Space。

2. 绘制地图

单击 Space 进行地图参数设置。在 Inspector 中查看信息，其中 Terrain 控件中的 7 个横排按钮就是绘制地形工具，如图 13-11 所示，从左往右依次是：提高和降低高度，绘制目标高度，平滑高度，绘制地形，绘制树木，绘制花草，设置。

(1) 修改地图大小。选择第七个按钮 (设置)，通过 Resolution 修改地形的长宽高，如图 13-12 所示。

图 13-11　Terrain 控件

图 13-12　修改地形的 Resolution

(2) 绘制地形贴图。选择第四个按钮 (绘制地形)，并选择 Edit Texture → Add Texture，添加资源包中的 Standard Assets/GroundTexture 目录下的地形贴图，如图 13-13 所示。

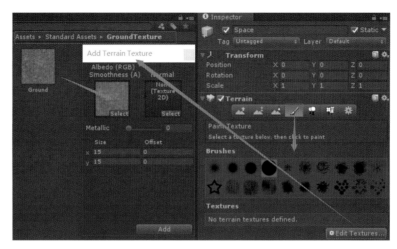

图 13-13　添加地形贴图

(3) 绘制地图元素——树。

① 导入树模型。选择第五个按钮(绘制树木)，并选择 Edit Trees → Add Tree，添加资源包中的 Standard Assets/Environment/SpeedTree/Conifer 目录下的树模型，如图 13-14 所示。

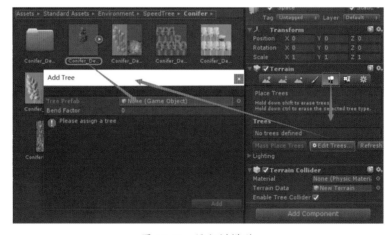

图 13-14　添加树模型

② 在地图上绘制树。选择合适的笔刷大小及密度，制作游戏地图，单击鼠标左键，在地图上绘制树。按住 Shift 键单击鼠标左键，则取消绘制树，如图 13-15 所示。

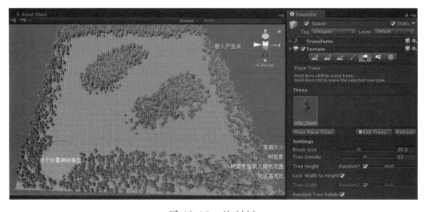

图 13-15　绘制树

提示：

在绘制地图贴图时，默认首张贴图铺满地形。当添加多张贴图时，可以使用笔刷来改变不同区域的地形贴图。

Brushes 区下包含各种样式的笔刷，可以用来控制贴图、地形风格。

Details 区下表示笔刷设置，可以通过 Edit Details 添加笔刷材质。Brush Size 用来控制笔刷大小，Opacity 用来控制贴图使用的纹理的透明度，或者说浓度。Target Strength 用来调整目标强度，强度越小，那么贴图纹理所产生的影响越小。

3. 导入建筑模型

在资源包 3DMAX 文件夹中可以看到本案例所需的三个模型，选择 house 模型置入 Hierarchy 面板，结合 Scene 视图，在 Inspector 面板中调节好碉楼位置及角度。读者自行根据地图大小来调节模型的角度与位置、尺寸，如图 13-16 所示。如需导入其他外部模型，则模型需要打包成 FBX 格式再导入 Unity。

图 13-16　导入建筑模型

13.2.3　搭建 Player

1. 创建角色

(1) 在 Hierarchy 面板空白处右击，选择 Create Empty，命名为 player。

(2) 在 player 下右击，选择 Camera：玩家视野。使 Camera 与 player 保持 X、Z 轴一致，调节 Camera 的 Y 轴来控制视野的高度。效果如图 13-17 所示。

图 13-17　player 参数

(3) 在 player 的 Inspector 面板单击 Add Component，并选择 physics，分别添加 Rigidbody、Box Collider 组件。调节好碰撞体的大小及位置，使碰撞体在地面上方。完成后，调节 player 的位置于游戏开始地方——碉楼门处，如图 13-18 所示。

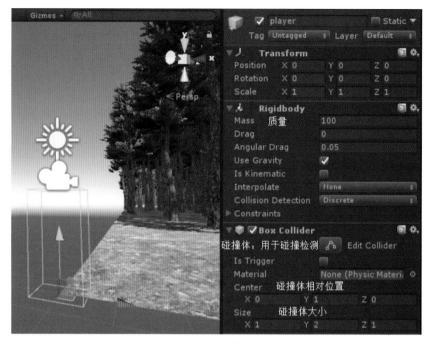

图 13-18　player 碰撞体参数设置

2. 角色移动

在 Scripts 文件夹内创建名为 player 的 C# 脚本，并把脚本赋予 player 元素。

```csharp
using System.Collections;
using System.Collections.Generic;
using UnityEngine;
public class player : MonoBehaviour
{
    public float MoveSpeed = 1.0f;          // 移动速度
    public float RotateSpeed = 10.0f;       // 旋转速度
    void Start()
{ }
    void Update()
    {
    if (Input.GetKey(KeyCode.W))        //W 与 S 键用于前后移动
    { transform.Translate(Vector3.forward * Time.deltaTime * MoveSpeed); }
    if (Input.GetKey(KeyCode.S))
    { transform.Translate(-Vector3.forward * Time.deltaTime * MoveSpeed); }
    if (Input.GetKey(KeyCode.A))        //A 与 D 键用于左右旋转
    { this.transform.Rotate(-Vector3.up * Time.deltaTime * RotateSpeed); }
    if (Input.GetKey(KeyCode.D))
    { this.transform.Rotate(Vector3.up * Time.deltaTime * RotateSpeed); }
```

3. 角色射击

(1) 角色射击时，设定弓箭从 player 的子元素 Camera 处产生，发射方向为玩家鼠标单击处。

(2) 在 Scripts 文件夹内创建名为 shoot 的 C# 脚本，并把脚本赋予 player 的子元素 Camera。

```
using System.Collections;
using System.Collections.Generic;
using UnityEngine;
public class shoot : MonoBehaviour
{
    public GameObject arrow;        // 声明弓箭实例
    public float speed = 20f;       // 声明弓箭发射速度
    void Update()
    {
        shoot_();
    }
    void shoot_()
    {
        if (Input.GetButtonUp("Fire1"))  // 当鼠标左键弹起
        {
        // 通过射线获得目标点
    Ray cameraRay = GetComponent<Camera>().ScreenPointToRay(Input.mousePosition);
// 使弓箭实例面向发射点
    arrow.transform.LookAt(cameraRay.direction);
// 调节偏移量，使弓箭头面向发射点
    arrow.transform.Rotate(new Vector3(0, 90, 0));
// 复制弓箭实例
GameObject Arrow = Instantiate(arrow, cameraRay.origin, arrow.transform.rotation) as
GameObject;
        // 赋予复制实例一个初始速度
    Arrow.GetComponent<Rigidbody>().velocity = cameraRay.direction * speed;
        }
    }
}
```

(3) 详解：

① 在 shoot.cs 脚本的第 17 行中 ScreenPointToRay 屏幕位置转射线。此方法属于 Camera 类：从摄像机发射射线到屏幕，并返回这条射线。

Camera.main.ScreenPointToRay(Input.mousePosition); 参数是屏幕中一个点，上例是鼠标在屏幕中单击的点，且由主摄像机发射射线。 返回的是一个射线类型 Ray，这里用 cameraRay 接收返回的射线。

② 在 shoot.cs 脚本的第 19 行中 LookAt(cameraRay.direction)。此方法用于控制物体朝向。

该案例中，使弓箭向前向量指向 cameraRay.direction 的当前位置。简单说，旋转物体使 Z 轴指向鼠标单击方向。但模型坐标的 Z 轴并不是箭头的方向，故代码的第 21 行对弓箭进行了旋转，使箭头保持指向鼠标单击方向。

③ 在 shoot.cs 脚本的第 23、24 行中 Instantiate (original : Object, position : Vector3, rotation : Quaternion) 方法，用于克隆原始物体，位置设置在 position，旋转设置在 rotation，返回的是克隆后的物体。

该案例中对弓箭实例进行克隆，位置设置在射线初始点处，即摄像机，方向为弓箭实例当前方向。

④ 在 shoot.cs 脚本的第 26 行中 velocity 属性。此属性用于设置或返回刚体的速度值。

(4) 在资源包 3DMAX 文件夹内，找到 arrow 模型并赋给 Camera 对象中的 shoot 脚本中的 Arrow 实例框，如图 13-19 所示。完成后，玩家就可以在地图中行走并且发射弓箭。

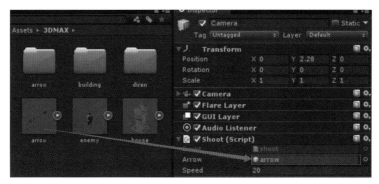

图 13-19　Shoot 脚本设置

13.2.4　敌人巡线系统

1. 创建路线

(1) 在 Hierarchy 面板空白处右击，选择 Create Empty，取名为 Route，用于表示所有路线。在 Route 内创建子元素分别为 start 和 routeofirst、routesecond、routethird，表示起始点与三条路，如图 13-20 所示。

(2) 在 routeofirst、routesecond、routethird 子元素内创建路线节点，用于敌人寻路跟随目标。路线节点水平坐标必须与地面一致，路线节点的顺序为敌人寻线的次序。

在某一条路线元素内右击，选择 Create Empty 创建节点，可按顺序取名为 1、2、3 等，如图 13-21 所示。移动节点，使节点从敌人产生地排列至碉楼门前，敌人在正常情况下，将会按路线行走至最后一个节点。

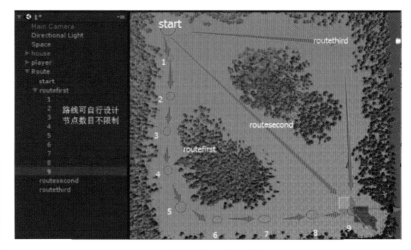

图 13-20　Route 的层级示意图　　　　　　　　图 13-21　寻路节点

(3) 在 Scripts 文件夹内创建名为 route 的 C# 脚本，并把脚本赋予 routeofirst、routesecond、routethird 元素，用于分别存放三条路线的数组。读者自行将三条路线路径设置好节点。

```
using System.Collections;
using System.Collections.Generic;
using UnityEngine;
public class route : MonoBehaviour
{
```

```
public Transform[] positions;// 创建位置数组实例
// 初始化
void Start()
{

}
void Awake()
{
    // 数组实例存放内容为子元素
    positions = new Transform[transform.childCount];
    // 按序存放
    for (int i = 0; i < positions.Length; i++)
    {
        positions[i] = transform.GetChild(i);
    }
}
}
```

(4) 详解：在 route.cs 脚本中使用 Awake() 来初始化 positions 数组。Awake() 是在脚本对象实例化时被调用的，而 Start() 是在对象的第一帧时被调用的，且是在 Update() 之前。而自定义函数的调用是在 Awake() 函数之后，在 Start() 函数之前。若使用 Start() 函数，游戏在开始时，初始化路线 positions 对象数组会显示 null。

2. 敌人巡线——敌人控制器

在资源包 3DMAX 文件夹内，找到 enemy 模型，将该模型拖入 Hierarchy 面板作为敌人对象。

(1) 在 Scripts 文件夹内创建名为 enemy 的 C# 脚本，并把脚本赋予 enemy 敌人对象。

(2) 详解：

① 敌人追踪原理。敌人产生后，追踪并朝向路线数组 positions 的第一个节点，到达该节点时，改变追踪目标为第二个节点直到最后一个节点到达，游戏失败。

② enemy.cs 脚本中第 33 行的 routechoice 方法用于路线判断，创建敌人后，根据路线信号量来确定移动的路线。

```
using System.Collections;
using System.Collections.Generic;
using UnityEngine;
public class enemy : MonoBehaviour
{
    public Transform[] positions;  // 敌人行走的路径数组
    private int index = 0;         // 路径节点
    public float speed = 10f;      // 移动速度
    public int route_sign=1;       //route_sign 作为路线选择信号，默认初始为 1
    void Start()
    {
        routechoice(route_sign);;// 路线判断
    }
    void Update()
    {
        Move();
    }
    void Move()
    {
        if (index > positions.Length - 1)
        {
            // 当到最后一个节点时，游戏失败
        }
        else if (Vector3.Distance(positions[index].position, transform.position) < 0.1f)
```

```
    {    // 当靠近某个节点时，转向下个节点移动
        index++;
    }
        // 敌人面向节点方向
    this.transform.LookAt(positions[index].transform);
        // 移动
    this.gameObject.transform.Translate(Vector3.forward * speed * Time.deltaTime);
}
void routechoice(int sign)
{
    switch (sign)
    {
      case 1:
      // 寻找 Hierarchy 面板中的路线元素 routefirst
        GameObject    routefirst = GameObject.Find("Route/routefirst");
        // 敌人行走路径数组 positions 信息为 Hierarchy 面板中的 Route/routefirst 元素的代码
        <route> 组件的 positions 的节点数据
        positions = routefirst.GetComponent<route>().positions;
        break;
      case 2:
        GameObject    routesecond = GameObject.Find("routesecond");
        positions = routesecond.GetComponent<route>().positions;
        break;
      case 3:
        GameObject    routethird = GameObject.Find("routethird");
        positions =   routethird.GetComponent<route>().positions;
        break;
    }
  }
}
```

完成后，玩家就可以看到敌人随着设置的路径顺序移动。

3. 敌人产生器

图 13-22 所示为敌人产生器示意图。

敌人控制器：控制敌人模型寻线，动画，袭击玩家等逻辑。

游戏管理器：负责产生敌人并且指示路线，是游戏交互逻辑的主体，同时负责从游戏开始至失败的信号管理及 UI 系统管理，此部分在下面会详细介绍。

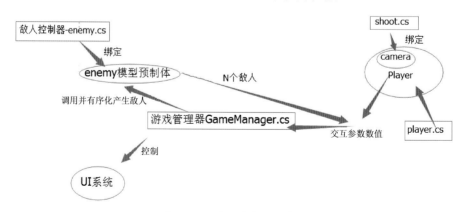

图 13-22　敌人产生器示意图

4. 游戏管理器

(1) 在 Hierarchy 面板空白处右击，选择 Create Empty，取名为 GameManager。在 Scripts 文件夹内创建名为 GameManager 的 C# 脚本，并把脚本赋予 GameManager。

(2) 详解:

① 在 GameManager.cs 脚本中,使用协程方法来创建敌人。

在 Start() 函数中开启第一次协程,在第 18 行的协程方法内用 for 函数创建了 count 波数的敌人,每波有三名敌人,分别为 a、b、c,分配了不同的三条移动路线,波数间隔时间为 rate 秒。

② 当第一次所有敌人创建完成,案例设置等待 20s 后再次启动进程,达到循环创建敌人。

在脚本的第 29、31 行中,使用 yield return 函数来暂停进程,new WaitForSeconds(float) 参数是 float 类型的数字,表示秒,也是协程最常用的功能之一。其作用是,在 N 秒后才会继续执行当行 yield return 后面的代码。

```csharp
using System.Collections;
using System.Collections.Generic;
using UnityEngine;
public class GameManager : MonoBehaviour
{    // 游戏的管理文件 负责胜利失败管理  产生敌人
    public GameObject enemyPrefab;          // 敌人预制体
    public Transform start;                 // 敌人产生点
    public int count;                       // 产生敌人波数
    public int rate;                        // 产生间隔
    void Start()
    {
        StartCoroutine(SpawnEnemy());       // 协程
    }
    void Update()
    {  }
    IEnumerator SpawnEnemy()
    {
        for (int i = 0; i < count; i++)                      // 敌人波数
        {
            GameObject a = GameObject.Instantiate(enemyPrefab, start.position, gameObject.
            transform.rotation);
            a.GetComponent<enemy>().route_sign = 1;          // 路线信号 1
            GameObject b = GameObject.Instantiate(enemyPrefab, start.position, gameObject.
            transform.rotation);
            b.GetComponent<enemy>().route_sign = 2;          // 路线信号 2
            GameObject c = GameObject.Instantiate(enemyPrefab, start.position, gameObject.
            transform.rotation);
            c.GetComponent<enemy>().route_sign = 3;          // 路线信号 3
            yield return new WaitForSeconds(rate);           // 间隔 rate 秒
        }
        yield return new WaitForSeconds(20);        // 等待 20s 后
        StartCoroutine(SpawnEnemy());               // 重新调用协程再次产生敌人（循环产生）
    }
}
```

把脚本赋予 GameManager 后,要在 Inspector 面板设置被复制的预制体敌人 enemy 与起始位置,如图 13-23 所示。

图 13-23　GameManager 脚本参数设置

运行效果如图 13-24 所示。

图 13-24　运行效果图

在设置好完整的敌人 enemy 对象后，会将其设置为预制体来使用（即不会出现在 Hierarchy 面板中）。

13.2.5　游戏交互

1. UI 系统

(1) 在 Hierarchy 面板空白处右击，选择 UI 创建各类 UI，当前所有 UI 重叠在中心，可以暂时隐藏不需要编辑的 UI，如图 13-25 所示。按钮背景设置如图 13-26 所示。

我们一共需要创建 8 个 UI，并进行改名

图 13-25　Canvas 层级关系图

① 设置游戏开始按钮：将位于资源包 Texture 文件夹下的 game_button 图片，拖到 ReadyGo 按钮的 Image 组件内的 Source Imgae 属性中，如图 13-26 所示，然后删除该按钮下的 Text 物体。

图 13-26　设置按钮背景

② 设置时间显示文本：修改 Time 物体的 Text 组件，将 Text 属性中的文本内容改为 00:00，如图 13-27 所示，将该物体移到屏幕右上角。

③ 设置血条：游戏物体血条 blood 是一个 Slider 控件，由 Backgound(背景)、Fill Area(填充域) 和 Handle Slide Area(手柄滑动区域) 构成。Fill Area 和 Handle Slide Area 的子物体分别是 Fill(填充色) 和 Handle(手柄)，如图 13-28 所示。由于血条不需要手柄控制，因此手柄可以隐藏或者删除。

图 13-27　设置文本内容　　　　　　图 13-28　blood 层级关系示意图

在 Fill 子元素内设置填充色为红色，表示血条。在 Fill Area 及 Fill 元素内将 Rect Transform 组件内的 left、right 属性设置为 0，使血条占满。

返回到 blood 父元素，将其 Slider 组件内的 MaxValue 值改为 100，拖动 Value 齿轮，能看到血液随着 value 值从 0 → 100 递增而填满背景，如图 13-29 所示。

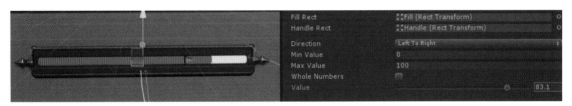

图 13-29　制作血条

执行以上步骤，可以完成 UI 组件的资源导入及摆放，调整后效果图如图 13-30 所示。

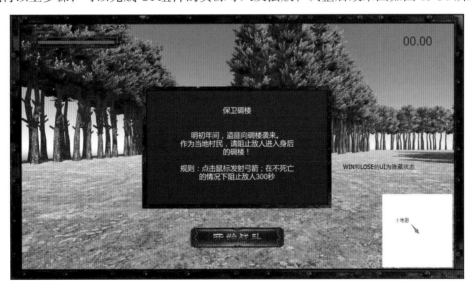

图 13-30　效果图

(2) UI 逻辑。打开 GameManager.cs 脚本，在原脚本内增加 UI 逻辑的编译；编译完成后，在 GameManager 对象的 Inspector 面板设置相应的 Gameobject 内容，如图 13-31 所示；并且设置"开始游戏"button 的响应事件，如图 13-32 所示。

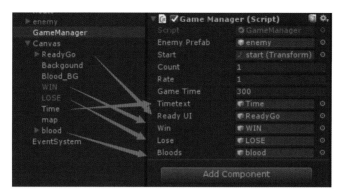

图 13-31　GameManager 脚本参数设置

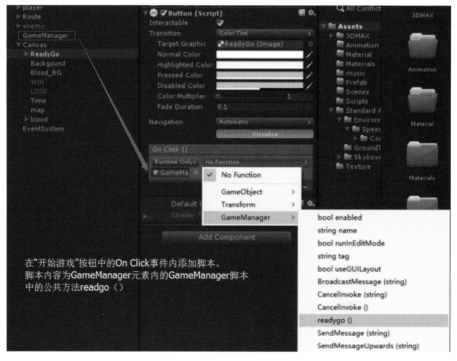

图 13-32　为按钮添加 On Click 事件

(3) 详解：

① 在 GameManager.cs 脚本的第 52 行中，使用 game_time() 函数来更新与显示游戏时间；使用 Timetext.GetComponent<Text>().text 获取 Scence 界面中时间 UI 的 text 本文属性值并进行修改。

② 在 GameManager.cs 脚本的第 71 行中，使用 showblood() 函数来更新与显示玩家血量；使用 bloods.GetComponent<Slider>().value 获取 Scence 界面中血条 UI 的 value 值并进行修改。

```
using System.Collections;
using System.Collections.Generic;
using UnityEngine;
using UnityEngine.UI;                        // 需要引用 UI 包

public class GameManager : MonoBehaviour
{   // 游戏的管理文件 负责胜利失败管理  产生敌人
    public GameObject enemyPrefab;           // 敌人预制体
```

```
    public Transform start;                // 敌人产生点
    public int count;                      // 产生敌人波数
    public int rate;                       // 产生间隔

    public float gameTime = 300;           // 游戏时间
    public GameObject Timetext;            // 时间显示文本
    public GameObject readyUI;             // 开始 UI
    public GameObject win;                 // 胜利 UI
    public GameObject lose;                // 失败 UI
    public static bool islose = false;     // 失败信号
    public GameObject bloods;              // 血条 UI
    public static float  bloodvalue = 100; // 血条 value 值为 100
    // 当某个变量需要被其他文件共享或使用时，需要转换成静态类 static
    void Start()
    {
        Time.timeScale = 0;                // 暂停，等待开始游戏 Button 单击事件
        StartCoroutine(SpawnEnemy());      // 协程
    }
    void Update()
    {
        game_time();                       // 实时更新游戏时间，判断是否成功
        isloses();                         // 实时更新游戏失败信号
showblood();                               // 实时更新血条状态值
    }
    IEnumerator SpawnEnemy()
    {

        for (int i = 0; i < count; i++)                        // 敌人波数
        {
            GameObject  a = GameObject.Instantiate(enemyPrefab, start.position,
            gameObject.transform.rotation);
            a.GetComponent<enemy>().route_sign = 1;        // 路线信号 1
            GameObject  b = GameObject.Instantiate(enemyPrefab, start.position,
            gameObject.transform.rotation);
            b.GetComponent<enemy>().route_sign = 2;        // 路线信号 2
            GameObject  c = GameObject.Instantiate(enemyPrefab, start.position,
            gameObject.transform.rotation);
            c.GetComponent<enemy>().route_sign = 3;        // 路线信号 3
            yield return new WaitForSeconds(rate);         // 间隔 rate 秒
        }
        yield return new WaitForSeconds(20);        // 等待 20s 后
        StartCoroutine(SpawnEnemy());               // 重新调用协程再次产生敌人（循环产生）
    }
    void game_time()
    {
        gameTime -= Time.deltaTime;        // 游戏时间每帧减少，gameTime 为游戏剩余时间
        Timetext.GetComponent<Text>().text = gameTime.ToString();
// 修改时间显示文本的 text 组件内的 text 本文内容为当前游戏剩余时间
        if (gameTime <= 0)                 // 当游戏时间结束时
        {
            Time.timeScale = 0;
            win.SetActive(true);           // 游戏胜利 UI 显示
        }
    }
    void isloses()                         // 游戏失败事件
    {
        if (islose)
        {
            Time.timeScale = 0;            // 时间暂停
            lose.SetActive(true);          // 显示失败 UI
        }
```

```
    }
    void showblood()
    {
        bloods.GetComponent<Slider>().value = bloodvalue;    // 修改血条的 Slider 组件内的
        value 值为当前血条值
        if (bloodvalue <= 0)                    // 血条小于等于零时，游戏失败
        {
            islose = true;
        }
    }
    public void readygo()                   // 该事件为开始游戏 Button 的响应事件
    {                                       // 单击开始按钮后，游戏开始，开始 UI 隐藏
        Time.timeScale = 1;                 // 游戏开始
        readyUI.SetActive(false);           // 开始游戏 UI 隐藏
    }
}
```

2. 敌人动画系统

(1) 为敌人创建动画状态机 Animator。在 Animation 文件夹内右击，选择 Create → Animator Controller 创建并命名为 enemy_animation，为敌人添加 enemy_animation 动画状态机，如图 13-33 所示。

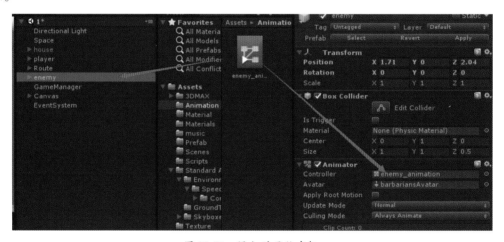

图 13-33　添加动画状态机

(2) 为状态机设置动画。双击 enemy_animation 动画状态机，进入状态机设置面板，单击右键创建动画状态，如图 13-34 所示。

图 13-34　设置动画

共需要创建 4 种状态的动画，分别为 idle(空闲)、run(奔跑)、hit(攻击)、die(死亡)。创建完动画状态后，在 Inspector 面板的 Motion 项内选择合适的动画效果，资源包内提供了多种动画效果，如图 13-35 所示。

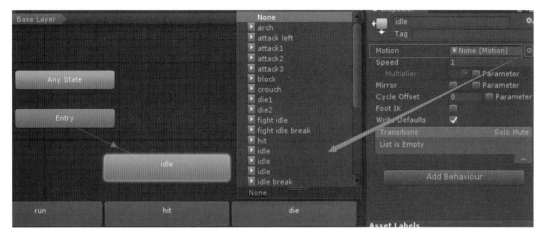

图 13-35　设置 Motion

双击所选动画效果，还可以在 Inspector 面板底部查看详细动画，如图 13-36 所示。

图 13-36　查看详细动画

双击所选动画效果，修改播放类型为循环，在 Inspector 面板的 Animations 分类下选中 Loop Time 选项，如图 13-37 所示。

图 13-37　设置动画循环播放

(3) 创建动画转换条件。选择恰当的动画后，以空闲状态作为默认状态，根据不同条件切换成其他动画状态。

右击动画状态，选择 Make Transition 创建动画引导线，如图 13-38 所示。

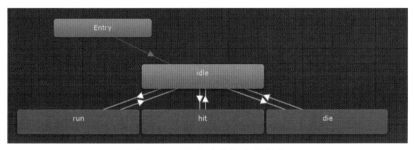

图 13-38　最终过渡状态引导线

添加切换条件：打开 Parameters 选项卡，添加布尔类型信号来做动画判断。需要添加三个布尔量，分别判断是否奔跑、是否攻击、是否死亡，如图 13-39 所示。

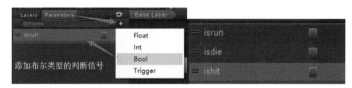

图 13-39　添加 Bool 类型的参数

(4) 添加动画转换条件。在动画状态机中，首先播放空闲状态动画，其次根据引导线来决定播放的动画次序。

单击引导线，分别设置条件。当 isrun 值为 true 时，idle 状态转换为 run 状态，如图 13-40 所示。

图 13-40　isrun 值为 true

当 isrun 值为 false 时，run 状态才切换回 idle 状态，如图 13-41 所示。

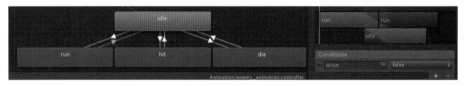

图 13-41　isrun 值为 false

完成每条引导线的条件设置后，为了使动作切换美观，进行如下设置：当 idle(空闲) 状态切换其他状态时为即时；当其他状态切换回 idle(空闲) 状态时，播放完本次才进行切换。依次单击引导线，在 Inspector 面板对 Has Exit Time 值进行设置，如图 13-42 所示。

3. 敌人追踪玩家事件

图 13-42　设置 Has Exit Time 的值

(1) 敌人在寻线行走过程中，当玩家靠近敌人时，敌人将改变目标，向玩家袭击。同时调用动画状态机中的布尔变量来控制敌人的动画效果。打开 enemy.cs 脚本，进行事件判断编译。

(2) 详解：

① 在 enemy.cs 脚本第 78 行中添加 distance() 方法，用来判断敌人与玩家的距离。

Vector3.Distance(GameObject1.transform.position, GameObject2.transform.position) 方法返回 GameObject1 和 GameObject2 之间的距离；案例中设定当敌人与玩家距离小于某个范围后，敌人的 isfind 布尔值变量为 true，表示将朝向目标设定为玩家，并移动向玩家。

② 在 enemy.cs 脚本第 89 行中添加 OnCollisionEnter() 方法，为敌人添加碰撞事件，当敌

人被弓箭触碰后，敌人死亡。

③ 由于每个人敌人实例内有动画状态机组件，在 enemy.cs 脚本第 21 行中获取自身状态机为 animator，并在敌人执行奔跑、死亡、攻击时添加相应的动画状态。

如 animator.SetBool("isrun", true) 设置敌人为奔跑状态，这里的 isrun 值为在动画状态机 animator 中 Parameters 选项卡设置的 bool 值。

需要注意的是：当执行某个动作时，需要停止其他动画。

```csharp
using System.Collections;
using System.Collections.Generic;
using UnityEngine;

public class enemy : MonoBehaviour
{
    public Transform[] positions;   // 敌人行走的路径数组
    private int index = 0;          // 路径节点
    public float speed = 10f;       // 移动速度
    public int route_sign;          // 添加此语句，route_sign 作为路线选择信号

    bool isfind = false;            // 发现信号 表示是否发现玩家
    bool isdead = false;            // 该敌人死亡信号
    public GameObject player;        // 目标对象
    public float dis = 0;           // 表示该敌人与玩家的距离
    private Animator animator;       // 声明动画状态机实例
    void Start()
    {
        routechoice(route_sign);    // 该信号由 GameManager 文件产生敌人预制体时传来路线编号
        player = GameObject.Find("player"); // 寻找并设置目标对象为玩家
        animator = this.GetComponent<Animator>();// 设动画状态机内容为 enemy_animation

    }
    void Update()
    {
        Move();
        distance();

    }
    void Move()
    {
        if (!isdead)// 若没死亡
        {
            if (!isfind)
            { // 如果没有发现玩家，则一直按照路径寻线行走
                if (index > positions.Length - 1)
                {
                    GameManager.islose = true;
                    // 当到最后一个节点时，游戏失败
                }
                else if (Vector3.Distance(positions[index].position, transform.position) < 0.1f)
                {   // 当靠近某个节点时，转向下个节点移动
                    index++;
                }
                // 敌人面向节点方向
                this.transform.LookAt(positions[index].transform);
                // 向面向的方向移动
                this.gameObject.transform.Translate(Vector3.forward * speed * Time.deltaTime);
                // 进行奔跑,攻击动画停止  注意: animator.SetBool("在动画状态机设置的布尔变量名称",
                // true/false 值 );
```

```
                    animator.SetBool("isrun", true);
                    animator.SetBool("ishit", false);
              }
          else {// 发现玩家
              if (dis > 5f)// 如果距离在攻击范围外 朝向玩家奔跑
              {
                  this.transform.LookAt(player.transform);
                  this.gameObject.transform.Translate(Vector3.forward * speed * Time.deltaTime);
                  animator.SetBool("isrun", true);
                  animator.SetBool("ishit", false);

              }
              else          // 如果在攻击范围内，则停下，执行攻击动画
              {          // 攻击范围需按模型碰撞范围来设置
                  this.transform.LookAt(player.transform);
                  animator.SetBool("isrun", false);
                  animator.SetBool("ishit", true);
              }
          }
      }
      else {// 若死亡
          animator.SetBool("isrun", false);// 关闭奔跑状态动画
          animator.SetBool("ishit", false);// 关闭攻击状态动画
          animator.SetBool("isdie", true);  // 开启死亡动画
          Destroy(gameObject, 2);          // 延时 2s 销毁
      }
  }
  void distance()                      // 用来判断敌人与玩家距离
  {
      dis = Vector3.Distance(this.gameObject.transform.position, player.transform.
  position);
      if (dis < 15)              // 如果玩家与敌人的距离在某个范围内，判断玩家为被敌人发现
      {
          isfind =true;
      }

  }

  void OnCollisionEnter(Collision collisionInfo)          // 碰撞器侦听方法
  {

      if (collisionInfo.gameObject.name == "arrow(Clone)")
// 当与名为 arrow(Clone) 的物体碰撞时
      {
          isdead = true;                              // 判断敌人被射死

      }
  }
  void routechoice(int sign)
  {
      switch (sign)
      {
          case 1:
              GameObject routefirst = GameObject.Find("Route/routefirst");
              // 将路径数组 routefirst 位置信息赋给敌人行走路径数组 positions
              positions = routefirst.GetComponent<route>().positions;
              break;
          case 2:
              GameObject routesecond = GameObject.Find("Route/routesecond");
              positions = routesecond.GetComponent<route>().positions;
```

```
            break;
        case 3:
            GameObject routethird = GameObject.Find("Route/routethird");
            positions = routethird.GetComponent<route>().positions;
            break;
        }
    }
}
```

完成此步骤后，运行效果为敌人分三路向碉楼行走，玩家可以释放弓箭击杀敌人(死亡动画并销毁)。当敌人发现玩家时会跑向玩家,接近玩家时会进行攻击,但此时玩家的血条没有减少。

4.敌人打击事件

图 13-43 所示为 Box Collider 参数。

①选择敌人实例，在子元素内寻找到武器子元素，添加碰撞体，调节大小与偏移量
②设置武器元素名为 weapon
③设置碰撞体 Is Trigger 选项打勾。Is Trigger 为触碰模式，即可侦听碰撞但没有碰撞效果

图 13-43　Box Collider 参数

(1) 敌人袭击玩家事件，即敌人在袭击玩家时，武器与玩家发生触碰。打开 player.cs 脚本，在脚本第 27 ~ 35 行中添加 OnTriggerEnter() 碰撞检测事件。

(2)OnTriggerEnter 与 OnCollisionEnter 的区别：

① 如果想实现两个刚体物理的实际碰撞效果则用 OnCollisionEnter，Unity 引擎会自动处理刚体碰撞的效果。OnCollisionEnter 方法必须是在两个碰撞物体都不勾选 Is Trigger 的前提下才能进入。

② 如果想在两个物体碰撞后自己处理碰撞事件则用 OnTriggerEnter。只要勾选一个 Is Trigger，就能进入 OnTriggerEnter 方法。

```
using System.Collections;
using System.Collections.Generic;
using UnityEngine;
using UnityEngine.UI;

public class player : MonoBehaviour
{
    public float MoveSpeed = 1.0f;    // 移动速度
    public float RotateSpeed = 10.0f; // 旋转速度
    void Start()
    {
```

```
    }
    void Update()
    {
        if (Input.GetKey(KeyCode.W))          //W 与 S 键用于前后移动
        { transform.Translate(Vector3.forward * Time.deltaTime * MoveSpeed); }
        if (Input.GetKey(KeyCode.S))
        { transform.Translate(-Vector3.forward * Time.deltaTime * MoveSpeed); }
        if (Input.GetKey(KeyCode.A))          //A 与 D 键用于左右拐弯
        { this.transform.Rotate(-Vector3.up * Time.deltaTime * RotateSpeed); }
        if (Input.GetKey(KeyCode.D))
        { this.transform.Rotate(Vector3.up * Time.deltaTime * RotateSpeed); }


    }
    void OnTriggerEnter(Collider collider)
    {
        // 进入触发器执行的代码
        if (collider.gameObject.name == "weapon")// 当与名为 weapon 的物体触碰时
        {
            GameManager.bloodvalue = GameManager.bloodvalue - 5;
    // 更新 GameManager 脚本内的 bloodvalue 变量，血量减少值为 5
        }
    }
}
```

13.2.6 完善游戏（天空盒子、音效、小地图）

1. 添加天空盒子

在菜单栏中选择 Window → Lighting → Settings，在 Skybox Material 中导入资源环境包中的天空盒子材质，如图 13-44 所示。

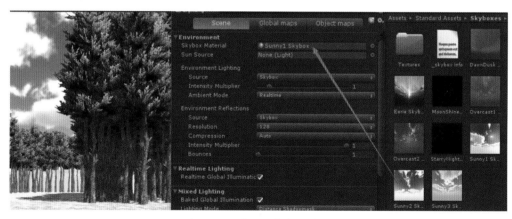

图 13-44　导入天空盒子材质

2. 添加音效

(1) 添加弓箭释放音效。在 player 对象子元素 Camera 内添加声音组件 Audio Source，并导入音效资源 (在资源包 music 文件夹内，有弓箭释放音效与敌人死亡音效)，关闭自动播放，如图 13-45 所示。

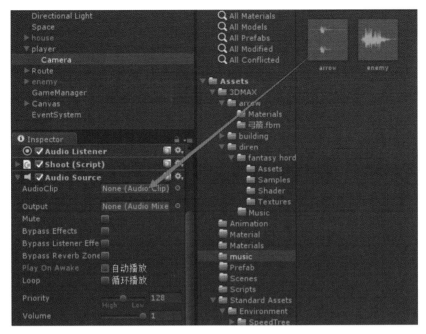

图 13-45 添加音效

(2) 打开 shoot.cs 脚本，在射击事件 shoot() 方法内添加播放音效语句：

```
this.gameObject.GetComponent<AudioSource>().Play();
```

如脚本内第 29 行：

```
using System.Collections;
using System.Collections.Generic;
using UnityEngine;

public class shoot : MonoBehaviour
{
    public GameObject arrow;       // 声明弓箭实例
    public float speed = 20f;    // 声明弓箭发射速度
    void Update()
    {
        shoot_();
    }
    void shoot_()
    {
        if (Input.GetButtonUp("Fire1"))   // 当鼠标左键弹起
        {
    // 通过射线获得目标点
    Ray cameraRay = GetComponent<Camera>().ScreenPointToRay(Input.mousePosition);
// 使弓箭实例面向发射点
    arrow.transform.LookAt(cameraRay.direction);
// 调节偏移量，使弓箭头面向发射点
    arrow.transform.Rotate(new Vector3(0, 90, 0));
// 复制弓箭实例
GameObject Arrow = Instantiate(arrow, cameraRay.origin, arrow.transform.rotation) as
GameObject;
    // 赋予复制实例一个初始速度
    Arrow.GetComponent<Rigidbody>().velocity = cameraRay.direction * speed;
// 播放射击音效
    this.gameObject.GetComponent<AudioSource>().Play();          }
    }
}
```

(3) 为敌人死亡添加音效。在敌人实例元素内添加声音组件 Audio Source，并导入音效资源，设置不自动播放。

打开 enemy 脚本，在敌人死亡事件内添加播放音效语句，在脚本 enemy.cs 第 72 行处添加以下代码。

```
this.gameObject.GetComponent<AudioSource>().Play();
```

3. 添加小地图

小地图原理：地形图顶部放置摄像机，将顶部摄像机图像显示内容赋予 Render Texture 渲染贴图，把贴图绑定在小地图 UI 上即可。Target Texture 设置如图 13-46 所示。

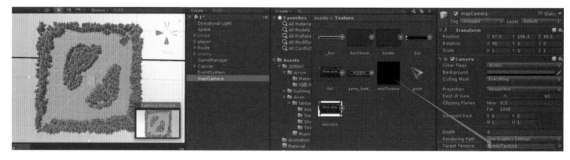

图 13-46　设置 Target Texture

(1) 绘制小地图。

① 在 Hierarchy 空白处右击创建 Camera 并命名为 mapcamera，使其面朝地图向下。当前场景存在两个 Camera，一个用于玩家视野显示，一个用于小地图显示。

② 在 Assets/Texture 文件夹内右击创建 Render Texture 并命名为 miniTexture，如图 13-47 所示。

③ 调节 mapcamera 的位置，并将显示内容赋予 miniTexture。

④ miniTexture 与 UI 绑定，调整大小与位置。

(2) 绘制地图元素——在地图上标识敌人与玩家。

原理：在玩家与敌人的上方设置不同颜色的标识球体，使 mapcamera 能看见标识球，而玩家视野看不见标识球。

① 在 Assets/Materials 文件夹内右击创建两个 Materials 材质，分别为红色与蓝色材质，如图 13-48 所示。在敌人与玩家元素内创建子元素 Sphere 并且赋予材质，根据小地图来调节距离和大小。

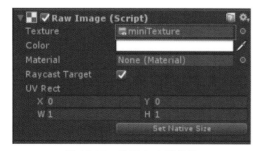

图 13-47　设置小地图背景

图 13-48　标识球

② 新增层级 ball，如图 13-49 所示。

图 13-49　新增层级 ball

③ 对两个标识球 Sphere 设置层级为 ball，如图 13-50 所示。

④ 取消玩家 Camera 视野中的 ball 层级视野，如图 13-51 所示。

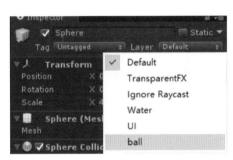

图 13-50　设置标识球层级

图 13-51　取消玩家的 ball 层级视野

完成后，敌人对象已设置完整，将其从 Hierarchy 拖曳至 Assets/Perfab 文件夹内形成预制体，并删除在 Hierarchy 视图内的实例体，删除后重新赋值预制体给 GameManager 对象，如图 13-52 所示。

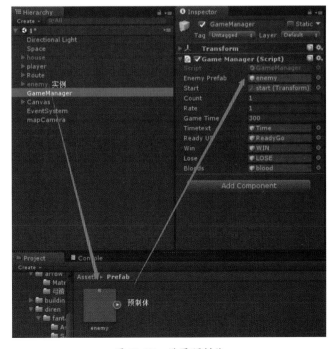

图 13-52　设置预制体

13.2.7　项目输出与测试

(1) 选择 File → Build Settings，打开 Build Settings 窗口，单击 Player Settings 按钮，如图 13-53 所示。

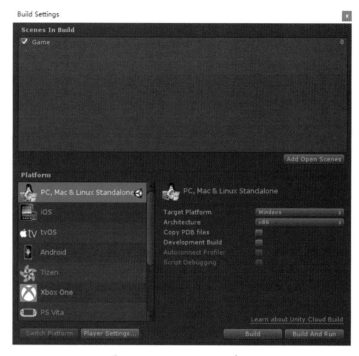

图 13-53　Build Settings 窗口

(2) 在 PlayerSettings 窗口，填入 Company Name 和 Product Name。在 Default Icon 属性栏单击 Select 图标，选择一张鼠标图片作为这个游戏的 icon，如图 13-54 所示。

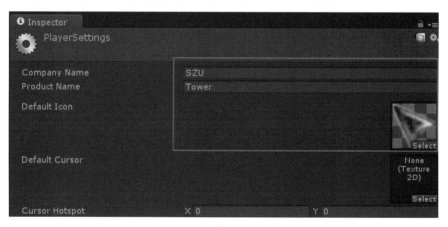

图 13-54　设置游戏 icon

(3) 展开 Other Settings 选项卡，修改 Bundle Identifier，分别将第 2 步的 Company Name 和 Product Name 填到相应位置，如图 13- 55 所示。

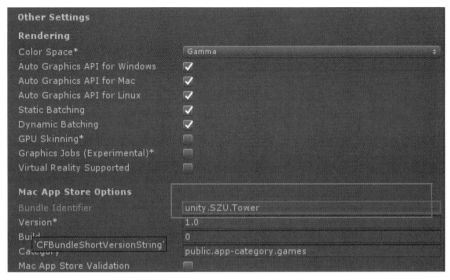

图 13-55 修改 Bundle Identifier

(4) 设置完毕，单击 Build Settings 里的 Build 按钮，弹出 Build PC,Mac & Standalone 窗口，选择保存路径并填写文件名，如图 13-56 所示。

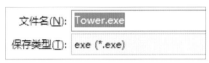

图 13-56 填写文件名

(5) 等待一会即可输出 Tower.exe 文件 (如图 13-57 所示)，以及 Tower_Data 文件夹。

图 13-57 Tower.exe 文件

附 录

 EasyAR 的使用

1. 下载地址

下载地址为 http://www.easyar.cn/view/download.html。图 F-1 所示为下载版本信息。

图 F-1 下载版本信息

2. 导入 unitypackage

下载了的 EasyAR 是一个 unitypackage 类型的文件，直接将其拖入 Unity 项目中的 Project 视图中即可导入。

3. EasyAR 注册，添加项目

(1) 登录 http://www.easyar.cn/，进入开发者中心，如图 F-2 所示。

图 F-2 开发者中心

(2) 单击"添加 License Key"按钮。

(3) 填入对应的信息，如图 F-3 所示。

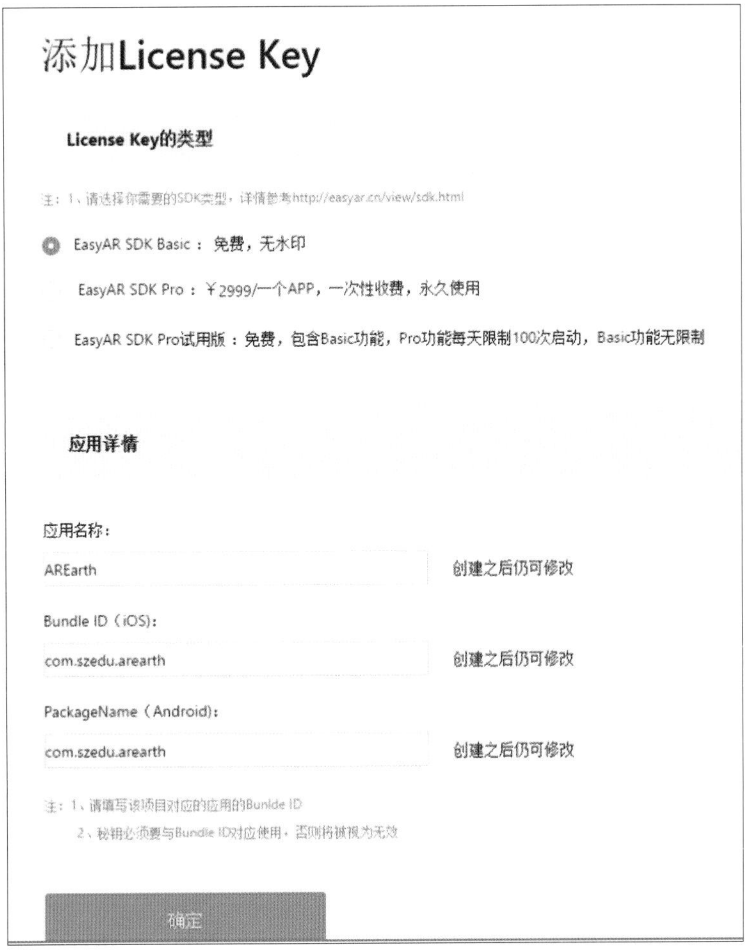
添加License Key
License Key的类型
注：1、请选择你需要的SDK类型，详情参考http://easyar.cn/view/sdk.html
EasyAR SDK Basic：免费，无水印
EasyAR SDK Pro：￥2999/一个APP，一次性收费，永久使用
EasyAR SDK Pro试用版：免费，包含Basic功能，Pro功能每天限制100次启动，Basic功能无限制
应用详情
应用名称：
AREarth
创建之后仍可修改
Bundle ID（iOS）：
com.szedu.arearth
创建之后仍可修改
PackageName（Android）：
com.szedu.arearth
创建之后仍可修改
注：1、请填写该项目对应的应用的Bunlde ID
2、秘钥必须要与Bundle ID对应使用，否则将被视为无效
确定

图 F-3 填写对应信息

(4) 单击“确定”按钮，生成 key，如图 F-4 所示。

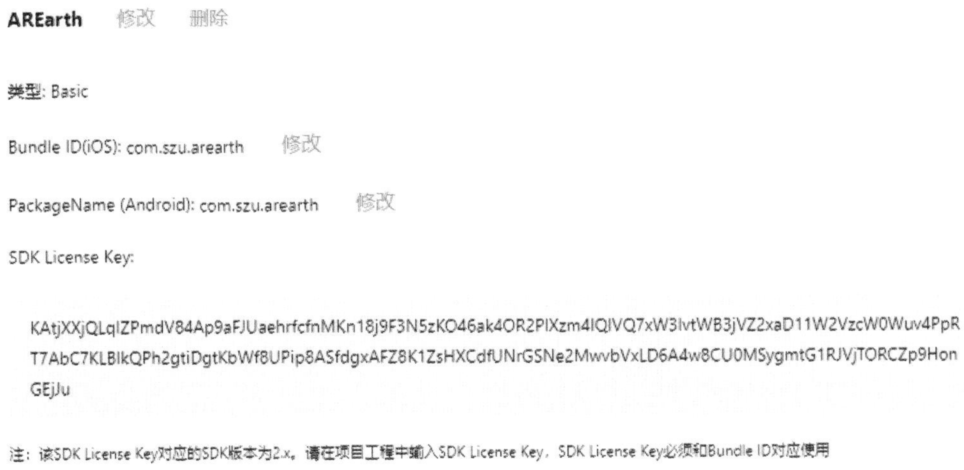
AREarth 修改 删除
类型: Basic
Bundle ID(iOS): com.szu.arearth 修改
PackageName (Android): com.szu.arearth 修改
SDK License Key:
KAtjXXjQLqlZPmdV84Ap9aFJUaehrfcfnMKn18j9F3N5zKO46ak4OR2PIXzm4lQlVQ7xW3lvtWB3jVZ2xaD11W2VzcW0Wuv4PpR
T7AbC7KLBlkQPh2gtiDgtKbWf8UPip8ASfdgxAFZ8K1ZsHXCdfUNrGSNe2MwvbVxLD6A4w8CU0MSygmtG1RJVjTORCZp9Hon
GEjJu
注：该SDK License Key对应的SDK版本为2.x。请在项目工程中输入SDK License Key，SDK License Key必须和Bundle ID对应使用

图 F-4 生成 key

4. Unity 中使用 EasyAR

(1) 添加 EasyAR_Startup 预制体。在 Project 面板选择 EasyAR->Prefabs->EasyAR_ Startup，拖到 Hierarchy 面板中，并填入刚刚生成的 SDK License Key，如图 F-5 所示。

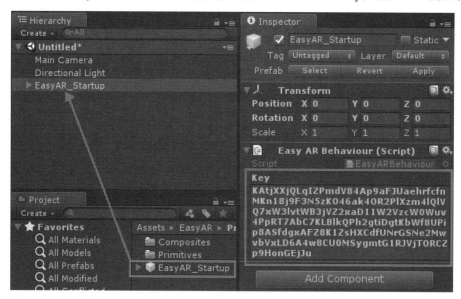

图 F-5　添加 EasyAR_Startup 预制体

(2) 添加 ImagerTarget 预制体。在 Project 面板选择 EasyAR->Prefabs-> Primitives-> ImagerTarget，拖到 Hierarchy 面板中。将识别后需要呈现的模型拖到 ImageTarget 下，如图 F-6 所示。

图 F-6　添加 ImagerTarget 预制体

ImageTarget 预制体带有 ImageTargetBehavior 脚本组件，其中有四个属性需要注意。

① Path：识别图的路径，对应 StreamingAssets 文件夹下的图片。Asset 下不会自带该文件

夹，需要自己创建。

② Name：识别图的名字，根据需要自己定义。

③ Size：识别图的大小，模型根据该图大小变化。

④ Storage：存储位置，Assets 代表 StreamingAssets 路径。

5. Android 发布设置

(1) 设置 Bundle ID。Bundle ID 应该与 EasyAR 网页上生成的 ID 相同，否则可能造成 SDK 初始化失败并黑屏，如图 F-7 所示。如果是在 Mac 或 Windows 系统中，则不需要此 ID。

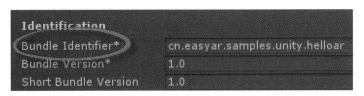

图 F-7　设置 Bundle ID

(2) 设置 Graphics API。在导出 Android 和 iOS 应用的时候，需要取消勾选 Auto Graphics API，然后设置 graphics API 为 OpenGL ES 2.0，如图 F-8 所示。

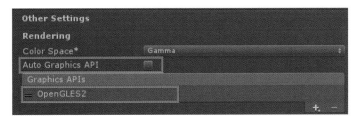

图 F-8　设置 Graphics API

参考文献

[1] Unity Technologies. Unity User Manual (2018.2) [EB/OL]. https://docs.unity3d.com/ScriptReference/index.html.

[2] Unity Technologies. Unity Scripting Reference [EB/OL]. https://docs.unity3d.com/Manual/index.html.

[3] 宣雨松 . 雨松 MOMO 程序研究院[EB/OL]. https://www.xuanyusong.com/.

[4] 罗盛誉 . unity 5.x 游戏开发指南 [M]. 北京：人民邮电出版社，2015.

[5] Unity Technologies. Unity 5.x 从入门到精通 [M]. 北京：中国铁道出版社，2016.

[6] 赖佑吉 . Unity3 D 游戏开发实战：人气游戏这样做 [M]. 北京：清华大学出版社，2015.